SAMMLUNG GÖSCHEN BAND 447/447a

DAS TIERREICH

Redigiert von H. von Lengerken

VII/4

KRIECHTIERE

von

DR. KONRAD HERTER

o. Professor der Zoologie an der Freien Universität Berlin

Mit 142 Abbildungen

WALTER DE GRUYTER & CO.

vormals G. J. Göschen'sche Verlagshandlung · J. Guttentag, Verlagsbuchhandlung · Georg Reimer · Karl J. Trübner · Veit & Comp.

BERLIN 1960

DAS TIERREICH
IN DER SAMMLUNG GÖSCHEN

ist wie folgt gegliedert:

Bd. I. Einzeller.

Bd. II. Schwämme und Hohltiere.

Bd. III. Plattwürmer, Hohlwürmer, Kamptozoen, Schnurwürmer, Ringelwürmer, Protracheaten, Bärtierchen und Zungenwürmer.

Bd. IV. 1. Gliederfüßler: Krebse.

Bd. IV. 2. Gliederfüßler: Trilobitomorphen, Fühlerlose und Tracheenatmer: Tausendfüßler.

Bd. IV. 3. Gliederfüßler: Insekten.

Bd. V. Weichtiere.

Bd. VI. Stachelhäuter, Tentakulaten, Binnenatmer und Pfeilwürmer.

Bd. VII. 1. Chordatiere: Manteltiere, Schädellose, Rundmäuler

Bd. VII. 2. Chordatiere: Fische.

Bd. VII. 3. Chordatiere: Lurche.

Bd. VII. 4. Chordatiere: Kriechtiere.

Bd. VII. 5. Chordatiere: Vögel.

Bd. VII. 6. Chordatiere: Säugetiere.

STÄMME DES TIERREICHES

1. Urtiere *(Protozoa)*
2. Schwämme *(Spongia)*
3. Hohltiere *(Coelenterata)*
4. Plattwürmer *(Plathelminthes)*
5. Hohlwürmer *(Aschelminthes)*
6. Schnurwürmer *(Nemertini)*
7. Kamptozoen *(Kamptozoa, Entoprocta)*
8. Ringelwürmer *(Annelida)*
9. Protracheaten *(Protracheata, Onychophora)*
10. Bärtierchen *(Tardigrada)*
11. Zungenwürmer *(Linguatulida)*
12. Gliederfüßler *(Arthropoda)*
13. Weichtiere *(Mollusca)*
14. Stachelhäuter *(Echinodermata)*
15. Tentakulaten *(Tentaculata)*: Armfüßler *(Brachiopoda)* und Moostierchen *(Bryozoa)*
16. Binnenatmer *(Enteropneusta)*
17. Pfeilwürmer *(Chaetognatha)*
18. Chordatiere *(Chordata)*

INHALT

von Bd. VII/4

Seite

Einleitung 7

A. Allgemeiner Teil 16

1. Die Körperdecke und ihre Sonderbildungen 16
2. Das Skelettsystem, die Muskulatur und die Bewegungen 31
3. Die Sinnesorgane und das Nervensystem 55
4. Die Stoffwechselorgane 77
   a) Das Ernährungssystem 77
   b) Das Atmungssystem 93
   c) Das Kreislaufsystem 103
   d) Das Ausscheidungssystem 108
5. Die Geschlechtsorgane und die Fortpflanzung . . . 110
6. Die Entwicklung 126

B. Systematischer Teil 132

1. Das natürliche System der Kriechtiere 132
2. Überblick über das System 132

Literatur 185

Namen- und Sachverzeichnis 186

EINLEITUNG

18. Stamm: Chordatiere *(Chordata)*,

1. Manteltiere *(Tunicata)*,

2. Schädellose *(Acrania)*,

3. Rundmäuler *(Cyclostomata)*,

4.[1]) Wirbeltiere *(Vertebrata)*,

Klasse Fische *(Pisces)*,
Klasse Lurche *(Amphibia)*, } Amnionlose *(Anamnia)*,
Klasse Kriechtiere *(Reptilia)*,
Klasse Vögel *(Aves)*, } Amniontiere *(Amniota)*.
Klasse Säuger *(Mammalia)*.

KRIECHTIERE *(Reptilia)*

Die Reptilien sind wechselwarme Amnioten mit drüsenarmer, beschuppter oder beschilderter Haut und in der Regel 4 Gliedmaßen. Das Herz besteht aus 2 Vorkammern und 2 — meist nicht völlig voneinander getrennten — Kammern. Atmung vorwiegend durch Lungen. Nur ein Gelenkhöcker am Hinterhaupt. Ohne Metamorphose.

Unter den heute lebenden Kriechtieren kann man einige charakteristische Bautypen unterscheiden: Formen mit 2 Paar Gliedmaßen, langgestrecktem Körper und langem Schwanz (Brückenechse, Krokodile, die meisten Echsen), ähnlich gebaute, jedoch seitlich stark abgeplattete Tiere (Chamäleons), solche mit gedrungenem Körper, der in eine feste Knochenkapsel eingeschlossen ist, aus der Kopf, Extremitäten und Schwanz hervorgestreckt werden können (Schildkröten), und langgestreckte gliedmaßenlose Formen (Schlangen, einige Echsen).

Die Kriechtiere sind eine sehr alte Wirbeltiergruppe, die erstmalig im Karbon auftritt *(Cotylosauria)*. In der Trias- und Jurazeit und bis in die Kreide lag der Höhepunkt ihrer Entwicklung. Sie hatten eine große Mannig-

---

[1]) 1—4 Unterstämme.

Abb. 1. Umrißzeichnungen fossiler Kriechtiere. a) Ichthyosaurier (*Ichthyosaurus*). b) Pterosaurier (*Pterodactylus*). c) Plesiosaurier (*Elasmosaurus*). d) *Brontosaurus*. e) *Iguanodon*. f) Stegosaurier (*Stegosaurus*). g) *Triceratops*. — Nach verschiedenen Autoren*)

*) Die meisten Abbildungen wurden von Herrn Jan Kinzer und dem Verfasser nach Vorlagen aus der Literatur umgezeichnet.

faltigkeit von Formen ausgebildet, unter denen Typen vertreten waren, die heute nicht mehr existieren. Ich erwähne nur die fischähnlichen Ichthyosaurier (Abb. 1 a), die flugfähigen Pterosaurier (b), die langhalsigen marinen Plesiosaurier (c) mit Ruderextremitäten, den hochbeinigen, langhalsigen *Brontosaurus,* der auf dem Lande lebte (d), den ebenfalls terrestrischen, mit mächtigen Hinterbeinen und starkem Stützschwanz ausgestatteten *Iguanodon* (e), die mit großen vertikalen Hautknochenplatten und Schwanzstacheln bewehrten Stegosaurier (f) und den durch einen plumpen mit langen Hörnern und breitem „Kragen" ausgezeichneten *Triceratops* (g). Einige dieser fossilen Reptilien waren gewaltig groß. Skelette von 10 bis 13 m Länge sind bekannt von *Ichthyosaurus, Mosasaurus, Elasmosaurus, Cetiosaurus* und *Camptosaurus.* Ein *Titanosaurus* und ein *Iguanodon* maßen je 18 m, ein *Diplodocus* 20 m und das größte bisher bekannte Landwirbeltier, *Brachiosaurus brancai,* hatte sogar eine Länge von etwa 30 m. Ein *Stegosaurus ungulatus* war 9 m lang, ein *Triceratops* hatte einen Schädel von 2 und ein Skelett von 8 m Länge. Der Flugsaurier *Pteranodon* spannte etwa 7 m:

In der Kreidezeit ist die Hauptmasse der Reptilien ausgestorben. Bis in die Jetztzeit erhalten haben sich nur die Brückenechsen (mit nur 1 Art), die Schildkröten, die Krokodile und die Schuppenreptilien oder *Squamata.* Die Schuppenkriechtiere hatten sich schon in der Kreide in die Echsen *(Sauria)* und die Schlangen *(Serpentes)* aufgeteilt. Die Brückenechsen *(Rhynchocephalia)* lassen sich bis in die untere Trias, die Schildkröten bis in die Trias, die Krokodile bis in die obere Trias und die *Squamata* bis in die Trias zurückverfolgen. Als direkte Vorfahren der Reptilien können die *Seymouriamorpha* angesehen werden, die zu den Labyrinthodontiern (den eigentlichen Stegocephalen) zu stellen sind und vielleicht sogar zu den *Cotylosauria* gerechnet werden können. Der Anschluß der Kriechtiere an die Sammelgruppe der Stegocephalen dürfte sich etwa im oberen Karbon vollzogen haben (s. den Stammbaum der Reptilien nach H. Wermuth).

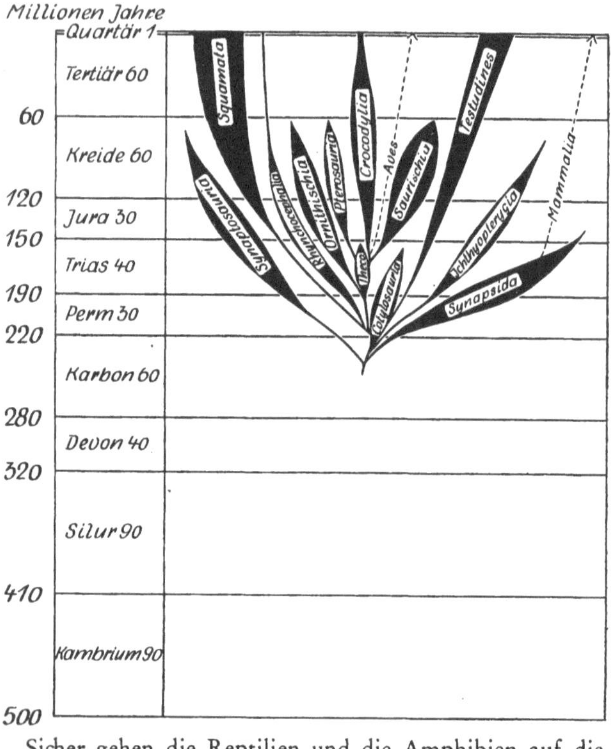

Sicher gehen die Reptilien und die Amphibien auf dieselben Wurzeln zurück, jedoch haben sich die beiden Gruppen im Laufe der Stammesgeschichte so weit voneinander entfernt, daß die Vereinigung in einer Gruppe nicht mehr möglich ist und man auch die Kriechtiere als eine gut abgegrenzte selbständige Wirbeltierklasse auffassen muß. Andererseits zeigen die Reptilien genetische Beziehungen zu den Säugetieren (über die *Theromorpha*) und vor allem zu den Vögeln, so daß man sie jetzt im allgemeinen als eine Art Übergangsstufe zwischen den Amphibien und diesen Wirbeltierklassen ansieht. Die Verwandtschaft zwischen Reptilien und Vögeln geht auf die *Pseudosuchia (Archosauria/Thecodontia)* zurück und ist ziemlich genau zu verfolgen. Der enge stammesgeschichtliche Zusammenhang zwischen Kriechtieren und Vögeln wird dadurch zum Ausdruck gebracht, daß man die beiden Klassen jetzt in der Gruppe der *Sauropsida* vereinigt.

Heute sind etwa 5500 rezente Reptilarten bekannt, die vorzugsweise in tropischen und subtropischen Gebieten vorkommen. Die Hauptmasse stellen die *Squamata* mit je etwa 2500 Echsen- und Schlangenarten. Die Schildkröten sind mit etwas mehr als 200 und die Krokodile mit nur etwa 20 Arten vertreten, während es von Rhynchocephalen nur noch 1 Art gibt. Die meisten Kriechtiere leben auf dem Lande, und zwar in den verschiedensten Biotopen, besonders in warmen, z. T. in den wärmsten und trockensten, die es auf der Erde gibt, in Wüsten. Nicht wenige Formen sind ausgesprochene Baum- oder Felsenbewohner, die sich hauptsächlich kletternd fortbewegen (z. B. Geckonen, Chamäleons, Anolis, einige Schlangen) und manche haben Einrichtungen, die sie zu Gleitflügen durch die Luft befähigen (z. B. *Ptychozoon, Draco).* Viele Kriechtiere wühlen im Boden, was bei manchen in ihrem Körperbau — namentlich in der keilartigen Kopfform — zum Ausdruck kommt. Dies ist nicht nur in mehr oder weniger ausgeprägter Weise bei zahlreichen Vertretern aus verschiedenen Gruppen der Fall, sondern ist ein Charakteristikum für die Doppelschleichen *(Amphisbaena),* die Blindschlangen *(Typhlopidae)* und andere, die durch wurmförmige, extremitätenlose Körper und von der Haut bedeckte verkümmerte Augen und Ohren ausgezeichnet sind und ein völlig unterirdisches Leben führen. In feuchten Lebensräumen und im Wasser kommen relativ wenige Arten vor, die jedoch nur selten ganz aquatil sind, aber zur Fortpflanzung (mit Ausnahme einiger lebendgebärender Seeschlangen) auf das Land gehen, so daß man das Wasserleben bei den rezenten Reptilien als sekundäre Erscheinung ansehen muß. Unter den fossilen Kriechtieren waren die Ichthyosaurier und Plesiosaurier wohl rein aquatil. Von den heute lebenden Reptilien sind die Krokodile typische Wassertiere, die in großen Flüssen und Seen leben und von denen einzelne Arten auch ins Meer gehen (z. B. *Crocodylus porosus*). Am weitesten ausgebildet ist das Wasserleben bei Schildkröten, unter denen, außer typischen Landformen, die z. T. sogar in Wüsten leben, viele im Süßwasser vorkommen. Manche (z. B. *Kachuga, Chelus*) gehen wohl fast nie an Land. Die *Chelonioidea* (Meeres- oder Seeschildkröten und Lederschildkröten) haben ruderartige Gliedmaßen und leben im Meere, das die ♀♀ nur zur Eiablage verlassen. Unter den Schlangen gibt es viele Arten, die stark an das Wasser gebunden sind. Einige leben ebenfalls im Meere (*Hydrophiidae*) und sollen das Wasser niemals verlassen.

Die heutige geographische Verbreitung der Kriechtiere dürfte hauptsächlich durch die Wärmeverhältnisse auf der Erde bedingt sein, da die Reptilien die am meisten thermophile Wirbeltierklasse sind, die die größte Mannigfaltigkeit und Artenfülle in den Äquatorialgebieten erreicht, in denen auch die größten Formen vorkommen. Die bis über 2 m lange Lederschildkröte (*Dermochelys coriacea*) lebt hauptsächlich in tropischen Meeren, das Nilkrokodil (*Crocodylus niloticus*) erreicht auf Madagaskar Längen bis zu 10 m, das Leistenkrokodil (*C. porosus*), das von Vorderindien bis nach Nordaustralien und den Fidschiinseln verbreitet ist, etwa ebensoviel. Der in Süd- und Zentralamerika vorkommende Höckerleguan (*Iguana iguana*) wird gegen 1½ m lang und die größte jetzt lebende Echse, *Varanus komodensis* von der Sundainsel Komodo wird bis 4 m lang (nach älteren Angaben sogar 7 m [?]). Die längsten Reptilien gibt es unter den Riesenschlangen (*Boidae*). *Python reticulatus* aus Südostasien wird bis 9 m lang, und die Anakonda (*Eunectes murinus*) im tropischen Südamerika (Guayana, Brasilien) ist mit etwa 11 m Länge das längste rezente Reptil*). Mit der Entfernung vom Äquator nehmen die Reptilien an Arten- und Individuenzahl immer mehr ab, so daß in den gemäßigten Zonen nur wenige (meist kleine) Arten auftreten und in die kalten Gebiete nur ein paar Echsen- und Schlangenarten vorstoßen, wie in Nordeuropa die Bergeidechse *(Lacerta vivipara)*, die in Norwegen noch bei 70° n. Br. vorkommt und in den Gebirgen bis zu 3000 m aufsteigt. Die Kreuzotter *(Vipera berus)* verhält sich ähnlich.

Die systematischen Gruppen verteilen sich geographisch etwa in folgender Weise: Die *Rhynchocephalia* sind nur noch durch eine Art *(Sphenodon punctatus)* auf einigen kleinen Inseln an der Nordinsel von Neuseeland (wo sie früher häufig war) vertreten. *Testudines* leben in allen Faunengebieten, besonders in warmen. Die Süßwasserschildkröten haben ihr Mannigfaltigkeitszentrum in Südamerika, die Landschildkröten in Südafrika, während die Seeschildkröten in allen tropischen und subtropischen Meeren vorkommen. *Crocodylia* leben nur in tropischen und subtropischen Gewässern der alten und neuen Welt. *Sauria* und *Serpentes* haben wiederum Vertreter in allen Zonen, mit Ausnahme der ganz kalten Gebiete.

Die wirtschaftliche Bedeutung der Kriechtiere erreicht bei weitem nicht die der Vögel und Säuger, ist jedoch in manchen Gebieten nicht unwesentlich. Große Echsen, Krokodile, Schildkröten und Schlangen werden in ihren Heimatländern gegessen, und die fast völlige Ausrottung der Brückenechsen auf Neuseeland wird nicht zuletzt darauf zurückgeführt, daß sie ihres Fleisches wegen von den Maori verfolgt wurden. Schildkröten werden für die menschliche Ernährung weitgehend ausgenutzt. Vor allem die Suppenschildkröte *(Chelonia mydas)*, eine über 1 m lange Meeresschildkröte, wird an manchen tropischen Küsten in großen Mengen gefangen. Die zur Eiablage an Land gegangenen ♀♀ fallen zu tausenden der menschlichen Habsucht zum Opfer. Jedoch auch die im Wasser befindlichen Tiere fängt man mit Netzen und anderen Methoden, in manchen Gegenden mit Hilfe von Schiffshaltern *(Echeneis)*, Fischen, die an einer Schnur befestigt

*) Die Längenangaben für große Reptilien, die von Eingeborenen oder Reisenden stammen, sind mit Vorsicht aufzunehmen, weil oft übertrieben.

werden und sich mittels einer Saugscheibe an die Panzer der Schildkröten anheften. In Nordamerika wird die Salzsumpfschildkröte *(Malaclemys terrapin)* in Farmen zu Speisezwecken gehalten. Die Riesenschildkröten der Galapagos-(Schildkröten-) Inseln und von einigen Inseln an der afrikanischen Ostküste sind zum großen Teil ausgerottet worden, weil sie von den Ansiedlern gegessen und von Seeleuten als Schiffsproviant benutzt wurden. Schildkröteneier werden in großen Mengen zur menschlichen Nahrung und zur Ölgewinnung verwendet. Die Hornbekleidung des Rückenpanzers der Karettschildkröte *(Eretmochelys imbricata)* liefert das Schildpatt oder Schildkrot, das durch Erhitzen der lebenden Tiere abgelöst und zur Herstellung von Kämmen, Messerschalen und anderer kunstgewerblicher Gegenstände benutzt wird. Die Häute großer Echsen (Warane, Tejus), Schlangen und Krokodile dienen als Schmuck- und Gebrauchsleder. In Amerika werden Krokodile — besonders Hechtalligatoren *(Alligator mississipiensis)*, die über 4 m lang werden — hauptsächlich zur Ledergewinnung in Alligatorfarmen gehalten. In neuerer Zeit gewinnt man die Gifte von Schlangen, deren therapeutische Wirkung schon seit dem Altertum bekannt ist und die von manchen Naturvölkern als Pfeilgifte benutzt werden, in großen Mengen nach modernen Methoden, wozu Giftschlangen der verschiedensten Arten in „Schlangengärten" gehalten werden (z. B. im Institut Butantan, São Paulo, Brasilien). Man verwendet die Gifte einmal zur Herstellung von Immun- und Heilseren gegen die Gifte selbst (s. S. 86), andererseits als Heilmittel gegen verschiedene Leiden (z. B. Epilepsie, Neuralgie, Rheumatismus). Einen weiteren Nutzen bringen Reptilien dadurch, daß die meisten von ihnen sich von kleinen Tieren ernähren, die dem Menschen oder seiner Wirtschaft schaden. In manchen Gegenden hält man Geckonen und Chamäleons in den Wohnungen zum Fliegen- und Mückenfang und Riesenschlangen in Speichern zur Vertilgung von Ratten und Mäusen. Einige Schlangen ernähren sich auch von Giftschlangen und werden dadurch dem Menschen nützlich. Andererseits können manche Kriechtiere auch schädlich sein, wie gewisse Wasserschildkröten und Schlangen, die die Fischwirtschaft beeinträchtigen, oder große Echsen und Schlangen, die Säuger, sowie Vögel und deren Eier fressen. Der Schaden, den manche pflanzenfressenden Schildkröten und Echsen an Kulturen gelegentlich verursachen, dürfte nur geringfügig sein. Eine Gefahr für den Menschen und seine Nutztiere bilden in manchen Ländern Krokodile und Giftschlangen. Einige Panzerechsen

(z. B. *Crocodylus niloticus* und *porosus)* werden von den Bewohnern ihrer Heimatgebiete sehr gefürchtet, und es fallen ihnen immer wieder Haustiere und — wenn wohl auch nur selten — Menschen zum Opfer. Die am meisten durch Giftschlangen gefährdeten Länder sind Indien und Südamerika. Sicher sind die Berichte über die Giftschlangengefahr oft sehr übertrieben, jedoch sind Todesfälle durch Giftschlangenbisse in manchen Gebieten recht erheblich. Für Brasilien wird die Anzahl der jährlich gebissenen Menschen auf 19 000 geschätzt, was bei einer durchschnittlichen Sterblichkeit von 25 % im Jahr etwa 4800 Todesfälle ergibt.

A. ALLGEMEINER TEIL

1. DIE KÖRPERDECKE UND IHRE SONDERBILDUNGEN

Der Aufenthalt auf dem Lande und in der Luft stellt besondere Anforderungen an die Körperdecke der Reptilien. Einmal verlangt er von ihr einen stärkeren mechanischen Schutz des Körpers als das Wasserleben, weil bei

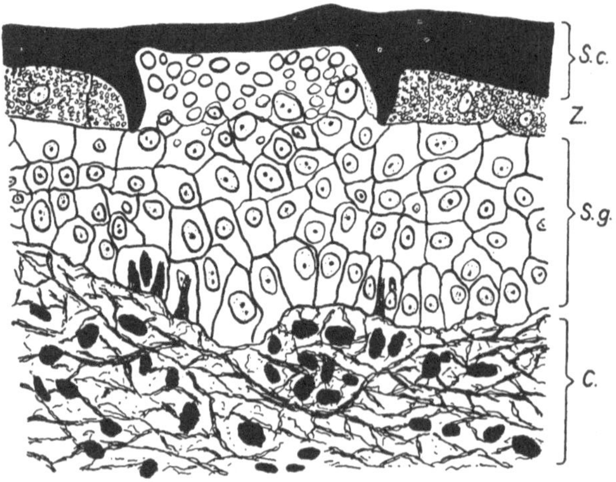

Abb. 2. Schnitt durch die Unterkieferhaut von *Anguis*. C. Corium, S. c. Stratum corneum, S. g. Stratum germinativum, Z. Zwischenzone. — Nach Plate

diesem durch die Gewichtsverminderung im Wasser der Zusammenstoß und die Berührung mit festen Körpern gemildert und dadurch die Gefahr der Verletzung herabgesetzt ist, andererseits ist in der Luft — namentlich bei Trockenheit und Wärme — die Verdunstung sehr groß. Dem begegnen die Kriechtiere dadurch, daß in der Regel ihre Haut durch Verhornung ihrer äußeren Schichten relativ fest ist und der Hornbelag die tiefer liegenden Gewebe vor Verdunstung und damit vor Eintrocknung schützt. Charakteristisch ist ferner die Drüsenarmut der Haut, durch die ebenfalls die Verdunstung eingeschränkt wird.

Die Haut besteht aus der ektodermalen Epidermis und der mesodermal entstandenen Lederhaut (Abb. 2). Die Epidermis ist mehrschichtig (sie besteht aus 5 bis 10 Zelllagen) und gliedert sich in die untere Keimzone (Stratum germinativum oder malpighii) und die äußere Hornschicht (Stratum corneum), die durch Zwischenzonen miteinander verbunden sind. Die Zellen entstehen in der Keimzone und schieben sich unter Abplattung und allmählichem Kernverlust nach außen vor, wobei sie sich mit Keratohyalinkörnern füllen und absterben. Sie bilden dann die Hornschicht, die von dem Oberhäutchen (Cuticula) überzogen ist, das besondere Skulpturen haben kann, wie Zacken, Leisten oder Härchen (z. B. auf den Haftlappen bei Geckonen, s. S. 49). Selten finden sich Chromatophoren in der Epidermis, jedoch lagern sich in den verhornten Zellen des Stratum corneum oft Pigmentkörner ab, die ihnen eine Eigenfarbe

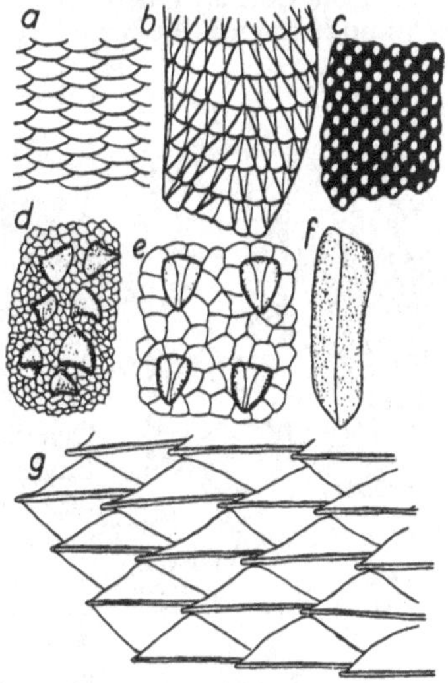

Abb. 3.
Schuppentypen. a) Schindelschuppen von *Chalcides ocellatus.* b) Wirtelschuppen am Schwanz von *Acanthodactylus vulgaris.* c) Körnerschuppen von *Lacerta muralis.* d) Kegelschuppen von *Agama stellio.* e) Gekielte Höckerschuppen eines Gecko. f) Dachförmige Schuppe vom Schwanz von *Lacerta viridis.* g) Gekielte Schindelschuppen von *Psammodromus algirus.* — Nach Schreiber

verleihen. Die Lederhaut (Corium, Cutis) besteht aus sich kreuzenden Bindegewebsfasern und bildet in die Epidermis vorgewölbte Papillen. In ihr liegen die die Körperfärbung und den Farbwechsel hauptsächlich bedingenden Chromatophoren (s. S. 29). Bei vielen Reptilien entstehen im Corium durch Kalkablagerung im Bindegewebe Verknöcherungen, die Knochenschuppen. In ihrer primitivsten Form sind sie segmental angeordnet und entsprechen je einer Hornschuppe (Krokodile, *Cordylus*, *Ophisaurus*, *Anguis*). Bei Krokodilen liegen sie in der Rückenhaut, bei einigen Arten außerdem auch am Bauch. Bei Scinciden und Gerrhosaurinen sind sie in durch Bindegewebe verbundene Stücke gegliedert. Sie können von Kanälen und Furchen durchzogen sein. Den Schlangen und den meisten Echsen fehlen sie. Bei *Sphenodon* liegen nur 0,3 mm lange Plättchen unter den Zacken des Schwanzkammes. Das Stratum corneum ist bei den meisten Kriechtieren in Hornschuppen, unter denen sich verschiedene Typen unterscheiden lassen, gegliedert (Abb. 3). Bei den Schindelschuppen (z. B. auf dem Rücken von Echsen und Schlangen) überdecken sich die Ränder dachziegelartig, bei den Wirtelschuppen (z. B. an den Schwänzen einiger Echsen) bilden ihre Querreihen regelmäßige Wirtel. Körnerschuppen sind kleine, meist rundliche Erhebungen, die oft bewegliche Körperteile (Augenlider, Kehle, Füße) oder auch den ganzen Rücken bedecken (z. B. Geckonen, Chamäleons, *Sphenodon*, *Uromastyx*). Die Schuppen können auch höckerförmig über die Oberfläche emporragen (Kegel- und Tuberkelschuppen). Die einzelnen Schuppen können glatt oder dachartig geknickt sein oder einen Kiel tragen.

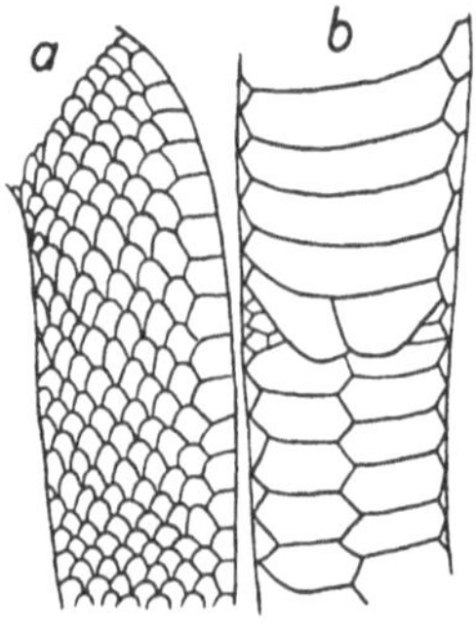

Abb. 4.
Bauchschienen von Schlangen. a) *Elaphe dione*, Seitenansicht. b) *Coluber gemonensis*, Ventralansicht. — Nach Schreiber

Sie können auch zu kürzeren oder längeren Dornen auswachsen (z. B. bei *Uromastyx* und *Moloch*) oder zu abstehenden spitzen Platten (z. B. Rückenkämme bei *Iguana*). Durch Verschmelzung entstehen größere Hornflächen, die als Schienen oder Schilder bezeichnet werden. S c h i e n e n, in einer Richtung besonders ausgedehnte Schuppen, bedecken die Bauchseiten der Schlangen, und zwar meistens vor der Kloake in einer Reihe, hinter ihr zuweilen in zwei Reihen (Abb. 4). S c h i l d e r sind größere Schuppen, deren Erstreckungen in den beiden Dimensionen nicht oder nur wenig voneinander abweichen. Bei einigen Reptilien sind sie in regelmäßigen Mustern auf den Köpfen angeordnet. Sie werden nach ihrer Lage (ähnlich wie die Schädelknochen) benannt (Abb. 5) und sind wegen ihrer arteigentümlichen Anzahl, Anordnung, Form und Größe von taxonomischer Bedeutung. Die Panzer der Schildkröten sind mit großen Hornschildern bedeckt (s. S. 21). Weitere Bildungen des Stratum corneum sind K r a l l e n an den Fingern und Zehen. Die meist gebogenen und oft langen und spitzen Krallen sind durch den Krallenwall gegen die Epidermis der Finger und Zehen abgegrenzt und bestehen aus der in der Regel stärkeren, festeren und gewölbteren dorsalen Krallenplatte und der ventralen Krallensohle (Abb. 6). An der Spitze scheidet die Epidermis zwischen Krallenplatte und -sohle das Ausfüllungshorn in Lamellen ab. Bei kletternden Formen sind die Krallen meist stark gekrümmt und spitz, bei grabenden flacher und stumpf, und bei Mee-

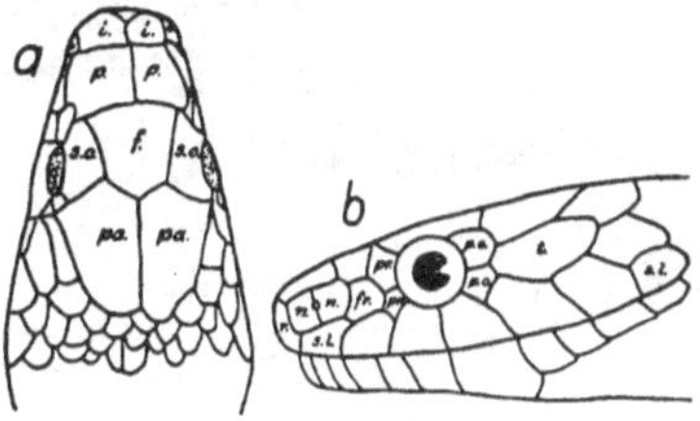

Abb. 5.
Beschilderung von Schlangenköpfen. a) *Elaphe longissima*. b) *Natrix maura*. f. Frontale, fr. Frenale, i. Internasalia, n. Nasalia, p. Praefrontalia, pa. Parietalia, p.o. Postocularia, pr. Praeocularia, r. Rostrale, s.l. Supralateralia, s.o. Supraocularia, t. Temporale. — Nach S c h r e i b e r

resschildkröten sind sie fingernagelartige Platten. Bei *Dermochelys* sind sie ganz zurückgebildet. Die gliedmaßenlose Echse *Ophisaurus apodus*, die Riesenschlangen *(Boidae)* und

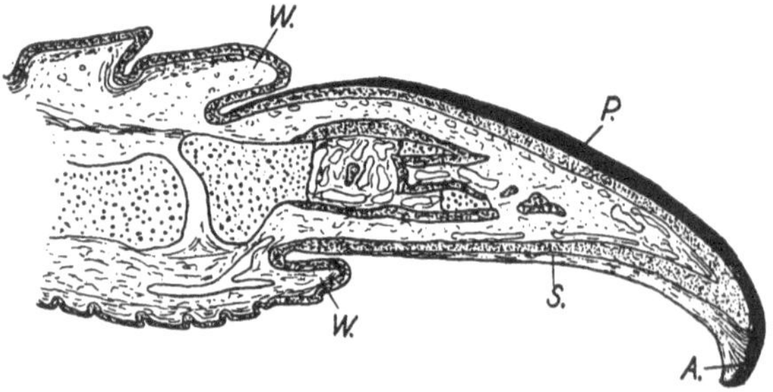

Abb. 6. Längsschnitt durch die Zehe eines Krokodilembryo. A. Ausfüllungshorn, P. Krallenplatte, S. Krallensohle, W. Krallenwall. — Nach Göppert aus Plate

die *Aniliidae* haben noch Reste der Hinterextremitäten in Form der Aftersporne oder -klauen, wenige Millimeter lange Kegel mit spitzen gebogenen Krallen (Abb. 7). Bei einigen Grubenottern *(Crotalidae)*, den Klapperschlangen *Sistrurus* und *Crotalus*, entsteht im Laufe der postembryonalen Entwicklung an der Schwanzspitze die Klapper oder Rassel. Das aus einer großen, rundherum eingeschnürten Schuppe bestehende Stratum corneum des Schwanzendes, in dem die letzten Wirbel zu einer knopfartigen Bildung verschmolzen sind, wird bei der Häutung nicht abgestreift und bleibt an der Schwanzspitze. Bei jeder Häutung entsteht vor ihm ein neues, größeres Glied, das das ältere weiter nach hinten schiebt und mit ihm gelenkig verbunden ist. Es bildet sich so die aus mehreren (bis etwa 20) Gliedern bestehende Klapper (Abb. 8), mit

Abb. 7. Aftersporn von *Python molurus*. — Nach Plate

der die Schlange ein eigentümliches rasselndes Geräusch hervorbringt, indem sie das Schwanzende senkrecht in die Höhe streckt und schnelle zitternde Bewegungen damit ausführt. Die Annahme, daß dies der Anlockung des Geschlechtspartners dient, erscheint fraglich, da für Schlangen bisher kein Hörvermögen nachgewiesen werden konnte (s. S. 60). Die Anzahl der Rasselglieder läßt eine grobe Schätzung des Alters der Schlange zu, da bei jeder Häutung ein neues Glied gebildet wird und normalerweise 2 Häutungen im Jahr stattfinden sollen. Allerdings dürften die ältesten Glieder allmählich verlorengehen. Eine typische Epidermisbildung ist die Mundbewaffnung der Schildkröten, bei denen die Kieferränder anstatt der Zähne einen Ober- und Unterschnabel aus Horn tragen, die wohl aus Verschmelzungen von Lippenschildern entstanden sind.

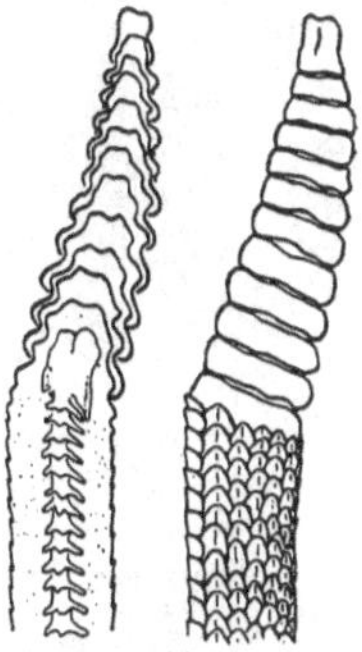

Abb. 8. Klapper von *Crotalus*. — Nach Garman aus Plate.

Der Panzer der Schildkröten ist zwar keine ausschließliche Bildung der Körperdecke, sondern enthält Elemente des knöchernen Innenskelettes; jedoch ist der Anteil der Haut an seinem Aufbau so groß, daß seine Behandlung in diesem Kapitel gerechtfertigt ist. Der Rückenpanzer oder Carapax besteht aus den verbreiterten Dornfortsätzen der Rückenwirbel und den Rippen, die mit im Corium entstehenden Hautknochenplatten fest verbunden und außen von epidermal gebildeten Hornplatten bedeckt sind (Abb. 9a), deren Grenzen nicht mit den darunter liegenden Knochenplatten übereinstimmen (Abb. 9b). Die Knochenplatten bilden regelmäßige Längsreihen: 1. eine unpaare mediane, die aus einem nicht mit dem Skelett verbundenen Nuchale, 8 mit den Dornfortsätzen verwachsenen Neuralia und 1 bis 3 Pygalia oder Supracaudalia besteht, 2. eine paarige Reihe von 8 mit der 2. bis 9. Rippe verwachsenen

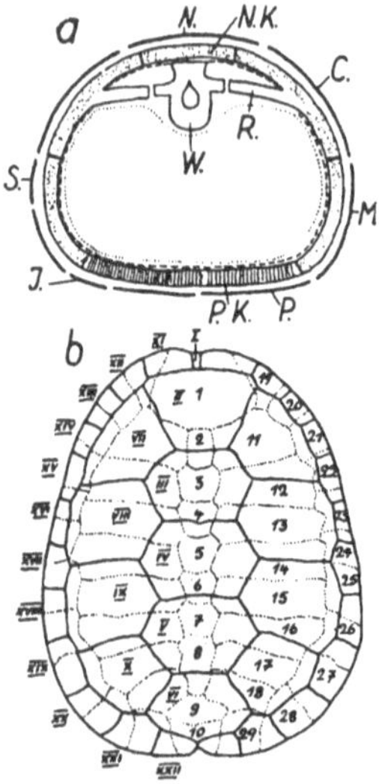

Abb. 9.
a) Schematischer Querschnitt durch den Panzer einer Schildkröte. C. Costalschild, I. Inframarginalschild (zuweilen vorkommend), M. Marginalschild, N. Neuralschild, N.K. Neuralknochen, P. Plastronschild, P.K. Plastronknochen, R. Rippe, S. Supramarginalschild (zuweilen vorkommend), W. Wirbel. — Nach Plate. b) Carapax von *Emys.* Die arabischen Zahlen in den punktiert umgrenzten Feldern bezeichnen die Knochenplatten; die römischen in oder an den ausgezogen umgrenzten Feldern die Hornschilder. 1 = Nuchale, 2—9 = Neuralia, 10 = Pygale, 11 bis 18 = Costalia, 19—29 = Marginalia. I = Nuchalschild, II bis VI = Neuralschilder, VII bis X = Costalschilder, XI bis XXII = Marginalschilder. Nach Werner

Costalia und 3. die nur aus der Haut gebildeten meist 11 Paar Randplatten oder Marginalia. Die Hornschilder des Carapax stimmen auch in ihrer Anzahl nicht mit den Knochenplatten überein, denn man kann in der Regel 1 Nuchalschild, 5 Neural-, je 4 Costal- und je 12 Marginalschilder unterscheiden. Bei einigen Formen gibt es noch Supra- und Inframarginalschilder oder deren Reste. In der Regel stoßen die Schilder mit ihren Rändern zusammen; nur bei *Eretmochelys imbricata* greifen sie in der Jugend schindeldachartig übereinander. Die Verschmelzung der Costalplatten mit den Rippen vollzieht sich ontogenetisch von innen nach außen, wie daraus zu sehen ist, daß bei jungen Schildkröten die Rippenenden noch frei zwischen den Costalia und Marginalia hervorragen (Abb. 10). Die Cheloniden, Trionychiden und Kinosterniden bleiben zeitlebens in diesem Zustand. Bei einigen Formen — z. B. bei *Eretmochelys, Kinosternon* und *Trionyx* — ist das Nuchale nach beiden Seiten in einen langen Fortsatz ausgezogen. Manchmal sind einige oder alle Neuralia zurückgebildet, so daß die Costalia in der Medianen zusammenstoßen (z. B. bei *Platemys* und *Emydura).* In der Regel ist der Carapax der Landschildkröten stark gewölbt, der der Wasserschildkröten flach. Bei der afrikanischen Landschildkrötengattung *Kinixys* liegt in ihm ein Gelenk oder Scharnier, so daß sein hinterer Teil nach unten geklappt werden kann. Der Bauchpanzer, das Plastron, ist fast stets flach. Bei ♂♂ kann er etwas nach innen gewölbt sein. Die ihn zusammensetzenden Knochenplatten (Abb. 11 a) werden von Skelettstücken gebildet. Das vorderste Paar, das Epiplastron, von den Schlüsselbeinen (Claviculae). Das unpaare Mittelstück, das Entoplastron, entspricht dem Episternum (Interclavicula) der übrigen Reptilien und fehlt bei *Kinosternon*. Die 3 hinteren Paare, das Hyo-, Hypo- und Xiphiplastron, sind aus Bauchrippen hervorgegangen. Bei jungen Schildkröten sind diese Knochenplatten noch nicht miteinander verwachsen und lassen in der Mitte eine nur durch Bänder verschlossene Öffnung frei (Abb. 11 b), durch die der Nabelstrang geht. Bei *Cheloniidae* und *Trionychidae* bleibt diese Öffnung auch im Alter bestehen (Abb. 11 c). Die

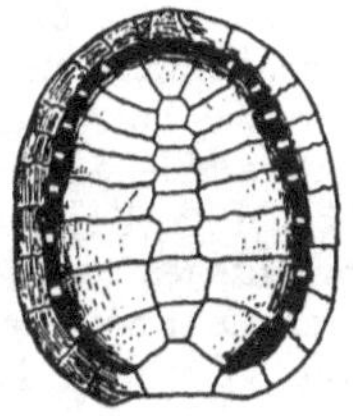

Abb. 10.
Carapax einer jungen *Testudo hermanni* mit freien Rippenenden zwischen den Costalia und Marginalia. — Nach Wiedersheim

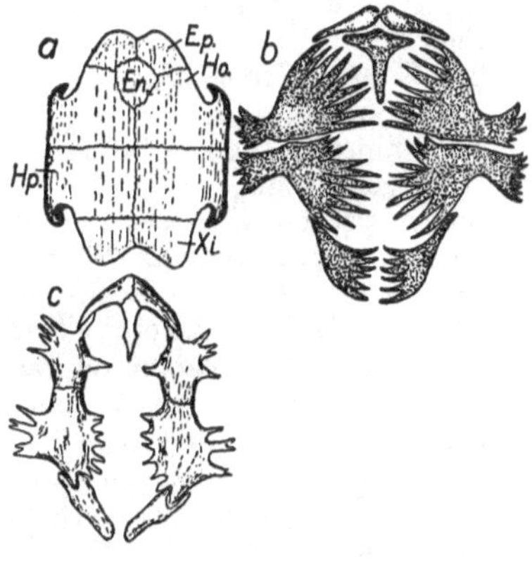

Abb. 11.
a) Knöchernes Plastron von *Testudo*. En. Entoplastron, Ep. Epiplastron, Ho. Hyoplastron, Hp. Hypoplastron, Xi. Xiphiplastron. — Nach Wiedersheim. b) Knöchernes Plastron einer jungen *Emys orbicularis*. — Nach Rathke aus Hilzheimer. c) Knöchernes Plastron von *Chelonia mydas*. — Nach Wiedersheim

Hornschilder auf dem Plastron decken sich ebenfalls nicht mit den Knochenplatten. Man unterscheidet Gular-, Humeral-, Pectoral-, Abdominal-, Femoral- und Analschilder (Abb. 12). Bei jungen Tieren und einigen erwachsenen ist der Bauchpanzer mit dem Carapax nur durch die Haut verbunden. Sonst verwächst das Hyo- und Hypoplastron mehr oder weniger breit mit den Marginalia des Rückenpanzers zu der sogenannten Brücke. Der Bauchpanzer kann zwischen Hyo- und Hypoplastron ein querverlaufendes Scharnier haben, so daß sein vorderer Teil nach oben geklappt werden kann und die vordere Panzeröffnung verschließt. Bei manchen Formen (z. B. bei *Cuora, Terrapene)* kann auch der hintere Teil entsprechend angehoben werden. Meistens sind sowohl Carapax als auch Plastron mit Hornschildern bedeckt. Nur bei den Weichschildkröten *(Trionychidae)* ist der knöcherne Panzer, dem die Marginalia fehlen, stattdessen von einer derben Haut überzogen. Die Lederschildkröte *(Dermochelys)* hat in der Jugend in der dicken Haut eckige oder rundliche Hornschuppen, unter denen sich später entsprechende Knochenplatten entwickeln. Die Hornschuppen bilden sich dann ganz und die Knochenplatten bis auf Reste des ursprünglichen

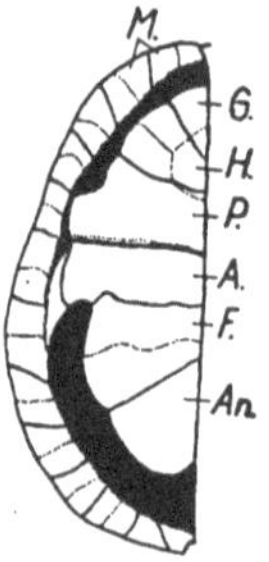

Abb. 12. Hornschilder des Plastrons von Emys. A. Abdominal-, An. Anal-, F. Femoral-, G. Gular-, H. Humeral- und P. Pleuralschilder. M. Marginalschilder des Carapax. — Nach Werner

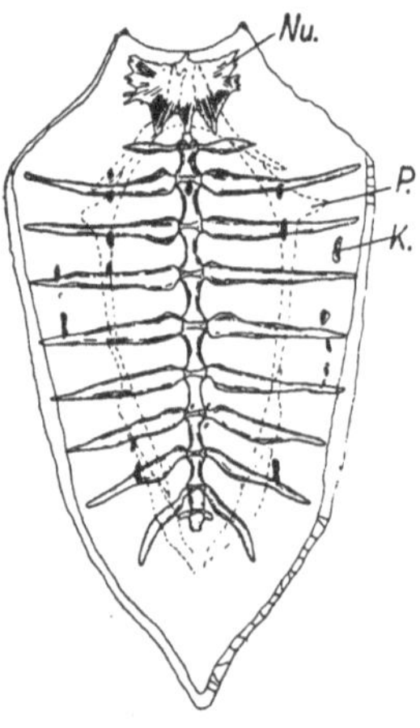

Abb. 13. Wirbel, Rippen, rudimentäre Knochenstücke (K.), Nuchale (Nu.) und Reste des Plastrons (P.) bei einer ausgewachsenen *Dermochelys coriacea.* — Nach Völker aus Plate

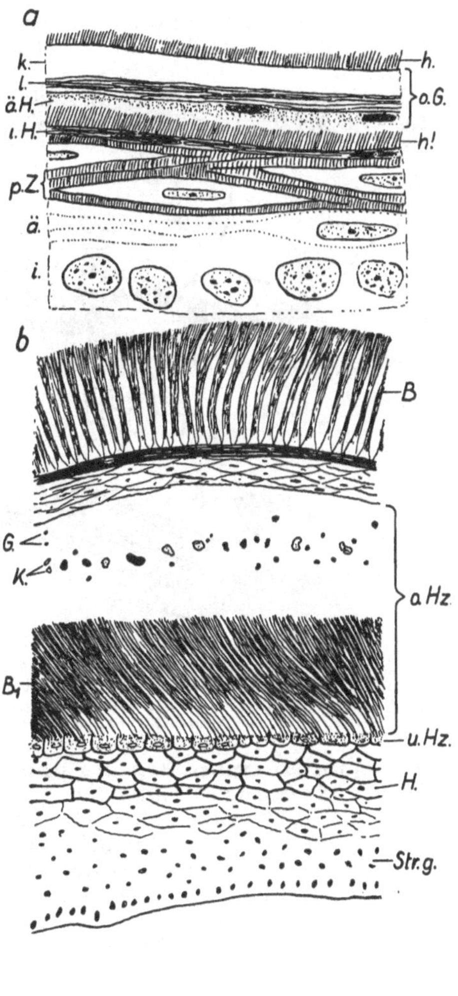

Abb. 14.
a) Schnitt durch die Haut von *Tarentola mauritanica* in der Häutung. ä. äußere Lage des Stratum germinativum, ä. H. äußere Häutungszellen, h., h'. Härchen, i. innere Lage des Stratum germinativum, i. H. innere Häutungszellen, k. feste Hornschicht, l. lockere Hornschicht, o. G. obere abgeworfene Zellgeneration, p. Z. abgeplattete verhornende Zellen.
b) Schnitt durch die Haut eines Haftlappens von *Uroplatus fimbriatus* in der Häutung. B., B_1. Borsten des Haftlappens, G. Granula, H. verhornte Zellen, K. degenerierte Kerne, o. Hz. obere Häutungszellen, Str. g. Stratum germinativum, u. Hz. untere Häutungszellen. — Nach Plate

Bauchpanzers zurück, so daß bei den erwachsenen Tieren der Panzer nur noch aus einigen Knochenstücken besteht, die von einer dicken, lederartigen Haut überzogen sind (Abb. 13).

Die Hornschichten der Epidermis, die eine wenig plastische, tote Masse darstellen, können nicht „wachsen". Sie

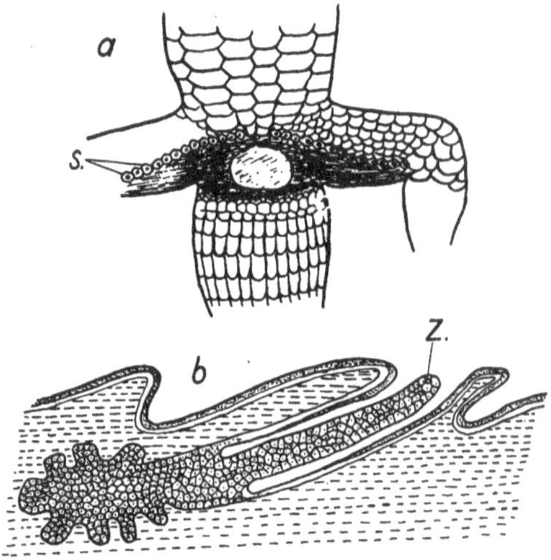

Abb. 15. Schenkelporen von *Lacerta agilis* (♂). a) Ventralansicht der Beckenregion, b) Schnitt durch einen Schenkelporus. S. Schenkelporen, Z. Zapfen. — Nach Maurer aus Plate

werden bei den meisten Reptilien periodisch abgeworfen. Vor den Häutungen bilden sich in der Zone zwischen der alten und der neuen Haut Häutungshärchen, dünne, dichtstehende, verhornte Protoplasmafasern, die wahrscheinlich von den oberen Zellen gebildet und in den unteren bei deren Verhornung festgehalten werden (Abb. 14). Zwischen den Härchen sammelt sich Luft oder Flüssigkeit (bei einigen Echsen und Schlangen), die oberen Schichten lösen sich ab und die Härchen bleiben in der neuen Oberhaut zurück. An den Haftlappen der Geckonen (s. S. 49) sind diese Härchen besonders groß. Bei Krokodilen finden keine eigentlichen Häutungen statt, es können sich nur einzelne Schilder oder Schuppen ablösen; die Hornschuppen werden mit dem Alter immer dicker und breiter. Auch bei

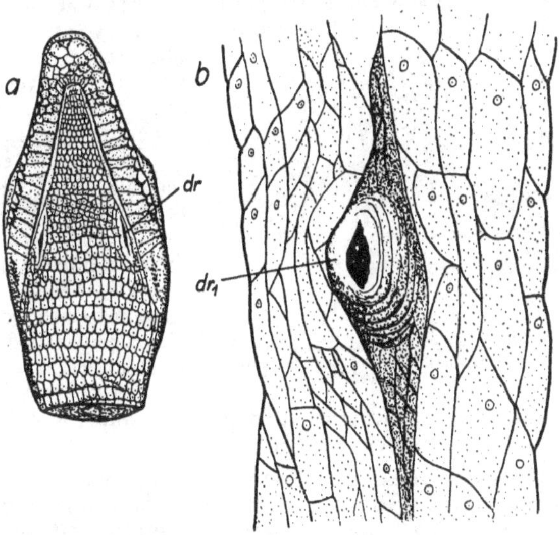

Abb. 16. Kieferdrüsen von *Crocodylus niloticus.* a) Mündungsschlitze (dr) bei einem Jungtier. b) Halb vorgestülpte Drüse (dr_1) bei einem Alttier. — Nach Voeltzkow aus Meisenheimer

Schildkröten sind nur in einzelnen Fällen Häutungen des Panzers beobachtet worden (z. B. bei *Hydromedusa tectifera).* Gesunde Schlangen (bis auf *Eryx jaculus)* werfen die ganze Haut — das Natter- oder Schlangenhemd — in einem Stück ab. Die bevorstehende Häutung zeigt sich dadurch an, daß die Augen und die schwarz und gelb gefärbten Stellen der Haut milchig-trübe erscheinen, weil sich unter der „Brille" (s. S. 70) und zwischen den alten und neuen Hornschichten des Körpers Häutungsflüssigkeit ansammelt. Kurz vor der Häutung verschwindet diese Trübung wieder. Die Schlangen pflegen dann ihre Kieferränder an harten Gegenständen zu reiben, bis die Oberhaut durchreißt und sich nach hinten umstülpt. Durch Kriechen durch Gesteinsspalten, Astgabeln, Gestrüpp u. dgl. streift das Tier dann das ganze umgestülpte Natternhemd ab, was in der Regel ziemlich schnell (etwa in 1/4 Stunde) vor sich geht. Die fußlosen oder stummelfüßigen Echsen (z. B. Amphisbänen, Anguiden, Pygopodiden) streifen die Haut ebenfalls als Ganzes ab. Bei *Anguis* wird sie dabei zu einem festen schmalen Ring zusammengeschoben. Die übrigen Echsen werfen die Haut in unregelmäßigen Fetzen ab, die von Geckonen und manchen anderen Echsen meistens aufgefressen werden.

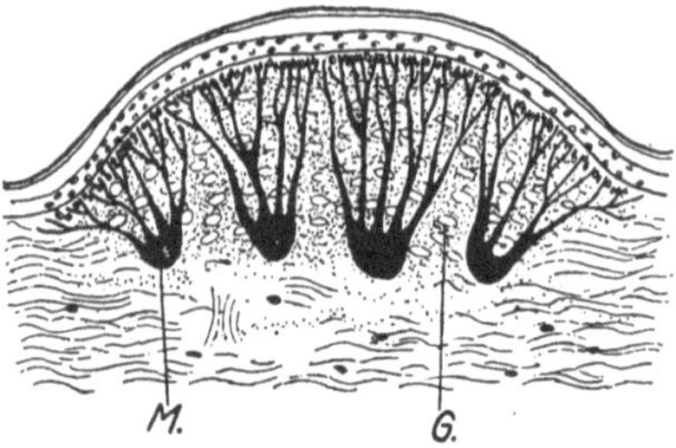

Abb. 17.
Schnitt durch eine Körnerschuppe eines Chamäleons. G. Guanophoren, M. Melanophore. — Nach Bütschli

Die Körperdecke der Reptilien enthält nur wenige Hautdrüsen. Bei fast allen Lacertiden, Cordyliden, Iguaniden, Tejiden und bei vielen Geckoniden und einigen Agamiden kommen Schenkel-, Femoral- oder Präanalporen vor (Abb. 15). Das sind 12 bis 25 im Corium gelegene Drüsen, die je durch einen Porus in einer Schuppe ausmünden und schlauchförmige Einsenkungen der Epidermis darstellen, die sich zu einem, oft mit kurzen Divertikeln versehenen Drüsenkörper erweitern. In ihm entstehen viele Zellen, die z. T. verhornen und sich als kompakter Zapfen aus dem Porus herausschieben. Der Zapfen kann verhornen oder zu einem talgartigen Sekret zerfallen (z. B. bei *Sceloporus*). Oft stehen die Schenkelporen in je einer Längsreihe auf den Innenflächen der Oberschenkel

(s. Abb. 15 a), zuweilen jedoch auch in einer Querreihe vor der Kloake, z. B. bei Formen ohne Hinterextremitäten. Bei vielen Arten kommen sie nur bei ♂♂ vor und sind in der Brunstzeit besonders groß. Bei denen von *Lacerta agilis* ist das Sekret in dieser Zeit weich, während es sonst völlig verhornt. Wahrscheinlich spielen die Schenkelporen im Geschlechtsleben eine Rolle; vielleicht als Duftorgane. Die Ansicht, daß sie als „Haftdrüsen“ zum Festhalten der ♀♀ bei der Kopula dienen, ist wenig überzeugend. Krokodile haben neben der Mitte jedes Unterkieferastes an der Kehle einen gelappten, ausstülpbaren Drüsensack, die Moschusdrüse (Abb. 16), der namentlich zur Brunstzeit ein bräunliches, schmieriges, stark nach Moschus riechendes Sekret abscheidet. Eine ähnliche unpaare Bildung kommt an der Kehle von Schildkröten vor. Die Rückenorgane der Krokodile sind schlauchförmige Epidermiseinstülpungen mit meist geschlossenen Mündungen, die in zwei Reihen längs des Rückens zwischen zwei Schuppen liegen, von unbekannter Bedeutung. Ähnliche Organe gibt es bei vielen Schildkröten an den Seitenkanten des Körpers, wo Carapax und Plastron zusammenstoßen. Gewöhnlich sind ein oder zwei Paar vorhanden, bei manchen Trionychiden auch drei. Viele Reptilien haben Drüsen in der Kloakenregion, die wohl sexuelle Bedeutung haben. Weit verbreitet sind ferner noch Augendrüsen, von denen später gesprochen wird (s. S. 65, 66 u. 70).

In der Körperdecke der Kriechtiere, und zwar fast nur im Corium, liegen Chromatophoren, die die Färbung der Haut bedingen. In der Regel sind sie in unregelmäßigen Schichten angeordnet, und zwar so, daß die dunkle Pigmente führenden Melanophoren am tiefsten liegen und mit ihren Ausläufern zwischen den oberflächlichen Farbzellen hindurch bis direkt unter die Epidermis reichen (Abb. 17). Über den Melanophoren breiten sich meist mit Guaninkörnern gefüllte Leukophoren (Guanophoren) aus, die von farbigen — gewöhnlich roten und gelben — Pigmentzellen überlagert werden. Grüne und blaue Pigmente sind sehr selten. Grüne Farbstoffe kommen z. B. bei den intensiv grün gefärbten Baumschlangen der Gattung *Ahaetulla* vor. Sonst werden die häufig auftretenden grünen und blauen Körperfarben oft dadurch erzeugt, daß die Guaninkörner auf dem dunkelen Hintergrund der Melanophoren als trübe Medien wirken, die die kurzwelligen Strahlen (Blau) besonders stark reflektieren. Müssen diese durch eine gelbe Epidermis dringen, ergeben sich grüne Farbtöne. Bei Echsen und Schlangen entstehen metallische und schillernde Farbeindrücke durch Interferenzen an den Oberflächenstrukturen der Hornschuppen. Die Körperfarben der Kriechtiere sind sehr mannigfaltig und — namentlich bei Echsen und Schlangen — oft in typischen Mustern angeordnet. Häufig findet ein **morphologischer Farbwechsel** mit dem Alter statt (Abb. 18), der durch Neuentstehung, Verschwinden und Umlagerung von Chromatophoren verursacht wird. Ein **physiologischer Farbwechsel**, der außerordentlich schnell erfolgen kann (oft in wenigen Sekunden), ist für viele Echsen — besonders Chamäleons und Anolis — typisch, in der Regel aber nicht für Schlangen und die übrigen Reptilien. An Krokodilen läßt sich in „unlustbetonter Stimmung“ eine schnelle Aufhellung beobachten. Bei Chamäleons (und wohl in entsprechender Weise bei anderen Echsen) entsteht der Farbwechsel dadurch, daß je nach dem Erregungszustand des Tieres die Pigmentverteilung in den Chromatophoren nervös und hormonal gesteuert wird (s. S. 108). Treten die dunklen Farbkörner in die Ausläufer ein (s. Abb. 17), so verdecken oder umhüllen sie mehr oder weniger die anderen Chromatophoren, und die betreffende Hautstelle wird verdunkelt.

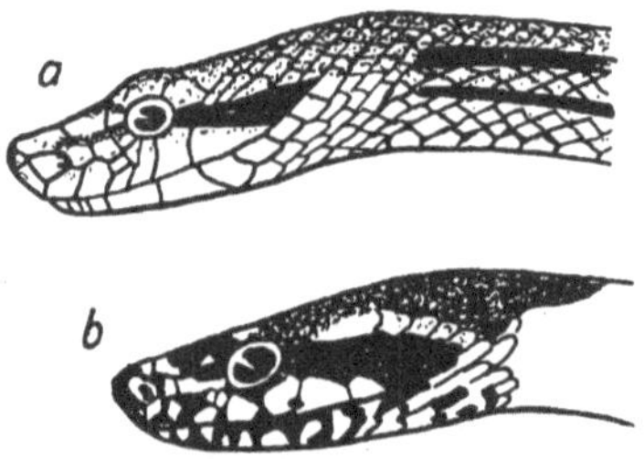

Abb. 18.
Kopf einer erwachsenen (a) und einer jungen (b) *Elaphe quatuorlineata*. — Nach Werner

Konzentrieren sie sich in den Zellkörpern, so wird sie aufgehellt und farbig. Farbwechsel kann durch sehr verschiedene Reize hervorgerufen werden. Vor allem durch Temperatur- und Lichtwechsel, jedoch auch durch die Wahrnehmung des Geschlechtspartners, des Gegners, der Beute u. dgl. und stellt in vielen Fällen einen Gradmesser für den Erregungszustand des Tieres — für seine „psychische Stimmung" — dar. Außer bei Chamäleons und Anolis ist schneller Farbwechsel besonders ausgeprägt bei vielen Gekkonen und einigen Agamiden.

2. DAS SKELETTSYSTEM, DIE MUSKULATUR UND DIE BEWEGUNGEN

Die Wirbelsäule der Kriechtiere ist im allgemeinen — wie auch das übrige Skelett — völlig verknöchert. Bei Geckoniden werden die amphicölen Wirbel von einem Chordarest durchzogen. Auch *Sphenodon* hat amphicöle Wirbel. In der sehr beweglichen Halswirbelsäule der Schildkröten können amphicöle, procöle, opisthocöle und auch bikonvexe Wirbel mit knorpeligen, von der Chorda durchsetzten Intervertebralscheiben miteinander abwechseln. Die meisten Reptilien haben procöle Wirbel. Der 1. Halswirbel, der Atlas, bildet ein Gelenk mit dem unpaaren Gelenkhöcker (Condylus) des Hinterhauptes. Er hat sich aus den Wirbelbögen entwickelt, während sein Körper sich von ihm losgelöst hat und mit dem Körper des 2. Halswirbels, des Epistropheus, verschmolzen ist und dessen Zahn (Dens, Processus odontoideum) bildet. Dieser ragt in den Ring des Atlas hinein, so daß ein Drehgelenk entsteht, daß dem Kopf große Beweglichkeit — namentlich Drehung um die Längsachse — ermöglicht. Bei Rhynchocephalen, Krokodilen und Chamäleons liegt zwischen dem oberen Bogen des Atlas und dem Hinterhaupt ein kleines Knochenstück, der Proatlas (Abb. 19), das als Rest eines verlorengegangenen Wirbels gedeutet wird. Bei den meisten Reptilien gliedert sich die Wirbelsäule in eine Hals-,

Rumpf-, Becken- und Schwanzregion. Bei Krokodilen kann man noch eine Brust- und Lendenregion (Abb. 20), dagegen bei den extremitätenlosen Echsen und den Schlangen nur einen Rumpf- und Schwanzabschnitt unterscheiden. Die Anzahl der Wirbel schwankt zwischen etwa 30 (Schildkröten) und über 400 (Schlangen). Die Schwanzwirbel von *Sphenodon*, Geckos und manchen Echsen haben in ihrer Mitte eine nicht verknöcherte Querzone (Abb. 21), in der der Schwanz auf bestimmte Reize hin (vor allem Festhalten) durchbricht (Autotomie). Es handelt sich um einen Rückenmarksreflex. Das sich heftig bewegende Bruchstück kann einen Angreifer beschäftigen, während die Echse flieht. Von der Bruchstelle des Stumpfes aus regeneriert meist ein neues Schwanzende, dessen Skelett jedoch nur aus einer ungegliederten, elastischen Knorpelröhre besteht und nicht mehr zur Autotomie fähig ist. Die Regenerate sind nur mit einfachen Schuppen

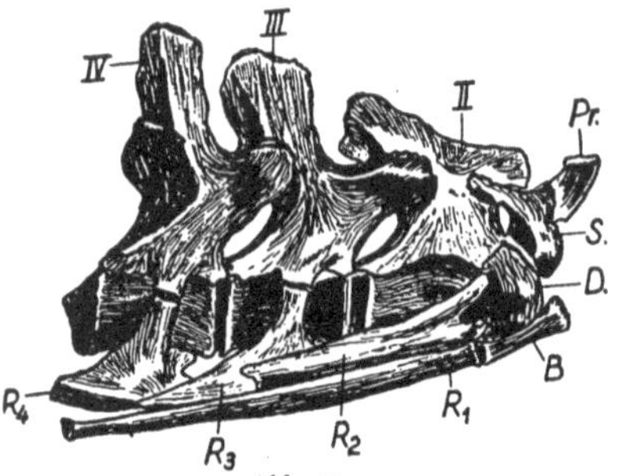

Abb. 19.
Die vier vorderen Halswirbel eines Krokodils. B. Basalstück des Atlas, D. Dens des Epistropheus, Pr. Proatlas, S. Seitenstück des Atlas, R_1—R_4 Rippen, II—IV zweiter bis vierter Halswirbel. — Nach Zittel

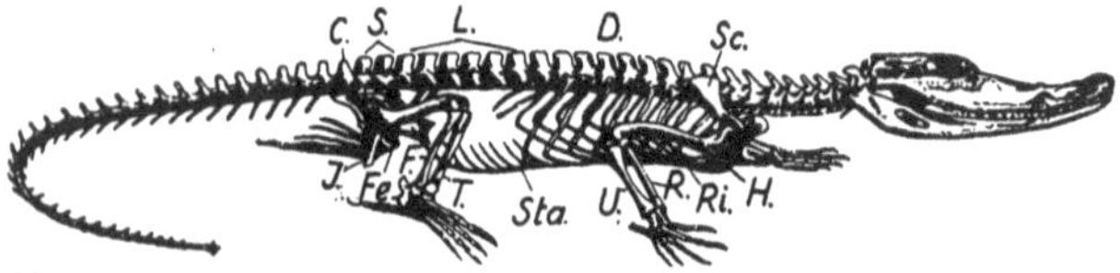

Abb. 20. Skelett eines Krokodils. C erster Caudalwirbel, D Brustregion, F Fibula, Fe Femur, H Humerus, I Os ischii, L Lumbalregion, R Radius, Ri Rippen, S Sacralregion, Sc Scapula, Sta Sternum abdominale, T Tibia, U Ulna. — Nach Claus—Grobben

bedeckt, die die Originalstrukturen und -färbungen vermissen lassen. Bei nur eingeknickten Schwänzen können von beiden Wundflächen aus neue Schwanzenden auswachsen, so daß Mehrfachbildungen — Gabelschwänze — entstehen. Außer durch große Gelenke der Wirbelkörper sind die Wirbel durch Gelenkfortsätze an den oberen Bögen (Zygapophysen) miteinander verbunden (Abb. 22 a). In den besonders beweglichen Wirbelsäulen der Schlangen (und von *Iguana)* haben die oberen Bögen in der Mitte noch je einen Vorsprung (Zygophen), der mit einer Vertiefung (Zygantrum) des vorhergehenden ein Gelenk bildet (Abb. 22 b). Die Schlangen der Gattungen *Dasypeltis* und *Elachistodon* haben an einigen der ersten Wirbel ventrale knöcherne Fortsätze, die die Ösophaguswand durchdringen (Abb. 23) und zur Zertrümmerung der in

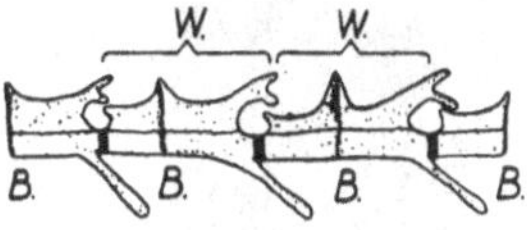

Abb. 21.
Zwei Schwanzwirbel (W) von *Lacerta muralis* mit präformierten Bruchstellen (B). — Nach Slotopolsky aus Hesse

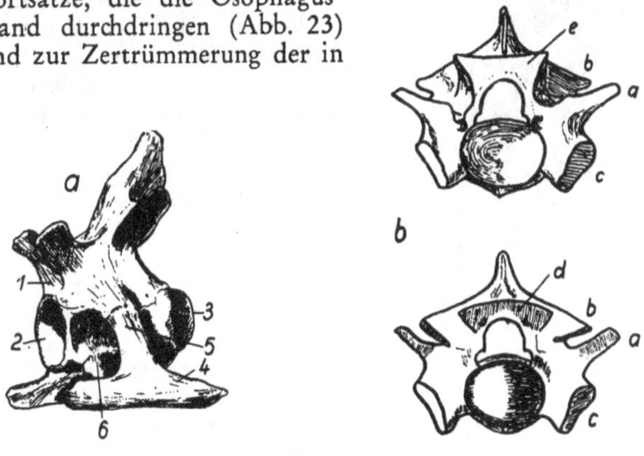

Abb. 22. a) Halswirbel von *Gavialis gangeticus*. 1 Rückenmarkskanal, 2 Gelenkpfanne, 3 Gelenkkopf, 4 Rippenrest, mit 2 Köpfen (5 und 6) an den Wirbelkörper ansetzend. Nach Hesse. b) Wirbel von *Python*. Oben von vorn, unten von hinten. a und b Zygapophysen, c Rippengelenk, d Zygophen, e Zygantrum. — Nach Gegenbaur aus Hilzheimer

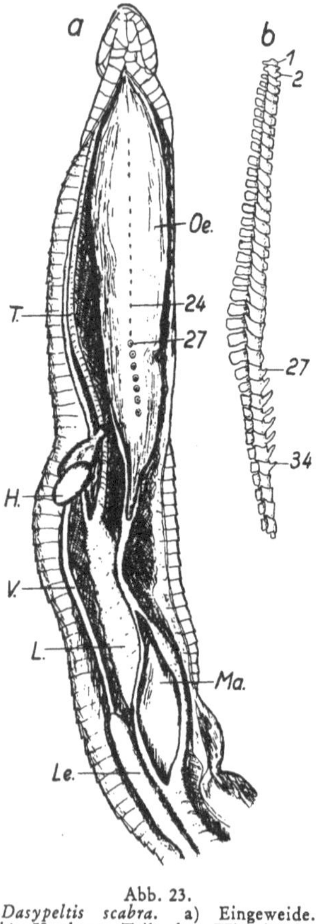

Abb. 23.
Dasypeltis scabra. a) Eingeweide. b) Vorderer Teil der Wirbelsäule. H. Herz, L. Lunge, Le. Leber, Ma. Magen, Oe. Oesophagus, T. Trachea, V. Vena cava inferior. Die Zahlen bezeichnen die **Halswirbel 1-34.** — Nach Kathariner aus Böker

die Speiseröhre aufgenommenen Vogeleier dienen (s. S. 79). Bei den Schildkröten sind die Dornfortsätze der Rumpfwirbel zu den Neuralplatten des Carapax verbreitert (s. S. 21). Bei manchen Chamäleons sind sie verlängert und bilden die Stützen der Rückenkämme. Außer den letzten Schwanzwirbeln können alle Wirbel der Reptilien Rippen haben. Sie fehlen — außer bei Krokodilen (s. Abb. 20) — am ersten Halswirbel, am Hals der Schildkröten und an den 3 ersten Halswirbeln von *Sphenodon* und einigen Echsen. Wo ein Brustbein fehlt (Schlangen, gliedmaßenlose Echsen, Schildkröten) sitzen meist an allen Rumpfwirbeln Rippen, die bei den Schildkröten zur Bildung der Costalplatten des Carapax beitragen (s. S. 22). Bei vorhandenem Brustbein (Sternum) sind die Brustrippen mit diesem verbunden. Diese „wahren" Rippen bestehen meist aus einem vertebralen und einem sternalen Teil. Der vertebrale ist durch je einen Gelenkkopf (bei Krokodilen durch 2 Köpfe, s. Abb. 22 a) mit der Wirbelsäule verbunden und weist schräg nach hinten. Er steht durch ein Gelenk (bei manchen Formen auch durch ein kleines Zwischenstück) mit dem schräg nach vorn gerichteten sternalen Teil in Verbindung. Bei *Sphenodon* und Krokodilen haben die Rippen nach hinten und oben gerichtete Fortsätze (Processus uncinati), und es sind ventrale, in der Bauchwand liegende Rippen — Bauchrippen — vorhanden, die nicht mit der Wirbelsäule verbunden sind und durch Verknöcherungen in den sehnigen Muskelsepten entstehen (Abb. 20 und 24). Sie bilden die hinteren Knochenplatten des Schildkrötenplastrons (s. S. 23).

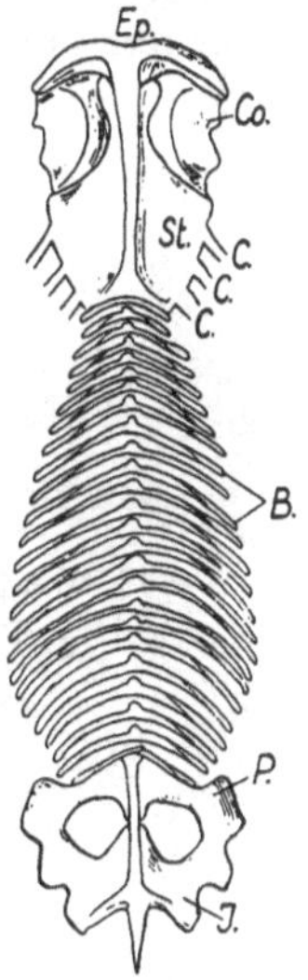

Abb. 24. Schultergürtel, Bauchrippen und Beckengürtel von *Sphenodon*. B. Bauchrippen, C. Rippen, Co. Coracoid, Ep. Episternum, I. Ischium, P. Pubis, St. Sternum. — Nach Hilzheimer

Der Hauptknochen des **Schultergürtels** der Reptilien ist das Schulterblatt (Scapula), dessen dorsale Platte (Suprascapula) knorpelig bleibt (Abb. 25). Es bildet mit dem Coracoid (Rabenbein), das mit dem Brustbein (Sternum) verwachsen ist, die Gelenkgrube für den Oberarm. An den vorderen Rand von Scapula und Coracoid legt sich jederseits meist das stabförmige Schlüsselbein (Clavicula). In der Regel treffen die beiden Claviculae in der Mitte zusammen und legen sich einem unpaaren (gewöhnlich T-förmigen) Knochen, dem Episternum oder Interclaviculare (s. auch Abb. 24) an, der der Ventralfläche des Brustbeins aufgelagert ist. Krokodilen fehlt die Clavicula und Chamäleons außerdem noch das Episternum. Schlangen fehlt der Schultergürtel stets. Bei Echsen mit zurückgebildeten Vorderextremitäten ist er mehr oder weniger reduziert vorhanden, z. B. bei Amphisbänen und *Anguis* (s. Abb. 25 b), oder ebenfalls verschwunden. Die Scapula der Schildkröten ist ein stabförmiger Knochen, der mit dem 1. Brustwirbel verbunden ist. Er setzt sich jenseits der Gelenkgrube für den Oberarm nach ventral innen fort und verbindet sich mit dem Bauchpanzer (Abb. 25 c). Diese Fortsetzung entspricht vielleicht dem Praecoracoid (= Procoracoid) der Amphibien. Das Coracoid bildet einen, von der Gelenkstelle nach hinten ventral ziehenden Stab, dessen verbreitertes freies Ende knorpelig bleibt und mit dem ven-

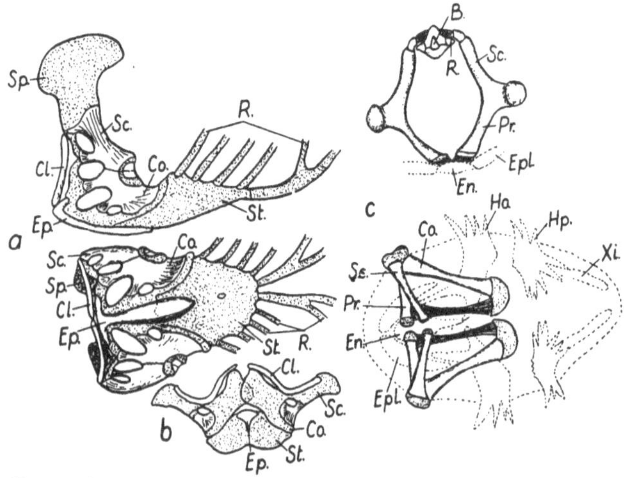

Abb. 25. Schultergürtel von Reptilien. a) *Iguana iguana*. b) *Anguis*. c) *Chelonia mydas* (einige Tage alt). B. Brustwirbel, Cl. Clavicula, Co. Coracoid, En. Entoplastron, Ep. Episternum, Epl. Epiplastron, Ho. Hyoplastron, Hp. Hypoplastron, Pr. Praecoracoid, R. Rippen, Sc. Scapula, Sp. Suprascapula, St. Sternum, Xi. Xiphiplastron. — Aus Bütschli

tralen Ende des Praecoracoid durch ein Ligament verbunden ist (Abb. 25 c). Die Claviculae und das Episternum sind zu Teilen des Plastrons geworden (s. S. 23 u. Abb. 11).

Der Beckengürtel (Abb. 24 und 26) ist nur an 2 Sacralwirbeln befestigt, und zwar jederseits durch das Darmbein (Ileum), an das sich das Schambein (Pubis) und das Sitzbein (Ischium) ansetzen, die meist gemeinsam mit ihm die Gelenkgrube für den Oberschenkel bilden und das

Foramen obturatorium umschließen. Im allgemeinen vereinen sich die Scham- und Sitzbeine jeder Seite ventral in Symphysen. Bei Krokodilen (Abb. 26c) beteiligen sich die Schambeine nicht an der Bildung der Gelenkgrube und vereinigen sich nicht in einer Symphyse, sondern werden durch

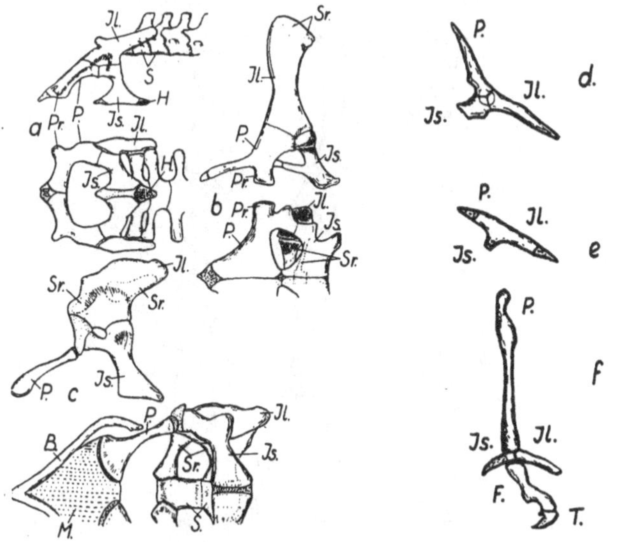

Abb. 26. Beckengürtel von Reptilien. a) *Sphenodon.* b) *Pseudemys terrapin.* c) *Alligator mississipiensis.* d) *Chalcides ocellatus.* e) *Anguis fragilis.* f) *Boa constrictor.* B. Bauchrippe, F. Femur, H. Hypoischium, Il. Ileum, Is. Ischium, M. Membran, P. Pubis, Pr. Praepubis, S. Sacralwirbel, Sr. Sacralrippen, T. Tibia. — Aus Bütschli

eine Membran miteinander und mit den hinteren Bauchrippen verbunden. Die Echsen mit verkümmerten oder fehlenden Hinterextremitäten haben stets Beckenreste, in denen man fast immer noch die 3 Knochen erkennen kann (Abb. 26d und e). Der Mehrzahl der Schlangen fehlt das Becken ganz. Bei *Typhlopidae, Leptotyphlopidae, Ani-*

liidae und *Boidae* sind Beckenteile vorhanden, die noch Reste von Gliedmaßen tragen können (Abb. 26f).

Das Skelett der Vorderextremität der Reptilien besteht, wenn es nicht im Zusammenhang mit einer besonderen Lebensweise verändert ist, aus dem Oberarm (Humerus), der Elle (Ulna), der Speiche (Radius), der Hand-

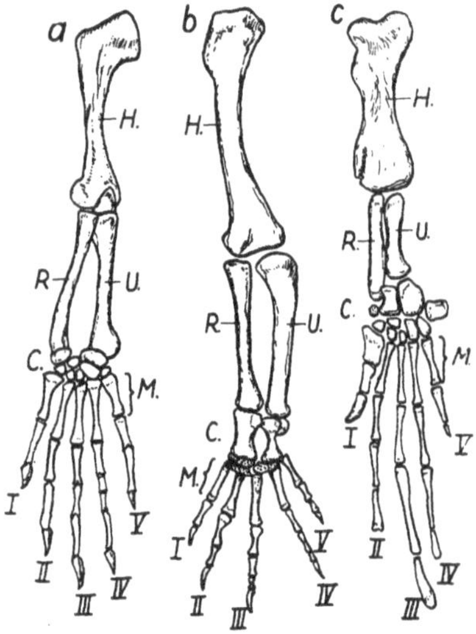

Abb. 27. Vorderextremitäten von Reptilien. a) *Varanus niloticus*. b) *Alligator mississipiensis*. c) *Caretta caretta*. C. Carpus, H. Humerus, M. Metacarpus, R. Radius, U. Ulna, I—V Finger. — Aus Bütschli

wurzel (Carpus), der Mittelhand (Metacarpus) und den 5 Fingern (Phalangen) (Abb. 27), deren Glieder zwischen 2 und 5 schwanken können. Die Anzahl der Carpalia ist ursprünglich 9 bis 10 (*Sphenodon* und einige Schildkröten), kann jedoch reduziert sein, vor allem bei Krokodilen (Abb. 27b). Bei Seeschildkröten ist die Vorderextremität durch Verkürzung des Ober- und Unterarmes, die nicht mehr gegeneinander beweglich sind, durch Zusammenrücken und Verlängerung der Finger (Abb. 27 c) und gleichmäßige Umschließung von Haut zu einer Ruderflosse geworden. Die Reduktion der Vordergliedmaßen bei einigen Echsen beginnt mit der Abnahme der Fingeranzahl und endet mit einem völligen Verschwinden des Schultergürtels.

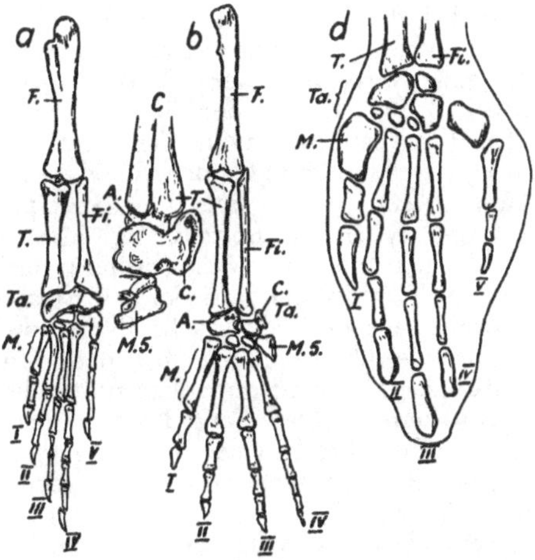

Abb. 28. Hinterextremitäten von Reptilien. a) *Varanus niloticus.* b) und c) *Alligator mississipiensis.* d) *Caretta caretta.* A. Astralagus, C. Calcaneus, F. Femur, Fi. Fibula, M. Metatarsus, M. 5. fünfter Metatarsus, T. Tibia, Ta. Tarsus, I—V Zehen. — Aus Bütschli

Die Hinterextremität setzt sich aus folgenden Knochen zusammen: Oberschenkel (Femur), Schienbein (Tibia), Wadenbein (Fibula), Fußwurzel (Tarsus), Mittelfuß (Metatarsus) und 5 Zehen (Abb. 28). Oft ist eine kleine Kniescheibe (Patella) vorhanden, die Krokodilen jedoch stets fehlt. In der Regel sind die Tarsalia zu einem Knochen verschmolzen; nur bei Krokodilen besteht die Fußwurzel aus 2 Knochen, dem Tritibiale oder Astralagus und dem Fibulare oder Calcaneus (Abb. 28 b, c), an den die Sehne des großen Fußstreckmuskels ansetzt. Bei Seeschildkröten, bei denen auch die Hinterextremität eine Ruderflosse ist, besteht der Tarsus aus 2 oder 3 Knochen (Abb. 28 d). In der distalen Reihe der Fußwurzelknochen können ebenfalls Verwachsungen auftreten. Über die Reduktion der Hinterextremitäten bei Echsen und Schlangen wurde schon gesprochen (s. S. 37 u. Abb. 26).

Der Schädel der Kriechtiere (Abb. 29) ist fast vollkommen verknöchert. Das knorpelige Primordialcranium ist beinahe ganz verdrängt, nur die Nasenregion bleibt z. T. knorpelig. Typisch für den Sauropsidenschädel ist der einfache Hinterhauptscondylus, der entweder nur von dem Basioccipitale (Krokodile) oder von diesem und den Pleurooccipitalia (Occipitalia lateralia, Exoccipitalia) gebildet wird und daher oft dreiteilig ist. Meistens (Ausnahmen: Schlangen und einige Schildkröten) verläuft von der Schädelkapsel zur Ethmoidalregion ein häutig-knorpeliges Interorbitalseptum, das in die Nasenscheidewand übergeht. Die Gelenkverbindung mit dem Unterkiefer (Mandibulare, Dentale) wird durch das stab- oder pfeilerförmige Quadratum gebildet. Sonst ist die Anzahl, Form, Anordnung und Beweglichkeit der Knochen gegeneinander in den einzelnen Reptiliengruppen so verschieden, daß hier nur auf einige Besonderheiten aufmerksam gemacht werden kann. Am Schädel der *Rhynchocephalia* (Abb. 29 a) ist das Quadratum durch das Jugale und Paraquadratum (Quadratojugale) mit dem Maxillare fest verbunden (Monimostylie) und die Pterogoide, Palatina, Vomeres und Pramaxillaria bilden ein festes Gaumendach. Die Schläfengegend wird von 2 Knochenbrücken (daher „Brückenechse“) überspannt, die dorsal vom Postfrontale, Postorbitale und Squamosum, ventral vom Maxillare, Jugale und Quadratum gebildet werden. Zwischen Maxillare und Pterygoid ist ein horizontaler Querpfeiler — das Transversum — und zwischen Pterygoid und Parietale ein vertikaler Knochenstab — die Columella cranii — eingebaut. Zwischen den Parietalia ist in der Naht ein Loch (Foramen parietale) ausgespart für das Parietal- oder Scheitelauge (s. S. 71).

Zähne stehen auf den Kiefern und am Gaumen. Der Schädel der *Testudines* (Abb. 29 b) ist durch den kurzen Gesichtsteil und die feste Verwachsung der Knochen ausgezeichnet. Der unpaare Vomer und die Palatina bilden ein kompaktes Gaumendach. Das Supraoccipitale ist oben hinten in einen großen Hinterhauptskamm ausgezogen. Die Schläfe ist (bei Seeschildkröten vollständig) durch das Postfrontale, Squamosum, Paraquadratum und Jugale überwölbt. Zähne fehlen den rezenten Schildkröten (s.

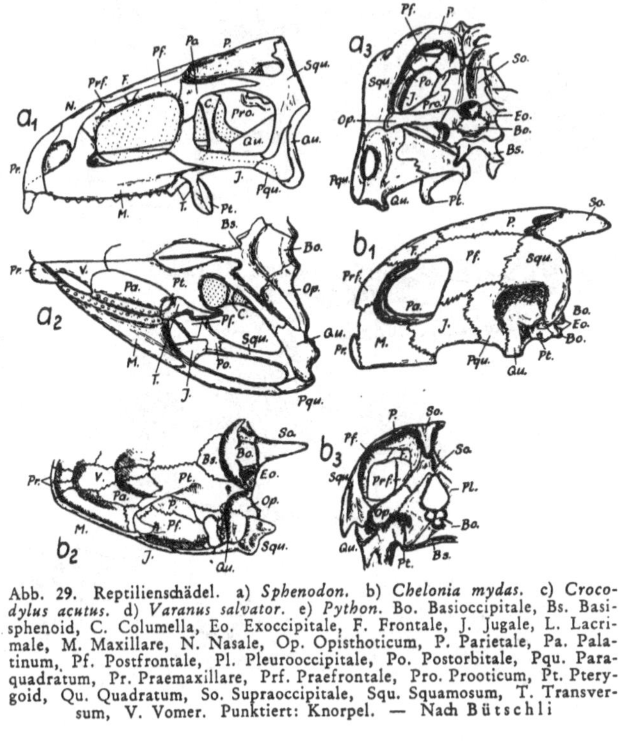

Abb. 29. Reptilienschädel. a) *Sphenodon.* b) *Chelonia mydas.* c) *Crocodylus acutus.* d) *Varanus salvator.* e) *Python.* Bo. Basioccipitale, Bs. Basisphenoid, C. Columella, Eo. Exoccipitale, F. Frontale, J. Jugale, L. Lacrimale, M. Maxillare, N. Nasale, Op. Opisthoticum, P. Parietale, Pa. Palatinum, Pf. Postfrontale, Pl. Pleurooccipitale, Po. Postorbitale, Pqu. Paraquadratum, Pr. Praemaxillare, Prf. Praefrontale, Pro. Prooticum, Pt. Pterygoid, Qu. Quadratum, So. Supraoccipitale, Squ. Squamosum, T. Transversum, V. Vomer. Punktiert: Knorpel. — Nach Bütschli

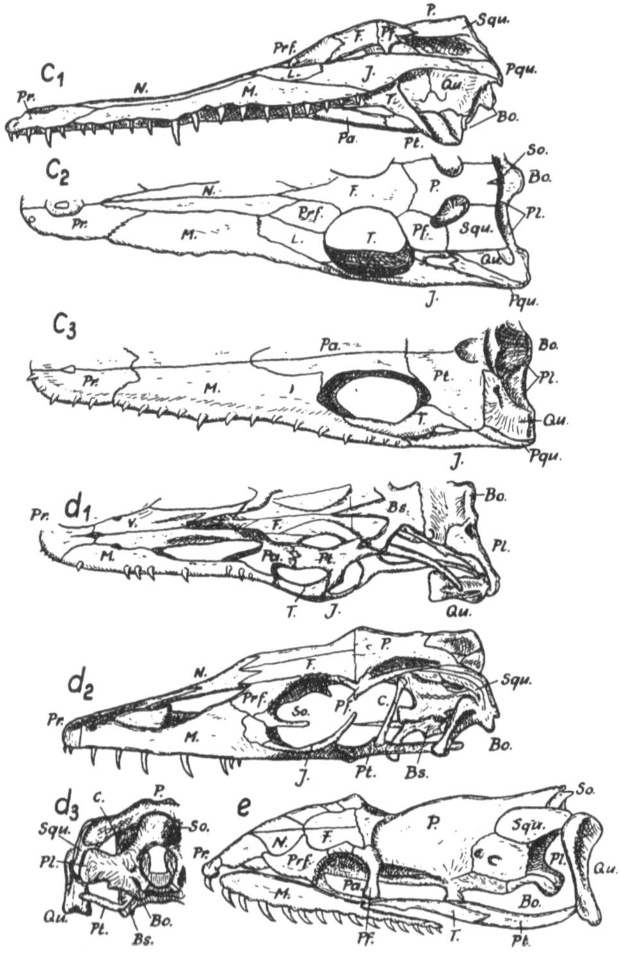
C1
P.
Squ.
Prf.
F.
Pf.
N.
M.
L.
J.
Qu.
Pqu.
Pr.
T.
Bo.
Pa.
Pt.
C2
So.
Bo.
N.
F.
P.
Pl.
Pr.
Prf.
M.
L.
T.
Pf.
Squ.
Qu.
J.
Pqu.
C3
Pa.
Bo.
Pr.
M.
Pt.
Pl.
T.
Qu.
J.
Pqu.
d1
Pr.
V.
Bs.
Bo.
F.
M.
Pa.
Pt.
Pl.
T.
J.
Qu.
d2
P.
N.
F.
Squ.
Prf.
So.
Pf.
C.
Pr.
M.
Bo.
J.
Pt.
Bs.
d3
C.
P.
So.
Squ.
Pl.
Qu.
Pt.
Bs.
Bo.
e
So.
P.
Squ.
N.
F.
Pr.
Prf.
C
Pl.
Qu.
Pa.
M.
Bo.
Pf.
T.
Pt.

S. 21). Die *Crocodylia* (Abb. 29c) haben breite und flache Schädel, deren Knochen an der Oberfläche durch Gruben und Höcker aufgerauht sind. Die Schläfengegend wird von 2 Knochenreihen überbrückt, oben durch das Postfrontale und das Squamosum, unten durch das Maxillare, Jugale und Paraquadratum. Parietale und Frontale sind unpaar. Ein Parietalforamen fehlt. Das Praemaxillare kann ein Loch haben, durch das bei geschlossenem Maul ein Unterkieferzahn hindurchtritt. Das Gaumendach wird von den Praemaxillaria, Maxillaria, Palatina und Pterygoidea, hinter denen die Choanen liegen, gebildet. Die Zähne sitzen in Alveolen. Die Schädel der *Squamata* sind (wie die der Vögel) dadurch charakterisiert, daß das Quadratum beweglich ist (Streptostylie) und daß die Pterygoide und Palatina in der Mitte meist nicht zusammenstoßen und kein geschlossenes Gaumendach bilden. Bei den *Sauria* (Abb. 29d) reicht die Schädelkapsel meist nicht bis zwischen die Augen, die durch das häutige Interorbitalseptum voneinander getrennt sind. Das Pterygoid ist mit dem Quadratum gelenkig und mit dem Maxillare durch das Transversum, sowie mit dem Palatinum durch die Columella fest verbunden. Gelenkige Verbindungen bestehen zwischen dem Parietale und Occipitale und zwischen dem Squamosum und Quadratum. Die Schläfengegend kann überbrückt sein. Bei vielen Echsen (z. B. bei *Varanus, Iguana, Lacerta)* ist in der Regel ein Parietalloch vorhanden. Zähne sitzen an den Kiefern und können auch auf den Pterygoiden vorkommen. Am Schädel der *Rhiptoglossa* sind mehr oder weniger stark entwickelte Knochenleisten bemerkenswert, die einen „Helm" bilden können. Das Praemaxillare, das nur 2 Zähne trägt, ist sehr klein. Die Fortsätze der Pterygoide erreichen das Quadratum nicht oder kaum. Frontale und Parietale (z. T. mit Parietalloch) sind unpaar. Die bei den *Sauria* angebahnte „Auflockerung" des Schädels ist bei den *Serpentes* (Abb. 29e) sehr gesteigert. Überbrückungen der Schläfenregion fehlen ganz. Der Kiefergaumenapparat wird gegen die Schädelkapsel durch extreme Ausbildung der Streptostylie äußerst beweglich, wodurch eine gewaltige Erweiterung des Maules beim Schlingakt (s. S. 79) ermöglicht wird, und wodurch bei Giftschlangen die Zähne auf dem Maxillare nach vorn gestellt werden können. Das stabförmige Quadratum ist durch sehr bewegliche Gelenke mit dem Squamosum sowie mit dem Pterygoid und dem Unterkiefer, dessen beide

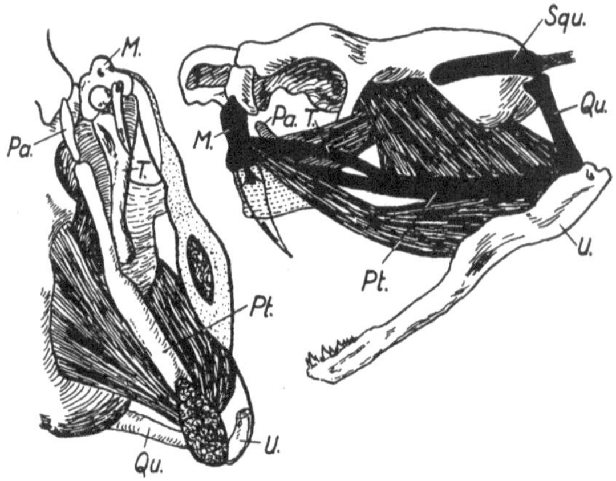

Abb. 30. Knochen und Muskeln des Kiefergaumenapparates von *Vipera berus*. M. Maxillare, Pa. Palatinum, Pt. Pterygoid, Qu. Quadratum, Squ. Squamosum, T. Transversum, U. Unterkiefer. — Nach Klingelhöffer

Äste vorn in der Mitte nicht verwachsen sind, verbunden. Das Pterygoid wird durch das Palatinum am Gaumen befestigt und entsendet das Transversum zum Maxillare. Zähne können auf allen Kieferknochen, auf dem Pterygoideum und Palatinum sowie auf dem Praemaxillare *(Python)* stehen. Bei den *Leptotyphlopidae* fehlen die Zähne des Oberkiefers, bei den *Typhlopidae* die des Unterkiefers. Die Beweglichkeit des Kiefergaumenapparates ist bei den Viperiden und Crotaliden am größten. Bei ihnen kann beim Öffnen des Maules zum „Biß" durch Steilstellung des Quadratum bei Senkung des Unterkiefers das

Pterygoid vorgeschoben werden, wodurch das Transversum das sehr kurze Maxillare aufrichtet, so daß die Spitzen der Giftzähne nach vorn weisen und in das Opfer eingestochen werden können (Abb. 30).

Das stets vorhandene Zungenbein besteht aus dem mittleren Körper und paarigen Hörnern, die jedoch mehr oder weniger zurückgebildet sein können. Bei Echsen setzt es sich aus dem Körper mit einem nach vorn gerichteten Processus entoglossus und 3 Paar Hörnern zusammen (Abb. 31a), die dem Hyoidbogen und dem 1. und 2. Kiemenbogen entsprechen. Bei Schlangen gibt es nur ein Paar sehr langer Hyoidbogenreste. Schildkröten (Abb. 31b) haben 2 oder 3 Paar Hörner, und bei Krokodilen (Abb. 31c) ist der Körper breit und trägt nur ein Hörnerpaar. Das Zungenbein der Chamäleons zeigt Besonderheiten (s. S. 78). Bei der Kragenechse stützen die Zungenbeinhörner die aufgespannte Halskrause (s. S. 152).

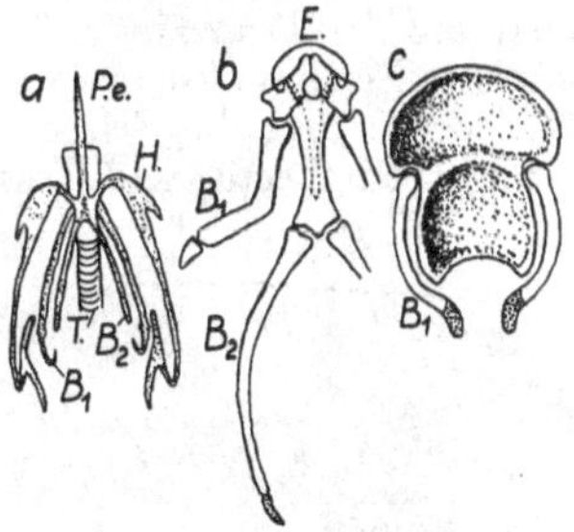

Abb. 31.
Zungenbeine von Reptilien. a) *Lacerta viridis.* b) *Chelus fimbriatus.* c) *Alligator mississipiensis.* B_1, B_2 Branchialbögen, E. Entoplastron, H. Hyale, P. e. Processus entoglossus, T. Trachea. — Nach Bütschli

Die Muskulatur der Reptilien zeichnet sich gegenüber der relativ primitiven der Amphibien durch starke Differenzierung und Mannigfaltigkeit aus, da auch das Skelett der meist sehr beweglichen Kriechtiere viel stärker aufgeteilt ist als bei den in der Regel trägeren Lurchen. Die Sonderung des Achsenskeletts in mehrere Regionen, die Ausbildung beweglicher Rippen, die im Dienste der Atmung stehen (s. S. 97), und die differenzierte Ausgestaltung der Extremitäten als Lokomotionsapparate verlangt eine stärkere Spezialisierung der Muskulatur. Außer bei Schildkröten (s. S. 46) ist der für die Beweglichkeit des ganzen

Tieres wichtigste Muskel der Longissimus dorsi, der an allen Wirbeln inseriert und zwischen dem Rückgrad und den Rippen in der Regel durch den ganzen Körper zieht und sich in den Schwanz fortsetzt. Bei Formen mit gut ausgebildeten Extremitäten (Abb. 32) ist der Latissimus dorsi und der Trapezius mächtig entwickelt und eine differenzierte Eigenmuskulatur der Gliedmaßen vorhanden. Die Bauchdecke und die Seiten des Rumpfes werden hauptsächlich vom Rectus und Transversus sowie von den Obli-

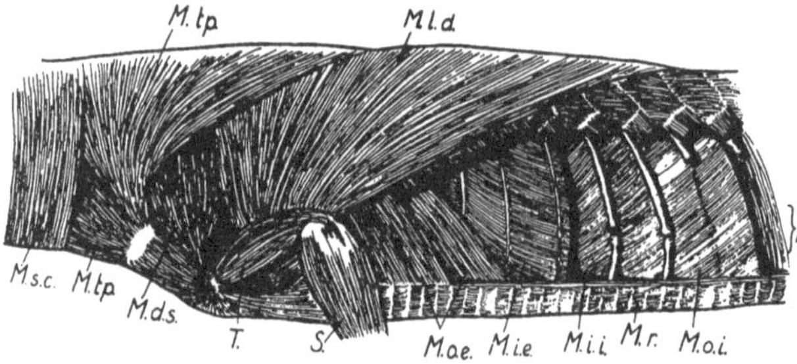

Abb. 32. Rumpfmuskulatur von *Lacerta*. M. d. s. Musculus dorsalis scapulae, M. i. e. M. intercostalis externus, M. i. i. M. intercostalis internus, M. l. d. M. latissimus dorsi, M. o. e. M. obliquus externus, M. o. i. M. obliquus internus, M. r. M. rectus abdominis, M. s. c. M. sphicter colli, M. tp. M. trapezius, M. tr. M. transversus, S. Streckmuskeln der Hand und der Finger, T. M. triceps. — Nach Nierstrasz und Hirsch

quii gebildet. Aus den letzten haben sich die Rippenmuskeln differenziert, die sich als Intercostales externi und interni zwischen je zwei aufeinanderfolgenden Rippen ausspannen und gegeneinander gekreuzt verlaufen. Sie beherrschen, zusammen mit den Musculi retrahentes (die unter den Rippen liegen) und den Levatores die Atembewegungen, die bei Krokodilen noch durch ein zwischen Bauch- und Brusthöhle liegendes „Zwerchfell" (Diaphragma) unterstützt werden. Es ist dem Zwerchfell der Säugetiere nicht homolog. Bei Schildkröten fehlt die ganze Bauchmuskulatur, und auch die Rückenmuskeln sind — z. T. bis zum völligen Schwund *(Testudo)* — zurückgebildet. Der Sternocleidomastoideus, der vom Squamosum zum Bauchpanzer zieht, dient zum Zurückziehen des Kopfes in die Schale. Die Rippen der Schlangen, die nicht mit einem Brustbein verbunden sind (Abb. 33 a), wodurch sie schon eine größere Beweglichkeit erlangen, die namentlich auch für die Atmung von Bedeutung ist (s. S. 97), sind mit hochdifferenzierten Costalmuskeln ausgestattet. Außerdem ziehen Muskelbündel von jeder Rippe zur Haut (Abb. 33 b), und zwar ein Strang nach vorn zu den Bauchschienen und einer nach hinten zu den Seitenschuppen. Ferner sind die Schilder und Schuppen noch untereinander durch Muskeln verbunden (s. S. 55). Die Kopfmuskeln der Reptilien sind, entsprechend der verschiedenen Ausgestaltung des Schädelskeletts, sehr mannigfaltig. Besonders differenziert ist der Muskelapparat, der bei Viperiden und Crotaliden (s. Abb. 30) die Maulöffnung und -schließung bewirkt (s. S. 84).

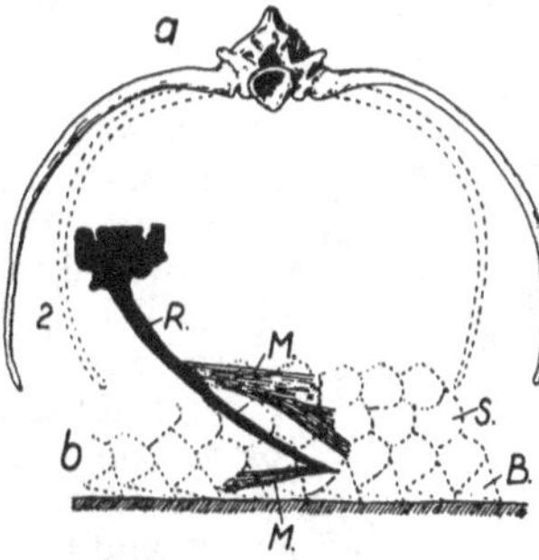

Abb. 33.
a) Rippen von *Python*. 1 Inspirationsstellung, 2 Exspirationsstellung. Nach Hesse. b) Rippen- und Hautmuskeln einer Schlange. B. Bauchschiene, M. Muskel, R. Rippe, S. Schuppe. — Nach Wiedemann aus Hesse

Die Bewegungen der Kriechtiere sind oft sehr schnell und gewandt. Namentlich unter den Echsen und Schlangen gibt es viele Formen, die sich auf dem Lande außerordentlich rasch fortbewegen können, allerdings in der Regel nicht sehr ausdauernd. Bei den mit 4 Gliedmaßen ausgestatteten Arten ist die Hauptbewegungsweise auf dem Boden ein Schreiten oder Laufen, bei dem Oberarm und Oberschenkel seitlich abstehen und sich in der Horizontalen um den senkrecht stehenden Unterarm und Unterschenkel drehen, so daß Ellenbogen und Knie die Drehpunkte bilden (Abb. 34). Die Vorderextremität der einen und die Hinterextremität der anderen Seite werden gleich-

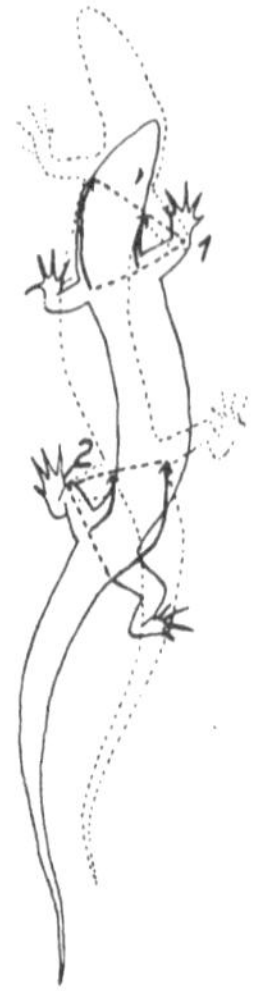

Abb. 34. Schema der Laufbewegung einer Eidechse. 1 und 2 Drehpunkte für die Extremitäten. — Nach Hesse

zeitig vorgesetzt, während Kopf, Rumpf und Schwanz Schlängelbewegungen ausführen. Einige Echsen vermögen mit hoch aufgerichtetem Vorderkörper und frei ausgestrecktem Schwanz nur auf den Hinterbeinen schnell und weit zu laufen (Abb. 35). Diese für „Kriechtiere" eigenartige Fortbewegungsart ist vor allem von *Chlamydosaurus kingii* und anderen Agamiden *(Physignathus, Amphibolurus)* sowie einigen Iguaniden (z. B. *Corythophanes, Basiliscus)* bekannt. Viele Echsen sind auch gute Springer und vermögen sich sowohl vom Boden aus, als auch von Ästen u. dgl. weit durch die Luft fortzuschnellen, indem sie den Körper mit den Hinterbeinen von der Unterlage abstoßen, wobei Muskelkontraktionen des halbmondförmig aufgestemmten Schwanzes mithelfen können. Namentlich Formen mit besonders langen und kräftigen Hinterbeinen (Abb. 36) führen z. T. wohlgezielte weite Sprünge aus. Die meisten mit vollkommenen Extremitäten ausgerüsteten Landreptilien können gut klettern, in der Regel durch Einhaken der Krallen in Unebenheiten der Unterlagen, manchmal mit Unterstützung des Schwanzes als Stemmorgan. Die Mehrzahl der *Geckonidae* und einige *Iguanidae (Anolis)* können

Abb. 35. *Chlamydosaurus kingii*, zweibeinig laufend. — Nach Saville Kent aus Hesse

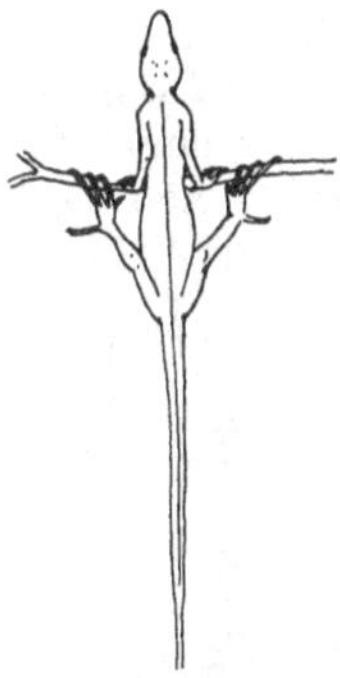

Abb. 36. *Polychrus marmoratus*, im Absprung. — Nach Böker

an senkrechten glatten Flächen (z. B. an Glasscheiben), ja selbst an den Unterseiten von waagerechten, laufen. Sie haben an den Fingern und Zehen Haftballen, Haftlappen oder Haftlamellen (Abb. 37), blattförmige Erweiterungen von Phalangengliedern, an deren Unterseiten auf quer verlaufenden Hautläppchen dichte Reihen von Härchen, „Haftpinsel" (von 84 bis 118 μ Länge), stehen (Abb. 37 d). In den Haftballen liegen Blutlakunen (Abb. 37 e), bei deren Füllung die Lamellen durch Hautmuskeln auf die Unterlage gepreßt werden, so daß sich die Haftpinsel allen kleinen Unebenheiten genau anschmiegen. Die physikalische Wirkungsweise dieses Mechanismus ist nicht restlos aufgeklärt. Vielleicht spielen elektrische Adhäsionskräfte dabei eine Rolle. Die kleinen afrikanischen Geckos der Gattung *Lygodactylus* haben außerdem an der Unterseite der Schwanzspitze einen solchen Haftapparat. Die meisten Chamäleons sind Baumtiere, die sich hauptsächlich kletternd auf Zweigen fortbewegen. Ihre Hände und Füße sind typische Greiforgane. 2 und 3 Finger oder Zehen sind verwachsen und bilden Greifzangen (Abb. 38) zum Umfassen dünner Äste. Das Klettern wird durch den einrollbaren Wickelschwanz unterstützt. Greifschwänze kommen auch bei Agamiden *(Cophotis)*, Iguaniden und

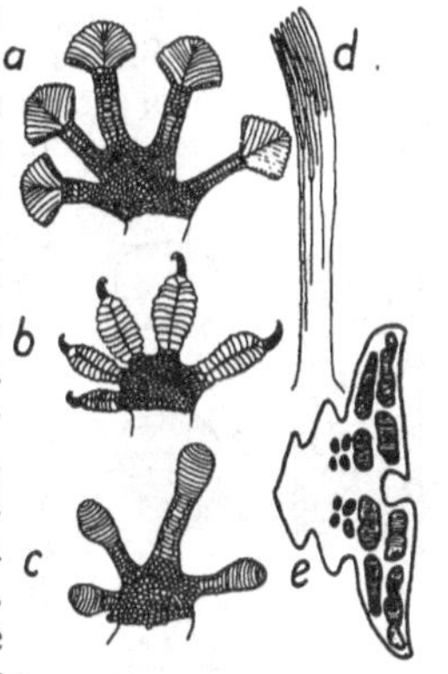

Abb. 37. Hafteinrichtungen an Geckonenfüßen. a) *Ptyodactylus*. b) *Hemidactylus*. c) *Phelsuma*. — Nach Boulenger aus Hilzheimer. d) Haarpinsel von *Tarentola delalandii*. e) Querschnitt durch eine Haftlamelle von *Phyllodactylus* mit Blutlakunen. — Nach Dellit aus Böker

Scinciden *(Corucia)* vor. Manche Reptilien können Gleitflüge ausführen. Die Geckoniden *Ptychozoon kuhli* und *Mimetozoon* haben an den Seiten von Kopf, Rumpf, Extremitäten und Schwanz breite Hautsäume (s. Abb. 113), die beim Sprung aus der Höhe entfaltet werden und den Tieren ein fallschirmartiges Abgleiten ermöglichen. Bei Agamiden der Gattung *Draco* sind einige Rumpfrippen sehr verlängert und können durch die Intercostalmuskeln abgespreizt oder nach hinten angelegt werden. Sie sind mit Haut überzogen, die beim Gleitflug — der 15 bis 20 m weit gehen kann — ausgespannt wird (s. Abb. 117). Auch einige Baumschlangen *(Dendrophis, Chrysopelea)* führen eine Art Gleitflug aus, indem sie sich von Bäumen herabfallen lassen und die Mitten ihrer Bauchschienen, die durch 2 Nähte von den Seiten getrennt sind, einziehen, so daß die Bauchfläche eingedellt ist (Abb. 39), wodurch der Luftwiderstand vergrößert wird. Die meisten Reptilien zeigen in Körperbau und Bewegungsweisen Beziehungen zur Beschaffenheit des Bodens ihrer Biotope. Bei auf losem Sand von Wüsten und Steppen lebenden Formen kommen oft Erweiterungen der Finger und Zehen vor, die das Einsinken in das lockere Substrat vermindern. Die Wüstenechsen der Gattung *Acanthodactylus*, die „Fransenfinger", und die Agamiden der Gattung *Phrynocephalus* (s. Abb. 119) haben zackige Schuppenreihen an einer Seite der Phalangen. Bei dem südwestafrikanischen Wüstengecko

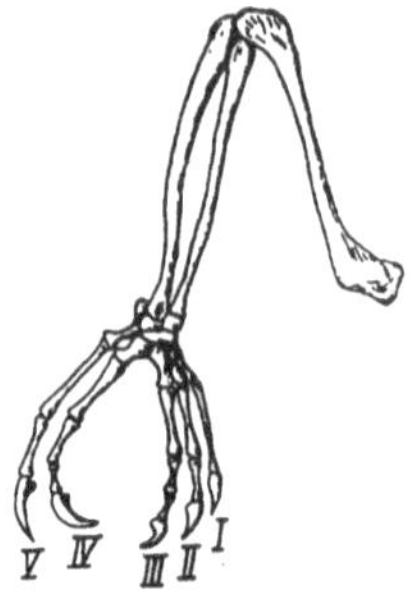

Abb. 38. Handskelett von *Chamaeleo melleri*. — Nach Abel aus Hilzheimer

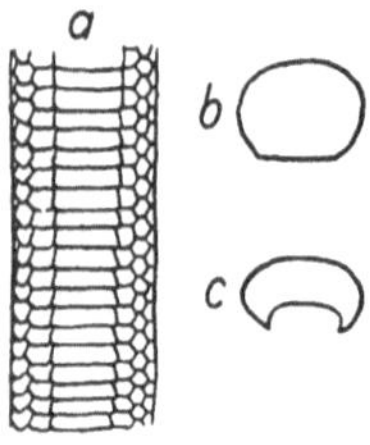

Abb. 39. *Chrysopelea ornata*. a) Rumpfmitte mit Bauchkanten. b) Querschnitt, normal. c) Querschnitt, beim „Fliegen". — Nach Werner aus Hilzheimer

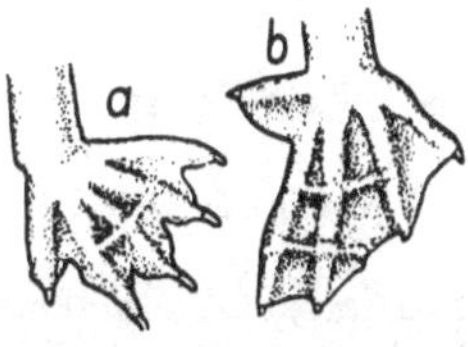

Abb. 40.
„Sandschwimmhäute" von *Palmatogecko rangei*. a) Vorderfuß. b) Hinterfuß. — Nach Werner aus Hilzheimer

Palmatogecko rangei (s. Abb. 111) sind die Finger und Zehen durch „Sandschwimmhäute" verbunden (Abb. 40). Das Einsinken in den Wüstensand kann auch durch Verbreiterung des Leibes und durch seitlich vom Körper abstehende Stacheln (*Moloch* und *Phrynosoma*, s. Abb. 122 u. 127) oder durch einen verbreiterten Schwanz (*Egernia*) eingeschränkt werden. Dieselben Einrichtungen können auch dazu dienen, durch entsprechende schaufelnde Bewegungen den lockeren Sand wegzuschleudern oder auf den Rücken des Tieres zu werfen und so ein schnelles Eingraben zu bewirken. Eingraben und Wühlen im Boden ist bei Kriechtieren weit verbreitet. Es geschieht vielfach mit Hilfe der Extremitäten, besonders der vorderen, die bei einigen im Boden lebenden Echsen, wie bei dem Apothekerskink (*Scincus scincus*), durch Verbreiterung und Abplattung der Finger wirksame Grabschaufeln geworden sind (Abb. 41 a). Die Hauptwühlarbeit wird jedoch in der Regel durch schlängelnde Bohrbewegungen des Rumpfes geleistet. Die Formen, die ein unterirdisches Leben führen, ha-

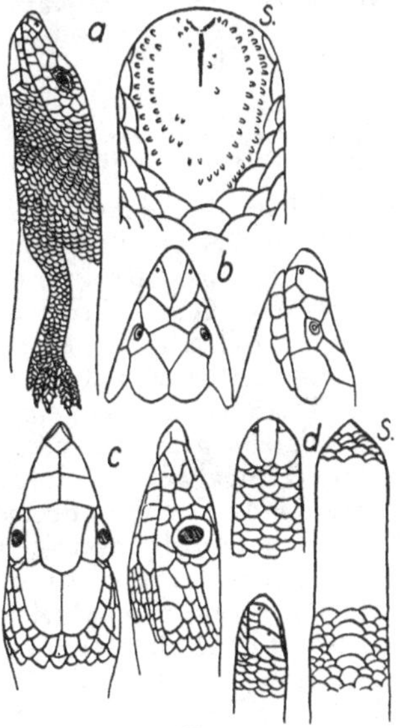

Abb. 41.
Köpfe und Schwanzenden (S.) grabender Reptilien. a) *Scincus scincus*. b) *Uropeltis*. c) *Lytorrhynchus*. d) *Leptotyphlops*. — Nach Hilzheimer

Abb. 42. *Amblyrhynchus cristatus,* schwimmend. — Nach Abel aus Böker

ben meist gar keine oder stark reduzierte Gliedmaßen (z. B. *Pygopodidae, Anguidae, Amphisbaenidae, Scincidae, Typhlopidae, Leptotyphlopidae, Aniliidae, Uropeltidae).* In der Regel ist die Reduktion der Gliedmaßen um so stärker, je mehr die Tiere unterirdisch leben, und zwar werden die vorderen Extremitäten im allgemeinen eher zurückgebildet als die hinteren. Bei besonders stark auf das Wühlen im Boden angewiesenen Formen ist oft der Kopf als Grabinstrument ausgebildet. Bei dem im lockeren Wüstensand sich sehr schnell fortbewegenden Apothekerskink (Abb. 41 a) ist er keilförmig, und die Nasenregion ragt über die Mundspalte vor. Dies Prinzip ist bei einigen Wühlschlangen extrem entwickelt, bei denen die Schnauzenspitze mit einem breiten oder spitzen Rostralschild bewehrt ist (Abb. 41 b, c, d). Der Schwanz kann ein Stemmorgan sein (Abb. 41 b, d), das mit einem Stachel oder mit einem bedornten großen Schild *(Uropeltidae* = Schildschlangen) ausgestattet ist. Die Augen sind bei solchen Formen oft rückgebildet oder durch besondere Einrichtungen geschützt. Wohl fast alle Reptilien können schwimmen, obgleich manche niemals „freiwillig" ins Wasser gehen. Die Hauptbewegungsweise hierbei ist das Schlängelschwimmen, das in seitlichen, metachron von vorn nach hinten sich fortpflanzenden und verstärkenden rhythmischen Biegungen des Rumpfes und Schwanzes besteht. Die Gliedmaßen werden dabei nach hinten an den Körper angelegt. Der Hauptmotor ist der Schwanz, der bei guten Schwimmern (z. B. *Sphenodon,* Krokodilen, *Physignatus lesueuri, Hydrosaurus amboinen-*

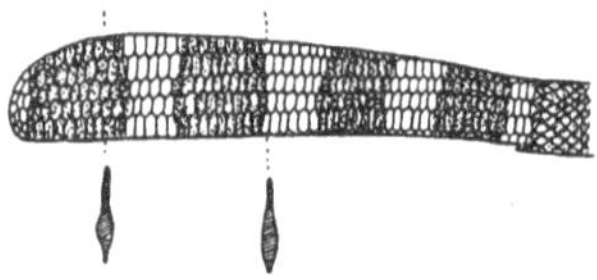

Abb. 43.
Schwanzflosse von *Hydrophis.* — Nach Ahlborn aus Hesse

sis, Amblyrhynchus cristatus, Varanus niloticus, Dracaena) meist sehr lang und seitlich abgeplattet und oft mit verbreiternden Schuppenkämmen ausgerüstet ist (Abb. 42). Bei langsamem Schwimmen und beim Steuern werden von manchen Formen auch die kräftig entwickelten Hinterbeine benutzt, deren Zehen bei den Krokodilen durch Schwimmhäute verbunden sind. Die Schildkröten mit ihrem un-

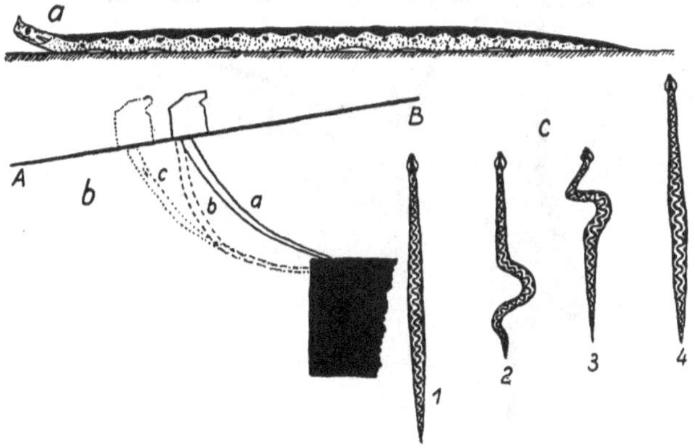

Abb. 44. Kriechen von Schlangen. a) *Vipera ammodytes*, „Schneckenprinzip". b) Der Mechanismus des „Schneckenprinzips". A—B Richtung der Wirbelsäule. Die Rippe gelangt aus Lage a durch Muskelzug in Lage b. Sie streckt sich dann in Lage c und schiebt die Schlange vorwärts. c) *Vipera berus*, „Regenwurmprinzip". — Nach Wiedemann aus Böker

beweglichen Rumpf schwimmen allein durch rudernde Bewegungen der Extremitäten. Die Süßwasserformen haben flache Panzer und mehr oder weniger gut ausgebildete Schwimmhäute zwischen den Zehen, die bei *Trionychoidea* besonders stark entwickelt sind (s. Abb. 104). Bei Meeresschildkröten und *Carettochelys* sind sowohl die Vorderals auch die Hinterextremitäten als Ruderflossen oder Schwimmpaddeln ausgebildet (s. Abb. 103). Wasserschildkröten vermögen durch Veränderungen der Gasfüllung in den Lungen ihr spezifisches Gewicht den jeweiligen Druckverhältnissen im Medium anzupassen und dadurch im Wasser zu „schweben“, aufzusteigen oder abzusinken.

Die Reduktion oder das Fehlen von Gliedmaßen bedingt besondere Bewegungsweisen, die bei manchen Schlangen mit ihren hoch differenzierten und geschmeidigen Wirbelsäulen und Muskeln ihre vollkommenste Aus-

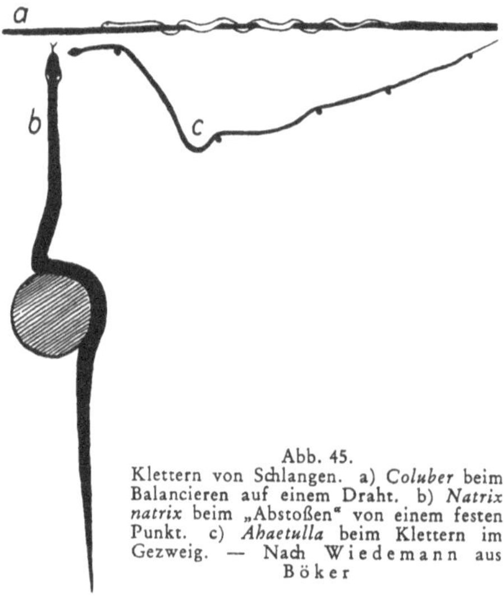

Abb. 45.
Klettern von Schlangen. a) *Coluber* beim Balancieren auf einem Draht. b) *Natrix natrix* beim „Abstoßen“ von einem festen Punkt. c) *Ahaetulla* beim Klettern im Gezweig. — Nach Wiedemann aus Böker

bildung erreichen. Das Hauptbewegungsprinzip der Schlangen ist die Schlängelung, die in mannigfaltigen Abwandlungen ausgeführt werden kann und mit der oft sehr hohe Geschwindigkeiten erreicht werden. Das Schwimmen erfolgt durch seitliche Schlängelbewegungen, deren Wirkungen bei den am meisten auf das Wasserleben angewiesenen Formen *(Hydrophiidae)* durch seitliche Abplattung des Körpers und bei manchen noch durch eine breite „Schwanzflosse“ (Abb. 43) verstärkt werden. Die Bewegung auf dem Lande geschieht ebenfalls hauptsächlich durch Schlängelung, jedoch können viele Schlangen sich auch nach dem „Schneckenprinzip“ geradlinig langsam fortbewegen, indem sie Kontraktionswellen der Hautmuskulatur von hinten nach vorn über den Bauch laufen lassen (Abb. 44 a, b). Dabei werden die Bauchschienen nach vorn zusammengeschoben und stemmen sich mit ihren Hinterkanten beim Nachlassen der Kontraktion gegen Unebenheiten des Bodens. Durch die Tätigkeit der Rippen- und Hautmuskeln (s. S. 47 u. Abb. 33 b) wird die Schlange dann vorwärts geschoben. Eine Kombination dieser Bewegungsweise mit der Schlängelung ist das „Regenwurmprinzip“ (Abb. 44 c), bei dem der Vorderkörper durch Abspreizen der Bauchschienen fixiert und durch Schlängelung des Rumpfes vorgeschoben wird. Die Hornvipern *(Cerastes)* und *Crotalus cerastes* können sich durch starkes seitliches Schlängeln des ganzen Körpers äußerst schnell im lockeren Wüstensande nach einer Seite fortschnellen („Seitenwinden“). Beim Klettern, das von den meisten Schlangen in mehr oder weniger vollendeter Weise ausgeführt wird, kann der lange geschmeidige Körper in mannigfaltigsten Biegungen, Schlängelungen und Windungen bewegt werden, wofür Abb. 45 einige Beispiele zeigt.

3. DIE SINNESORGANE UND DAS NERVENSYSTEM

Als Tastorgane dienen bei den Reptilien — außer freien Nervenendigungen — die sogenannten Tastflecke, verdünnte, meist pigmentfreie Epidermisstellen, unter denen im Corium oder in der Basalschicht der Epidermis *(Sphenodon*, Schildkröten) epithelial oder zu Säulen angeordnete Zellen liegen, die von Nervennetzen versorgt werden (Abb. 46). Sie stehen einzeln, zu zweien oder auch zu dreien an den Hinter- oder Seitenrändern der Schuppen oder Schilder (Abb. 46 c) über den ganzen Körper verteilt oder nur am Kopf, wo sie besonders an den Lippen gehäuft sein können. Außerdem kommen bei Agamiden, Iguaniden und Geckonen, namentlich am Kopf, „Tasthaare" vor, für die allerdings bisher keine Innervierung nachgewiesen ist. Sie sitzen in einer Grube der Hornschicht auf einem gewölbten „Deckel" und können bis

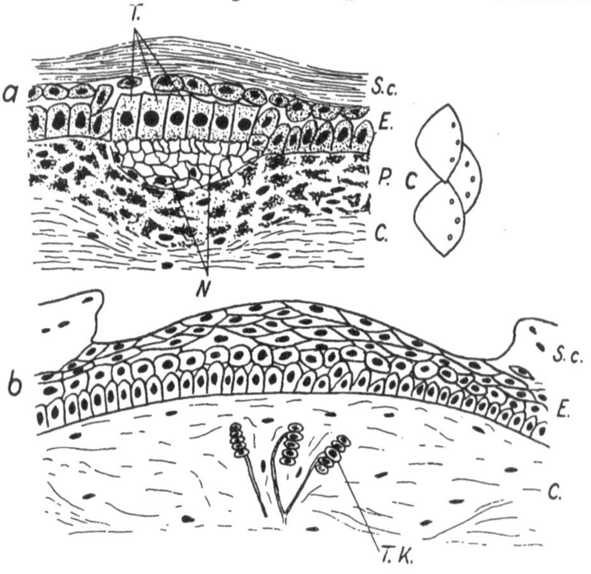

Abb. 46. Tastorgane von Reptilien. a) Tastfleck aus einer Schuppe von *Sphenodon.* b) Tastfleck eines jungen Krokodils. c) Tastflecke auf Schuppen von *Rhinophis homolepis.* C. Corium, E. Epidermis, N. Nervennetz, P. Pigmentschicht des Corium, S. c. Stratum corneum, T. Tastzellen, T. K. Tastkörperchen. — a) und b) nach Maurer aus Plate, c) nach Baumeister aus Hilzheimer

240 μ lang sein *(Calotes).* Unter dem „Deckel" liegen „Sinneszellen" in der Epidermis (Abb. 47 a). Bei *Uroplatus fimbriatus* wurden Organe mit Haaren und Sinneszellen im Corium gefunden (Abb. 47 b). Trotz der Hornpanzerung sind die meisten Kriechtiere sehr berührungsempfindlich, besonders in der Augengegend, in den Achseln und in

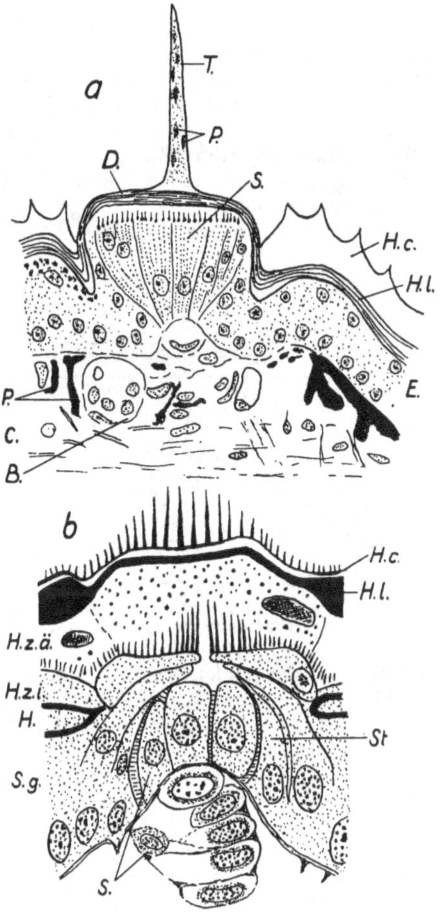

Abb. 47.
a) Tasthaar von *Otocryptis bivittata.*
b) Hautsinnesorgan von *Uroplatus fimbriatus*, in Häutung.
B. Blutkapillare, C. Corium, D. „Dekkel", E. Epidermis, H. in Bildung begriffene Hornschicht der neuen Epidermis, H. c. kompakte Hornschicht, H. l. lockere Hornschicht, H. z. ä. äußere Häutungszellen, H. z. i. innere Häutungszellen, P. Pigment, S. Sinneszellen, S. g. Stratum germinativum, St. Stützzelle, T. Tasthaar. — a) nach Preiss, b) nach Schmidt aus Plate

der Inguinalregion. Schildkröten reagieren auch auf Berührung des Panzers, namentlich an den Schildernähten.

Viele Reptilien sind in gewissen physiologischen Zuständen positiv thigmotaktisch und drücken sich zum Ruhen in Spalten, schmiegen sich an feste Körper oder graben sich ein. Wasserformen rezipieren die Reize des strömenden Wassers (wohl mit Tastorganen) und orientieren sich positiv rheotaktisch (Abb. 48).

Das Ohrlabyrinth der Reptilien ist in die drei in den Utriculus mündenden Bogengänge und den Sacculus mit seinen Sinnesstellen gegliedert (Abb. 49). Der Ductus

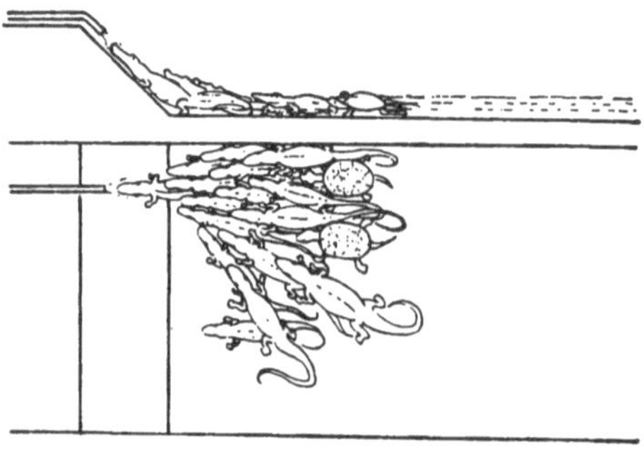

Abb. 48. Rheotaxis von *Alligator mississipiensis* und *Chelydra serpentina*. — Nach Scharrer aus von Buddenbrock

endolymphaticus endet meist dicht unter der Schädeldecke. Bei Geckonen und Chamäleons setzt er sich zwischen die Nackenmuskeln fort, schwillt in der Schultergegend zu einem mächtigen Sack an, der Ausläufer zur Ventralfläche der Wirbelsäule entsendet und sich auch in die Orbita erstrecken kann (Abb. 49c). Er ist mit einem Brei aus Kalkkristallen unbekannter Bedeutung gefüllt. Bei Schildkröten und Schlangen liegen die Sinnesstellen der Papilla basilaris und der Lagena dicht zusammen; bei Echsen verschmelzen sie mehr oder weniger, und bei Krokodilen hat sich aus ihnen ein Corti sches Organ gebildet (Abb. 50). Der Bogengangapparat dient der Rezeption von Drehbewegungen des Kopfes oder des Körpers, bei denen Kreisströme der Endolymphe in den Kanälen entstehen, die die Endkuppeln auf den Sinnesstellen in den Ampullen in den entsprechenden Richtungen abbiegen. Bei Echsen und Schildkröten ist in den horizontalen Bogengängen nur der vom Kanal in die Ampulle fließende Strom (der ampullopetale) wirksam. Für die Erhaltung des statischen Gleichgewichtes, d. h. die Einstellung zur Richtung der Erdschwere, sind wohl vor allem die Sinnesstellen in den Utriculi verantwortlich. Die Papilla basilaris und die Lagena bzw. das Cortische Organ sind Gehörorgane, denen Schallwellen durch das äußere Ohr und das Mittelohr zugeleitet werden. Bei Krokodilen liegt über dem Trommelfell eine muskulöse Hautfalte (Abb. 51 a), die wohl weniger als Ohrmuschel als als Schutzklappe dient. Bei manchen Reptilien ist das Trommelfell etwas eingesenkt und von einer Hautfalte umgeben; es liegt in einer Gehörgrube, bei anderen (z. B. Schildkröten [Abb. 51 b], *Iguana)* im Niveau der äußeren Haut, deren Beschaffenheit es haben kann (Agamiden, *Draco,* Chamäleons). Durch Verwachsung der Grubenwände kann es ganz (z. B. *Anguis)* oder bis auf einen kleinen Spalt *(Ophisaurus)* unter der Haut verschwinden. Es kann auch völlig fehlen, wie bei *Sphenodon,* den Amphisbänen und Schlangen. Amphis-

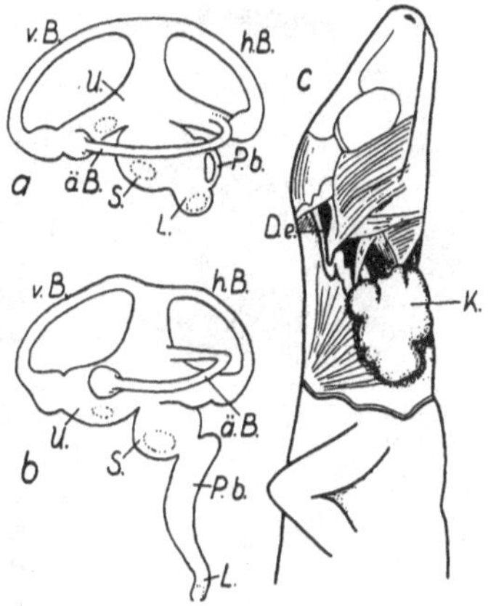

Abb. 49.
a) Häutiges Labyrinth einer Schildkröte und b) eines Krokodils. c) Endolymphatisches System von *Phyllodactylus europaeus.* — a) und b) nach Hesse, c) nach Wiedersheim aus Plate. ä. B. äußerer Bogengang, D. e. Ductus endolymphaticus, h. B. hinterer Bogengang, K. Kalksack, L. Lagena, P. b. Papilla basilaris, S. Sacculus, U. Utriculus, v. B. vorderer Bogengang

bänen und Schlangen fehlt auch die Paukenhöhle. Diese steht bei den meisten Echsen und bei *Sphenodon* durch eine weite Öffnung mit der Mundhöhle in Verbindung. Die Eustachischen Röhren sind bei Schildkröten kurz (Abb. 51 b), bei Krokodilen lang und eng und münden zusammen in einer unpaaren Öffnung (Abb. 51 a). Einige Chamäleons haben hinter den Augen Säcke unter der Haut, die mit den Paukenhöhlen in Verbindung stehen und von diesen aus mit Luft aufgetrieben werden können. Bei Schildkröten und Krokodilen haben die Paukenhöhlen Nebenhöhlen (Abb. 51), die sich in die umgebenden Knochen erstrecken. Bei Krokodilen bilden sie große, von beiden Seiten miteinander kommunizierende Räume, die wohl dem Druckausgleich während des Tauchens dienen. Die knöcherne Verbindung zwischen dem Trommelfell und dem ovalen Fenster wird durch die Columella auris hergestellt, die aus dem Stapes und der Extracolumella besteht (Abb. 51). Hörvermögen ist durch Reizversuche, elektrophysiologische Untersuchungen und Dressuren für Echsen *(Lacerta agilis, vivipara, Takydromus)*, Krokodile *(Osteolaemus tetraspis)* und Schildkröten *(Emys orbicularis, Pseudemis picta, Caretta)* nachgewiesen. Die obere Hörgrenze wurde bei *Takydromus* mit 12500 Hertz ermittelt. Die Schlangen scheinen alle taub zu sein*).

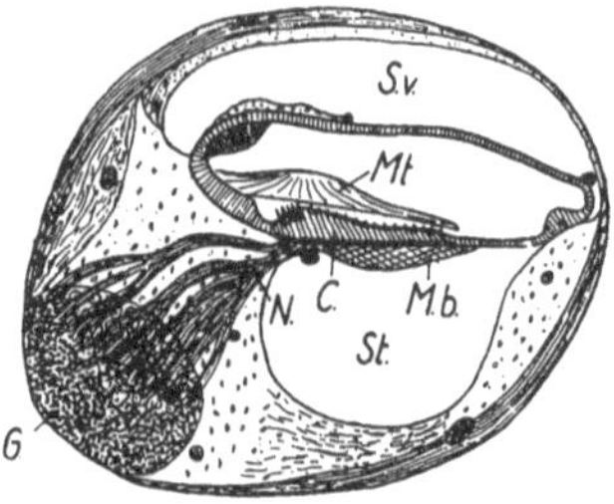

Abb. 50.
Querschnitt durch die „Schnecke" eines Alligators. C. Cortisches Organ, G. Ganglion, M. b. Membrana basilaris, M. t. Membrana tectoria, N. Hörnerv, S. t. Scala tympani, S. v. Scala vestibuli. — Nach Retzius aus Plate

*) Die angeblich „im Takte von Flötentönen" ausgeführten rhythmischen Schwingungen des aufgerichteten Vorderkörpers der Kobraarten in den Vorführungen der „Schlangenbeschwörer" kommen durch optische Orientierung zustande. Die Schlange fixiert den Kopf des Gauklers und folgt dessen im Rhythmus der Musik ausgeführten Schwingungen mit den Augen.

Einige Reptilien produzieren Töne, die z. T. vielleicht in ihrem Sexualleben eine Rolle spielen. Krokodile brüllen laut in der Brunstzeit, Geckonen stoßen quäkende Schreie aus, Schildkröten knarrende oder quäkende Töne und Chamäleons und andere Echsen sowie Schlangen fauchen oder zischen bei Abwehr oder Drohung.

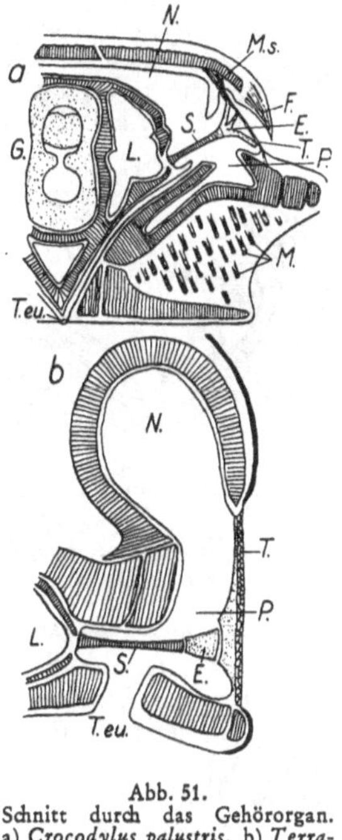

Abb. 51.
Schnitt durch das Gehörorgan. a) *Crocodylus palustris.* b) *Terrapene carolina.* E. Extracolumella, F. Ohrfalte, G. Gehirn, L. Labyrinth, M. Muskeln, M. s. Musculus stapedius, N. Nebenhöhle, P. Paukenhöhle, S. Stapes, T. Trommelfell, T. eu. Eustachische Röhre. — Nach Plate

T e m p e r a t u r s i n n e s o r g a n e sind die Grubenorgane der Crotaliden sowie die Lippengruben der Pythoniden und Boiden. Bei *Crotalus* findet sich jederseits zwischen Auge und Nasenloch eine Grube (Abb. 52) mit steilen Wänden, die durch eine reichlich durchblutete zarte Membran, in der viele freie Endigungen des Nervus trigeminus liegen, in eine äußere und eine innere Höhle geteilt ist. Die innere Höhle ist durch einen engen Kanal mit der Außenwelt verbunden. Ableitung von Aktionsströmen hat gezeigt, daß die Nervenendigungen in der Membran auf strahlende Wärme ansprechen, also Thermorezeptoren sind. Die Schlangen können mit ihnen die von einem warmblütigen Beutetier ausgehenden Wärmestrahlen rezipieren und dadurch die Beute anpeilen und lokalisieren. Die Grubenorgane der Klapperschlangen und die ähnlich funktionierenden Lippengruben der Riesenschlangen scheinen die wichtigste Rolle beim Beuteerwerb im Dunkeln zu spielen.

Außerdem liegen wohl bei allen Reptilien Thermorezeptoren in Form von freien Nervenendigungen in verschiedener Verteilung am ganzen Körper in der Haut.

Das Verhalten in der Natur und in der Gefangenschaft zeigt, daß die meisten Kriechtiere ein feines Temperaturunterscheidungsvermögen haben und daß sie sehr thermophil sind (s. S. 12). Namentlich die am Tage aktiven Formen pflegen besonnte oder künstlich erwärmte Unterlagen aufzusuchen und auf ihnen zu verharren, wobei sie durch Strahlung und Leitung die Wärmemengen aufnehmen, die sie zur Erhaltung eines optimalen Stoffwechselniveaus benötigen. In der Regel legen sich die Tiere an solchen Unterlagenstellen für längere Zeit zur Ruhe, die eine bestimmte, für die einzelnen Arten oder Unterarten typische, konstante Vorzugstemperatur (V. T.) haben (s. Tabelle S. 63). Bei ruhenden Echsen ist die Atemfrequenz (s. S. 98), die ein Maß für die Stoffwechselintensität darstellt, im Gebiet der V. T. geringer als bei tieferen und höheren Temperaturen, was es wahrscheinlich macht, daß im V. T.-Gebiet die für den Ruhestoffwechsel günstigsten Temperaturverhältnisse herrschen (s. S. 100). Die Beispiele der Tabelle zeigen: Tagtiere, die in warmen und trockenen Biotopen, z. B. in Wüsten (Nr. 3, 4, 6, 14, 16, 17, 18) oder auf Mauern, Felsen, trockenen Hängen u. dgl. (Nr. 1, 8 bis 12, 21) leben, haben relativ hohe V. T.-Werte; Nachttiere und im Sande wühlende Formen (Nr. 2, 15) niedrigere. Waldbewohner (Nr. 5, 7, 19) und Reptilien von Mooren und feuchten Wiesen (Nr. 13, 22) sowie Wassertiere (Nr. 20) bevorzugen tiefere Wärmegrade als Arten oder Rassen freien und trokkenen Geländes ähnlicher Klimagebiete. Rassen oder Po-

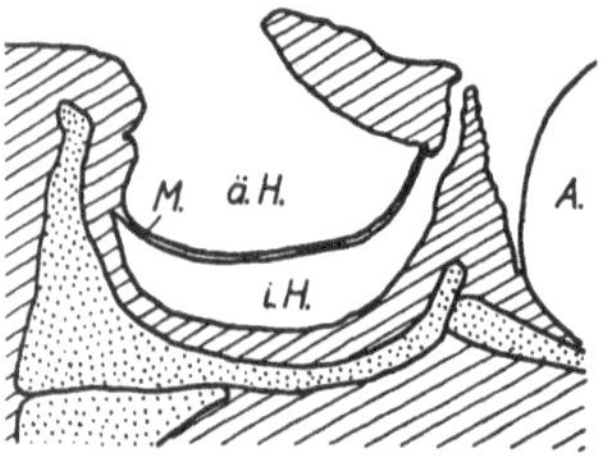

Abb. 52.
Schematischer Schnitt durch ein Grubenorgan von *Crotalus*. A. Auge, ä. H. äußere Höhle, i. H. innere Höhle, M. Membran. — Nach Lynn aus Bullock

pulationen von kleinen Inseln (Nr. 11) oder von hohen Bergen (Nr. 10) können andere V. T.-Werte haben als gleichartige des Festlandes, großer Inseln oder der Ebene, was vielleicht auf selektiver Mutationshäufung bei geographischer Isolation beruht. Die V. T.-Höhen tropischer und subtropischer Formen (Nr. 1 bis 6, 9 bis 11, 14 bis 18, 21) sind in der Regel größer als die solcher aus gemäßigten und kühlen Klimaten (Nr. 7, 8, 12, 13, 19, 20, 22). Schlangen (Nr. 18 bis 22) haben im allgemeinen eine tiefere V. T. als Echsen (Nr. 1 bis 17) mit ähnlicher Lebensweise aus entsprechenden Biotopen.

	Mittelwerte der V.T. (+ °C)	Fundorte und Lebensweise
1. *Gymnodactylus kotschyi*	42,4	Kykladeninsel Santorin. An Mauern. Am Tage aktiv.
2. *Tarentola mauritanica*	36,8	Süditalien. An Mauern. Nächtlich lebend, jedoch viel sich sonnend.
3. *Agama stellio*	45,6	Ägypten. Wüste. Am Tage aktiv.
4. *Phrynosoma cornutum*	47,5	Mexiko u. südwestliche USA. Am Tage auf heißem Wüstensande.
5. *Anolis carolinensis*	38,6	Südliche USA. Wald. Auf Bäumen. Am Tage aktiv.
6. *Cordylus polyzonus*	45,4	Südwestafrika. Steinwüste. Am Tage aktiv.
7. *Anguis fragilis*	28,4	Berlin. Wald, feuchte Wiesen und dgl. Hauptsächlich Dämmerungstier.
8. *Lacerta viridis*	41,3	Italien. Trockene, warme Hänge u. dgl. Am Tage aktiv.
9. *Lacerta sicula sicula*	40,3	Neapel. An Mauern u. dgl. Am Tage aktiv.
10. *Lacerta sicula sicula*	41,5	Monte Faito bei Neapel in zirka 1000 m Höhe.
11. *Lacerta sicula coerulea*	42,8	Faraglionifelsen bei Capri.
12. *Lacerta agilis*	38,6	Berlin. Trockene Wiesen, Kahlschläge u. dgl. Am Tage aktiv.

	Mittelwerte der V.T. (+ °C)	Fundorte und Lebensweise
13. *Lacerta vivipara*	37,4	Berlin. Feuchte Wiesen, Moore u. dgl. Am Tage aktiv.
14. *Chalcides ocellatus*	40,3	Ägypten. In und auf den obersten Schichten des Wüstensandes.
15. *Chalcides sepsoides*	37,4	Ägypten. In tieferen Schichten des Wüstensandes.
16. *Scincus scincus*	40,4	Sahara. Auf Sand in der Sonne u. in den obersten Schichten d. Sandes.
17. *Chamaeleo chamaeleon*	45,4	Lybien. Auf Sträuchern u. auf dem Sand der Wüste. Am Tage aktiv.
18. *Eryx jaculus*	40,1	Lybische Wüste. Tags auf oder flach im Sand.
19. *Natrix natrix*	34,3	Berlin. Feuchte Wälder, Gewässerufer. Sonnt sich oft.
20. *Natrix tesselata*	33,3	Griechenland. Meist im Wasser.
21. *Vipera aspis*	36,7	Lyon (Frankreich). Trockener Kalkschotter. Sonnt sich viel.
22. *Vipera berus*	32,9	Mark Brandenburg. Moore, Heiden u. dgl. Vorwiegend nächtlich lebend.

Die Geruchsorgane liegen in den Nasenhöhlen (Abb. 53, 54) und werden durch ein Riechepithel, dessen Nervenfasern in die Lobi olfactorii ziehen, dargestellt. Die Nasenlöcher befinden sich meistens vorn lateral nahe der Schnauzenspitze; bei Schildkröten dicht nebeneinander, bei Krokodilen, bei denen sie verschließbar sind, auf einem Höcker. Sie führen in die mit Platten- und Zylinderepithel ausgekleideten Vorhöfe, in die Nasendrüsen münden. Diese Atrien, die den Schlangen fehlen, erweitern sich zu den Haupthöhlen, deren hintere Abteilungen sich entweder durch die primären Choanen in die durch Gaumenfalten gebildeten Nasenrinnen in die Mundhöhle öffnen (Abb. 53 a) oder (bei Schlangen, Schildkröten und Krokodilen) durch mehr oder weniger lange Nasen-Rachengänge durch die sekundären Choanen weiter hinten im Rachen münden (Abb. 53 b). Von der lateralen Wand jeder Haupthöhle ragt ein nach unten gebogener, durch Knorpel gestützer Auswuchs, die Muschel (Concha), in die Höhle. In seinem Inneren liegen bei einigen Meeresreptilien Nasendrüsen. Sie sind bei einigen Formen groß und dienen als „Salzdrüsen" der Aus-

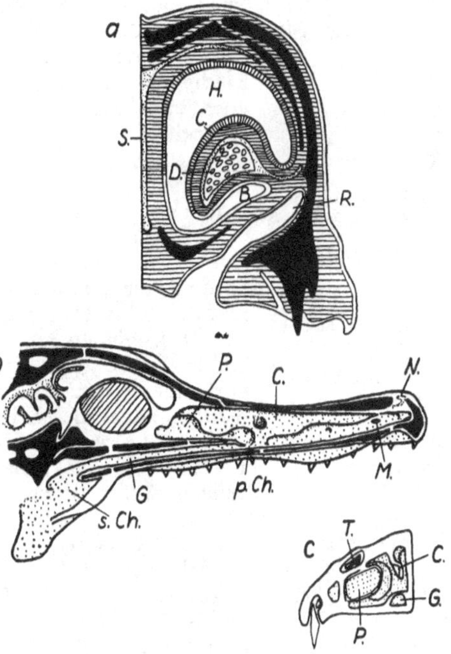

Abb. 53. a) Querschnitt durch die rechte Nasenhöhle von *Lacerta*. b) Medianschnitt. c) Querschnitt durch den Kopf von *Alligator mississipiensis*. B. sekundärer Nasenboden, C. Conchen, D. Nasendrüse, G. Nasen-Rachen-Gang, H. Haupthöhle, M. Maxillarhöhle, N. Nasenloch, P. Pseudoconcha, p. Ch. primäre Choane, R. Nasenrinne, S. Nasenscheidewand, s. Ch. sekundäre Choane, T. Tränen-Nasen-Gang. — Nach Bütschli

scheidung von Meerwasser. Bei Krokodilen setzt sich die relativ große Muschel am Dach der Nasenhöhle als flacher Vorsprung bis fast an die Nasenlöcher fort. Außerdem gibt es bei ihnen hinten, lateral von der Hauptmuschel, noch einen Wulst, die Pseudochoncha, in der sich ein luftgefüllter Hohlraum befindet (Abb. 53c), sowie im Maxillare zwei mit der Nasenhöhle kommunizierende Höhlen (Sinus). Die Muschel der Schildkröten ist nur ein flacher Wulst. Tränennasengänge gibt es bei allen Reptilien; sie münden bei Krokodilen in die Nasenhöhlen, sonst in die Nasenrinnen oder die Choanen. Riechepithel kann an der dorsalen und medialen Wand der Haupthöhlen und auf den Muscheln liegen. Dem Geruchssinn dient ferner das Jacobsonsche Organ, wenigstens bei Schlangen und Echsen. Außer bei *Sphenodon* und bei Schildkröten trennt es sich während der Ontogenese ganz von den Nasenhöhlen ab. Bei Krokodilen ist es nur embryonal vorhanden. Am höchsten ausgebildet ist es bei Echsen und Schlangen. Es ist ein kugeliger (seltener schlauchförmiger), jederseits unter der Nasenhöhle liegender Hohlkörper. Durch einen knorpeligen Wulst ist er eingedellt und sein Lumen von ventral zu einem Spalt verengert, der durch einen Gang weit vor den Choanen in die Gaumenrinne mündet (Abb. 54). Die dorsale Wand besteht aus Riechepithel. Über den Geruchssinn der Reptilien wissen wir wenig. Wasserschildkröten können im Wasser und auf dem Lande mit Fischfleisch gefüllte Beutel von solchen mit Sand geruchlich unterscheiden. Eine wichtige Rolle spielt der Geruchssinn beim Nahrungserwerb der Giftschlangen: Die Beute wird von der Schlange „gestochen“, wobei ihr Gift injiziert wird (s. S. 85). Sie flieht

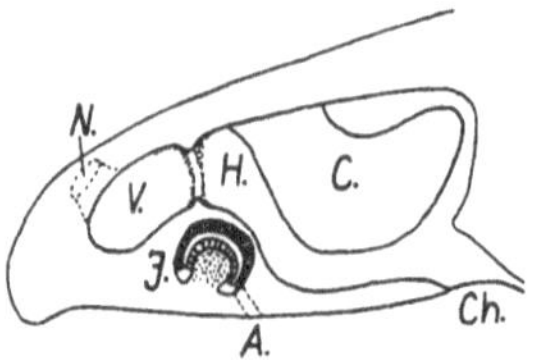

Abb. 54.
Längsschnitt durch den Kopf von *Lacerta*. A. Ausfuhrgang des Jacobsonschen Organs (J.), C. Concha, Ch. sekundäre Choane, H. Haupthöhle, N. Nasenloch, V. Vorhöhle. — Nach Ludwig aus Bütschli

dann — häufig in einen Schlupfwinkel — und verendet, während die Schlange ruhig am Ort bleibt. Erst nach geraumer Zeit folgt sie der Geruchsspur, wobei sie dicht über dem Boden unter lebhaftem Züngeln pendelnde Suchbewegungen mit dem Kopf ausführt. Die so aufgefundene tote Beute wird dann geruchlich erkannt und verschlungen. Für dies Verhalten ist hauptsächlich das Jacobsonsche Organ verantwortlich. Die Schlangen pflegen — besonders bei Erregung — zu züngeln, d. h. sie strecken ihre lange, in zwei schlanke Spitzen auslaufende Zunge aus dem geschlossenen Munde durch eine kleine Öffnung hervor und führen damit schnelle, schlagende Bewegungen in vertikalen Ebenen aus, wobei die Zungenspitzen die Gegenstände meist nicht berühren. Die in den Mund zurückgezogene Zunge liegt mit ihren Spitzen gerade unter den Öffnungen der Jacobsonschen Organe. Von diesen wird durch leichten Druck von der Mundhöhle aus Flüssigkeit ausgedrückt und wieder eingesaugt, so daß den Zungenspitzen anhaftende Duftmoleküle in die Organe aufgenommen werden können. Bei manchen Schlangen werden die Zungenspitzen auch direkt in die Jacobsonschen Organe eingeführt, wodurch sie die Duftstoffe auf die Riechepithelien bringen. Daß die ergriffene Beute auch noch geruchlich geprüft wird, geht daraus hervor, daß man Ringelnattern dazu veranlassen kann, mit „Amphibienduft" verwitterte Gummischwammstücke, Korkstopfen, Zigarren u. dgl. zu verschlingen. Auch bei Echsen, die ebenfalls mit ihren meist weniger tief gespaltenen und kürzeren Zungen züngeln, scheint durch einen entsprechenden Pumpmechanismus die Nahrung mit den Jacobsonschen Organen geruchlich geprüft zu werden. Vipern, und wohl auch andere Reptilien, erkennen auch den Geschlechtspartner und -konkurrenten durch den Geruch.

Die Geschmacksorgane sind sekundäre Sinneszellen mit Stiftchen, die zusammen mit Stützzellen rundliche Geschmacksknospen an verschiedenen Stellen der Mundschleimhaut bilden. Sie können am Dach und am Boden der Mundhöhle und bei Schlangen auch an den Scheiden der Giftzähne liegen, bei Schildkröten und Echsen auf dem Zungenrücken, und zwar bei *Anguis* an der Spitze, bei *Lacerta* auf hinteren Querfalten. Bei Krokodilen, deren vorderes Munddach stark verhornt ist, scheinen sie nur auf zwei weit hinten unter dem Pterygoid befindlichen Wülsten und im Ösophagus zu liegen. Eidechsen *(Lacerta)* unterscheiden die 4 menschlichen Geschmacksqualitäten salzig, sauer, bitter, süß. Sie trinken mit Vorliebe konzentrierte Zuckerlösungen und sind sehr unterempfindlich gegen Bitterstoffe.

Als Sehorgane haben alle Reptilien ein paar Blasenaugen, die allerdings bei unterirdisch lebenden Formen (z. B. Amphisbänen und Typhlopiden) stark zurückgebildet sein können. Oft sind die Augen ziemlich klein, vor allem bei wühlenden Formen (z. B. *Anguis*, *Pygopus*). Sehr groß sind sie bei manchen Nachtgeckonen und Baumschlangen. Bei Chamäleons und Schlangen ist der Augapfel etwa kugelförmig, sonst ist die Achse meist etwas kürzer als die Querdurchmesser, und die Ciliarregion ist etwas eingeschnürt. In der Lederhaut (Sclera) sind in der Regel Knorpel- oder Knochenplättchen eingelagert (Scleralringe), in der Aderhaut (Chorioidea) bei einigen Formen lichtreflektierende Schichten (Tapetum). Die Netzhaut enthält meistens mehr Zapfen als Stäbchen. *Lacerta*, *Anguis* und Schlangen sollen reine Zapfennetzhäute haben. *Alligator* hat mehr Stäbchen als Zapfen. Viele Reptilien haben eine verdickte Area centralis, häufig mit einer Fovea centralis, in der die Zapfen besonders dicht stehen. Die Sehnerven kreuzen sich total. An der Austrittsstelle des Sehnervs ragt ein gefäßreicher, dunkel pigmentierter Fortsatz — der „Zapfen" —, der wohl ernährende Funktion hat, in den Glaskörper vor (Abb. 55). Am stärksten ist er bei Echsen ausgebildet, bei Krokodilen und Schlangen ist er nur an-

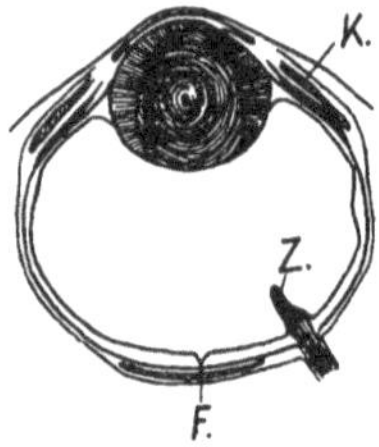

Abb. 55. Horizontalschnitt durch ein Chamäleonauge. F. Fovea centralis, K. Knochen, Z. „Zapfen". — Nach Bütschli

gedeutet. Der Ciliarmuskel (der Schlangen fehlt) ist quergestreift. Bei Schildkröten und Echsen liegt ventral ein Linsenmuskel (M. protractor lentis). Die Iris, in der sowohl die Ring- als auch die Radiärmuskeln quergestreift sind, ist bei vielen Reptilien verschiedenfarbig pigmentiert. Die Pupille ist bei den meisten Echsen, vielen Schlangen und den Schildkröten rund, bei einigen Schlangen (z. B. *Ahaetulla)* waagerecht-oval (Abb. 56 a). Bei vielen nächtlich lebenden Formen ist sie senkrecht-oval und kann bei starkem Licht zu einem ganz schmalen Spalt zusammengezogen werden (Krokodile, Geckonen, Viperiden). Oft sind die Pupillenränder ausgebuchtet oder gelappt, so daß auch bei geschlossenem Sehloch noch etwas Licht auf die Retina fallen kann (Abb. 56 b). Die Linse, die meist vorn weniger gewölbt als hinten ist und deren vorderes Epithel durch seitliche Erhöhung einen Ringwulst bildet (s. Abb. 55), ist sehr weich und formveränderlich. Nur bei Schlangen, bei denen der Ringwulst fehlt, ist sie härter und annähernd kugelig. In der Regel ist ein oberes, wenig bewegliches kurzes und ein unteres, längeres Lid vorhanden, das über das Auge gezogen werden kann. Gewöhnlich sind die Lider mit Schuppen besetzt, jedoch haben die unteren bei einigen

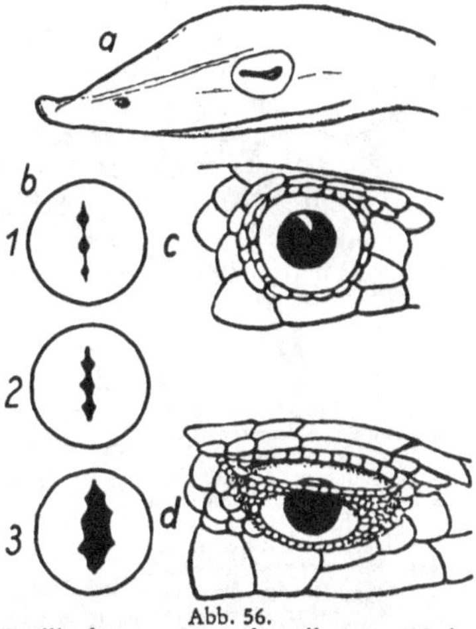

Abb. 56.
Pupillenformen. a) *Ahaetulla*. — Nach Schmidt und Inger. — b) *Gekko gecko*. Bei verschiedenen Lichtintensitäten. — Nach Photographien. — c) *Ablepharus*. Auge mit „Brille". d) *Mabuya*. Unterlied mit „Fenster". — c) und d) nach Angel

Echsen (z. B. *Mabuya, Lygosoma)* in der Mitte ein glashelles „Fenster“ (Abb. 56 d), so daß auch bei geschlossenen Lidern Licht in das Auge dringen kann. Bei Chamäleons sind die sehr vorspringenden Augen von ringförmigen Lidern, in denen Knochenplatten liegen und die mit Körperhaut bedeckt sind, ganz umschlossen. Die meisten Reptilien haben eine Nickhaut, die durch einen komplizierten Muskel- und Sehnenapparat (M. bursalis, Nickhautsehne) vom nasalen Augenwinkel aus über die Cornea gezogen werden kann. Den Bewegungen des Augapfels dienen, außer einem Bulbusrückzieher (M. retractor bulbi), 4 gerade und 2 schräge Augenmuskeln (Abb. 57). Bei Schlangen, Geckonen, *Ophisops, Ablepharus* (s. Abb. 56 c) und *Pygopus* sind die Augen von einer durchsichtigen, uhrglasförmig gewölbten Haut — der „Brille“ — überdeckt, die den Tieren einen starren Ausdruck verleiht. Sie ist durch Verwachsung der Lider entstanden. Es kommen zwei Arten von Augendrüsen vor: Die Tränendrüsen, die bei Chamäleons, *Sphenodon* und Schlangen fehlen, liegen dorsal am hinteren Augenwinkel und sind bei Schildkröten sehr groß, bei Krokodilen klein. Die H a r d e r schen Drüsen (Nickhautdrüsen) breiten sich meist an der Vorder- und Unterfläche des Bulbus aus und münden an der Nickhaut. Bei Schlangen erstrecken sie sich von der Bulbusunterseite weit nach hinten (Abb. 58) und münden in die Tränennasengänge, die ihre Sekrete in die Mundhöhle leiten. Bei Schildkröten sind sie klein, bei Krokodilen groß. Die Sekrete beider Drüsenarten dienen (außer bei den Formen mit „Brillen“) dazu, die Lider und die Nickhaut leichter über

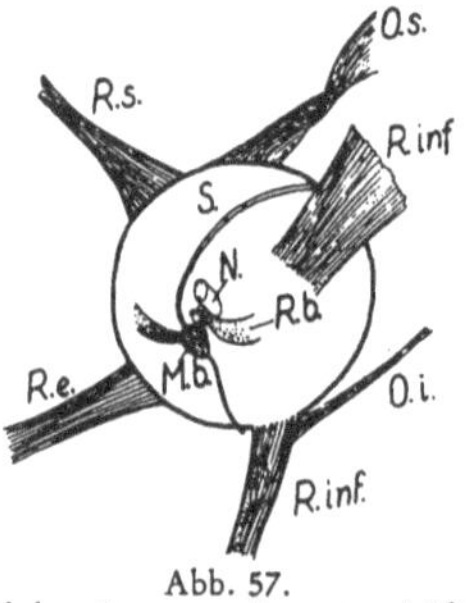

Abb. 57.
Linkes Auge von *Lacerta viridis* von innen. M. b. Musculus bursalis, N. Sehnerv, O. i. M. obliquus inferior, O. s. M. obliquus superior, R. b. M. retractor bulbi, R. e. M. rectus externus, R. inf. M. rectus inferior, R. int. M. rectus internus, R. s. M. rectus superior, S. Nickhautsehne. — Nach B ü t s c h l i

die Cornea gleiten zu lassen, bei Meeres-Reptilien wohl z. T. auch der Salzausscheidung.

Bei *Sphenodon*, Chamäleons und mehreren Echsen (z. B. Iguaniden, Waranen, *Lacerta, Anguis)* liegt zwischen den Seitenaugen in dem Parietalloch des Scheitelbeines (s. S. 40 u. 43) oder unter ihm *(Sphenodon)* ein augenähnliches Organ, das Parietalorgan oder -auge. Es entsteht während der Embryonalentwicklung aus dem Dach des Zwischenhirns vor der Epiphyse durch Abfaltung eines Bläschens,

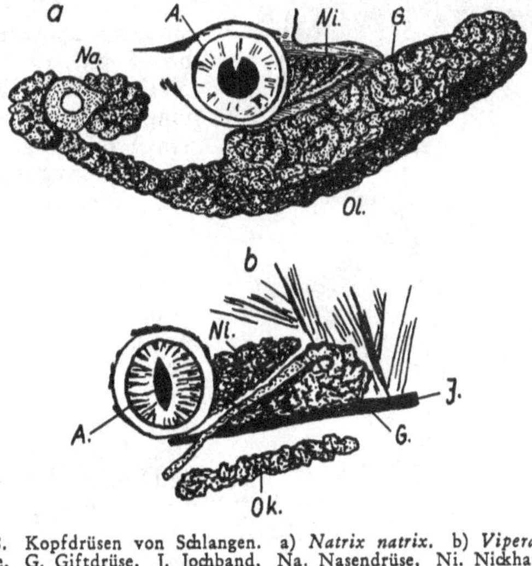

Abb. 58. Kopfdrüsen von Schlangen. a) *Natrix natrix.* b) *Vipera berus.* A. Auge, G. Giftdrüse, J. Jochband, Na. Nasendrüse, Ni. Nickhautdrüse, Ok. Oberkieferdrüse, Ol. Oberlippendrüse. — Nach Klingelhöffer

das sich nach der Peripherie verlagert und Nervenfasern in das Zwischenhirndach entsendet (Abb. 59). Die Haut über dem Parietalauge ist pigmentlos. Die äußere Wand besteht aus langen, durchsichtigen Zellen mit nach innen gerichteten kurzen Cilien und ist oft linsenförmig verdickt, während die innere Wand sich aus Sinneszellen mit längeren Stiftchen und aus Zwischenzellen, die braunes Pigment enthalten, zusammensetzt. Das Blasenlumen enthält einige verästelte Bindegewebszellen in einer durchsichtigen Masse (Glaskörper).

Das Sehvermögen der meisten Reptilien ist recht gut, namentlich bei Tagformen, zu denen ja die Mehrzahl gehört. Jedoch auch viele nächtlich lebende Kriechtiere, bei denen die Augen z. T. besonders groß und wohlentwickelt sind (z. B. Geckonen), können gut sehen und erkennen ihre Beute optisch auf relativ große Entfernungen. Bei den meisten Arten spielt hierbei das Bewegungssehen eine bedeutende Rolle, jedoch werden auch unbewegte Nahrungskörper häufig optisch erkannt. Das Differenzierungsvermögen der Augen kann recht fein sein. Wasserschildkröten haben in Dressurversuchen gezeigt, daß sie Druckbuchstaben unterscheiden können. Wie schon aus der gut ausgebildeten Muskulatur zu sehen ist, sind die Augen im allgemeinen sehr beweglich, besonders bei den Chamäleons, die ihre beiden Augen unabhängig voneinander drehen können, und zwar jedes um sehr große Winkel in allen Raumebenen. Die Einstellung der Augen auf verschiedene Entfernungen (Akkomodation) erfolgt hauptsächlich durch Formveränderung der Linse, die bei Nahakkomodation durch Druck des

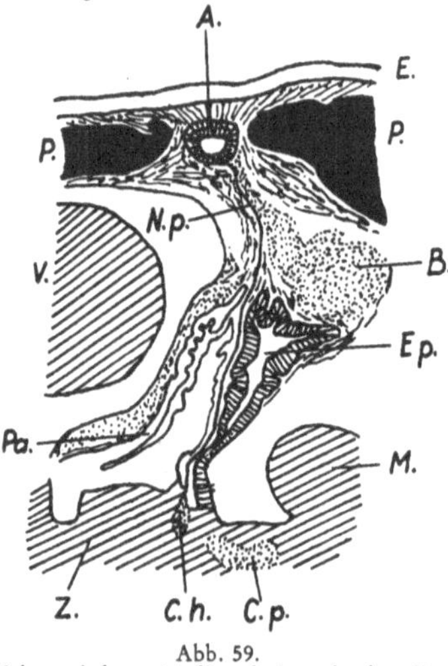

Abb. 59.
Schematischer Medianschnitt durch die Scheitelregion von *Lacerta agilis*. A. Parietalauge, B. Blutraum, C. h. Commissura habenulae, C. p. Commissura posterior, E. Epidermis, Ep. Epiphyse, M. Mittelhirn, N. p. Nervus parietalis, P. Parietale, Pa. Paraphyse, V. Vorderhirn, Z. Zwischenhirn. — Nach Novikoff aus Bütschli

quergestreiften Ciliarmuskels auf den Äquator und des Irissphinkters auf die Vorderfläche im ganzen stärker gewölbt und nach vorn zapfenförmig ausgebuchtet wird (Abb. 60). Das Akkomodationsvermögen ist bei den ein amphibisches Leben führenden Süßwasserschildkröten besonders groß. Ein Farbensinn, den man bei den Formen mit Zapfen in den Netzhäuten vermuten kann, ist für Schildkröten (*Clemmys caspica, Emys orbicularis, Testudo graeca, elephantopus, gigantea*), deren sichtbares Spektrum am kurzwelligen Ende (gegenüber dem des Menschen) verkürzt ist, nachgewiesen. Echsen (*Lacerta viridis, agilis, vivipara, Anolis carolinensis*) unterscheiden mindestens 8 Spektralfarben. Ob und in welcher Weise das Parietalorgan bei Reptilien als Lichtsinnesorgan funktioniert, ist noch nicht geklärt. Man hat beobachtet, daß in ihm Pigmentverschiebungen bei Änderungen der Lichtintensitäten stattfinden können. Vielleicht hat es auch etwas mit der Thermoregulation zu tun.

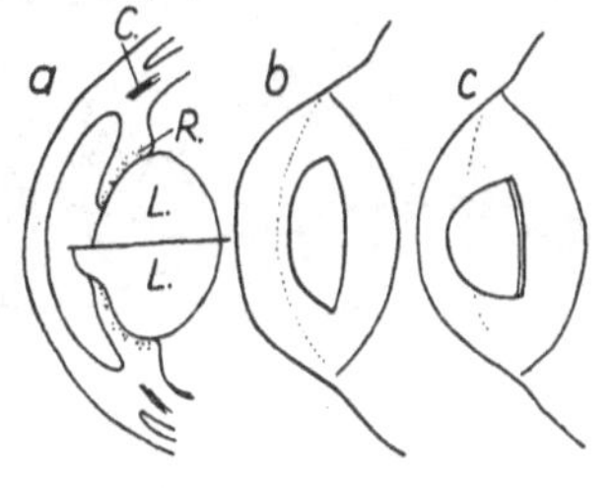

Abb. 60.
Akkomodation bei der Sumpfschildkröte. a) Schema. Oben Ruhezustand, unten Akkommodationszustand. C. Ciliarmuskel, L. Linse, R. Ringmuskel der Iris. b) Wölbung der Linse in der Ruhe, c) bei der Akkommodation. — Nach Hesse

Die Gehirne der Reptilien (Abb. 61) haben relativ große, ungefurchte Vorderhirnhemisphären mit gut entwickelten Riechlappen (Lobi olfactorii), die direkt durch Nervenfasern mit den Geruchsorganen (s. S. 64) in Verbindung stehen (Schildkröten) oder von denen je ein Tractus olfactorius zu einem Bulbus olfactorius zieht (*Sphenodon*, einige Echsen, Krokodile). Die Hemisphären überlagern hinten und seitlich das Zwischenhirn. Die Basalganglien sind relativ groß, und die Rinde (das Pallium) enthält in fast ihrer ganzen Ausdehnung Schichten von Ganglienzellen (Pyramidenzellen). Das Zwischenhirn ist klein.

Von seinem Dach entspringt die Epiphyse, die dorsal zwischen den Enden des Vorderhirns emporragt. Von dem Parietalorgan wurde schon gesprochen (s. S. 71). Vom Boden des Zwischenhirns, unter dem das Chiasma opticum liegt, buchtet sich das Infundibulum nach unten und hinten aus. An ihm hängt die Hypophyse (s. S. 108). Das **Mittelhirn** wird durch die beiden ansehnlichen Lobi optici gebildet, die bei Krokodilen und einigen Schlangen hinten Anschwellungen (Corpora quadrigemina posteriora) haben, die vier Hügel andeuten. Das **Hinterhirn** (Cerebrellum) ist bei *Sphenodon*, Schildkröten und Echsen eine in der Mitte meist etwas gewölbte, nach vorn ansteigende Platte. Bei Schlangen ragt sie nach hinten und bedeckt die Rautengrube. Das Hinterhirn der Krokodile ist größer als bei den anderen Gruppen und in zwei seitliche und mittlere Lappen gegliedert. Das **Nachhirn** mit einer mehr oder weniger großen Rautengrube ist meist nach ventral gekrümmt. Das **Rückenmark** erstreckt sich bis in die Schwanzspitze und hat (außer bei Schlangen) eine Brust- und Lendenan-

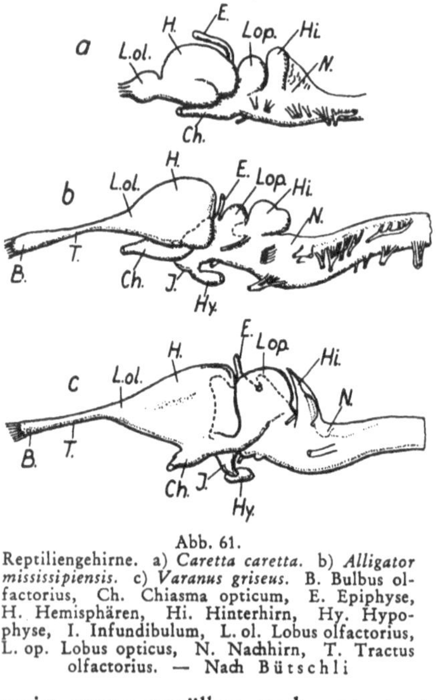

Abb. 61.
Reptiliengehirne. a) *Caretta caretta*. b) *Alligator mississipiensis*. c) *Varanus griseus*. B. Bulbus olfactorius, Ch. Chiasma opticum, E. Epiphyse, H. Hemisphären, Hi. Hinterhirn, Hy. Hypophyse, I. Infundibulum, L. ol. Lobus olfactorius, L. op. Lobus opticus, N. Nachhirn, T. Tractus olfactorius. — Nach Bütschli

schwellung. Ein sympathisches Nervensystem ist stets gut entwickelt.

Operative Ausschaltung des Vorderhirns bewirkt bei Reptilien starke Herabsetzung der Spontanbewegungen. Eidechsen liegen stundenlang bewegungslos mit geschlossenen Augen. Laufbewegungen können ausgeführt werden und erfolgen koordiniert, jedoch langsam und „eckig" und ermüden schnell. Eidechsen können auch noch springen und schwimmen. Schildkröten und Eidechsen ohne Vorderhirn sollen zuweilen noch bewegte Beute fixieren, jedoch ist das Zuschnappen, Kauen und Schlucken nicht mehr sinnvoll koordiniert. Echsen sollen die Fähigkeit zur Autotomie des Schwanzes (s. S. 32) verlieren. Nach älteren Angaben fallen bei vorderhirnlosen Schlangen und Eidechsen die Ausdrucksbewegungen (Drohen, Imponieren u. dgl.) fort, während nach neueren Autoren bei Eidechsen einige dieser Affektäußerungen besonders leicht auszulösen sind. Auch soll das „Treteln" — ein Erheben der Beine von der Unterlage, das Eidechsen auf heißem Boden oder als „Demutsbewegung" (s. S. 118) ausführen — verstärkt sein. Die Tiere suchen nach Vorderhirnverlust nicht mehr die gewohnten Sonnungsplätze auf, wie überhaupt die Orientierung in der Umgebung gestört ist. Im Vorderhirn von Echsen und Schildkröten kennt man Stellen, deren elektrische Reizung bestimmte Bewegungen veranlaßt. Einige Autoren behaupten, daß vorderhirnlose Schildkröten noch dressierbar sind. Das Zwischenhirn ist, wie bei allen Wirbeltieren, auch bei den Kriechtieren eine Umschaltstation für die sensorischen Erregungen auf die motorischen Apparate und stellt durch die Produktion von Neurosekreten, die auf besonderen Bahnen der Hypophyse zugeleitet werden, eine Koordination zwischen den nervösen und innersekretorischen Systemen her. Das Mittelhirn scheint vor allem die Lokomotion zu beherrschen. Bei *Emys* soll Entfernung des Vorder- und Zwischenhirns Bewegungslosigkeit, dagegen Abtragung des Mittelhirns gesteigerte Beweglichkeit zur Folge haben, so daß man in ihm ein Hemmungszentrum vermuten kann. Außerdem liegt in ihm ein Zentrum für das Einziehen des Kopfes und der Extremitäten in den Panzer bei Reizung. Zerstörung des Hinterhirns bewirkt bei Kriechtieren Störungen der Bewegungen und des Gleichgewichts. Bei vierbeinigen Echsen gleicht der Gang dem „eines Betrunkenen" und die Füße werden zu weit oder zu wenig vorgesetzt. Der fußlose *Ophisaurus* macht beim Kriechen mit dem Rumpf merkwürdig „eckige" Bewegungen. Im Nachhirn liegen die wichtigsten Zentren für verschiedene Körperfunktionen (Reflexzentren für die Nahrungsaufnahme, automatische Zentren für die Atmung [s. S. 100] und den Blutkreislauf [s. S. 107] usw.). In bezug auf die Funktion des Rückenmarks verhalten sich die Reptilien grundsätzlich ähnlich wie die Amphibien.

Assoziationsbildung, die im Vorderhirn erfolgt, wurde mehrfach in Dressurversuchen (s. S. 60, 72) nachgewiesen. Sie spielt bei vielen Arten beim Leben in der Natur und in Gefangenschaft eine wichtige Rolle. Gefangene Echsen und Schildkröten werden im allgemeinen schnell „zahm" und gewöhnen sich an den Pfleger — dem sie Futter von der Pinzette oder der Hand nehmen —, an bestimmte Futterplätze und -zeiten, sowie an gewisse Sonnungsplätze und Schlupfwinkel. Im Freien haben sie ebenfalls oft spezifische Sonnungsstellen, meist in der Nähe eines Schlupfwinkels, zu dem sie den Weg genau kennen. Echsenmännchen können bestimmte Reviere haben, in denen sie keine geschlechtsgleichen Artgenossen dulden. Die Meeresechsen der Galapagosinseln *(Amblyrhynchus cristatus)* besiedeln in Herden, die aus einem ♂ und 5 bis 12 ♀♀ bestehen (Jungtiere bilden gesonderte Gruppen), Reviere auf den Lavaklippen, die wenige Quadratmeter umfassen und meist durch Risse und Spalten im Gestein begrenzt sind. Das ♂ verteidigt das Territorium gegen artgleiche ♂♂ zunächst durch Drohen und Imponieren (Breitseitebieten und Nicken) und dann durch Zurückdrängen des Gegners mit dem durch kegelförmige Hornschilder bewehrten Schädeldach. Der Schwächere nimmt nach einigen Angriffen eine Demutstellung ein — er legt sich flach auf den Boden —

und räumt das Feld. Schildkröten lernten in Labyrinthversuchen das Ziel in immer kürzerer Zeit mit immer weniger „Fehlern“ zu erreichen.

4. DIE STOFFWECHSELORGANE

a) Das Ernährungssystem

Die meisten Kriechtiere ernähren sich von tierischer Kost, vorzugsweise von lebenden Tieren. Rein carnivor sind wohl alle Krokodile und Schlangen, *Sphenodon*, Chamäleons, viele Echsen und die meisten Wasserschildkröten. Viele Wasserschildkröten fressen hauptsächlich Tiere, gelegentlich Pflanzenstoffe. Die *Kachuga*arten und verwandte Formen sind vorwiegend herbivor. Pflanzennahrung überwiegt bei den Landschildkröten sowie bei einigen Iguaniden *(Conolophus, Iguana, Cyclura)* und Agamiden *(Hydrosaurus, Uromastyx)*. Ausschließlich von Pflanzen sollen sich die Riesenschildkröten und die Meeresechsen der Galapagosinseln ernähren, die letzten nur von Meeresalgen. Ernährungsspezialisten sind ferner die Schlangen der Gattungen *Dasypeltis* und *Elachistodon*, die Vogeleier verschlingen (s. S. 33 u. 80) sowie die Schnecken fressenden *Dipsadidae* und Homalopsiden, die sich von Krabben ernähren.

Die Mehrzahl der Reptilien erkennt die Nahrung optisch. Besonders die von lebenden Tieren sich ernährenden Formen nehmen sich bewegende Beute auf mehr oder weniger große Entfernungen durch die Augen wahr und erlangen sie durch Anschleichen und plötzliches Zuschnappen oder durch Hinterherjagen, oft auch im Sprung. Schlangen und Echsen erkennen und finden die Beute auch durch den Geruchssinn mit Hilfe des Jacobsonschen Organs (s. S. 66). Einige Schlangen können warmblütige Nahrungstiere durch die von ihnen ausgehenden Wärmestrahlen geleitet mittels der Grubenorgane oder der Lippengruben erlangen (s. S. 61). Pflanzliche Nahrung wird wohl meist durch den Geruchssinn erkannt. *Uromastyx* soll Pflanzenteile mit der plumpen, fleischigen Zunge berühren, bevor er hineinbeißt — prüft sie also wohl geschmacklich.

Geformte Nahrung wird mit dem Mund aufgenommen und oft unzerkleinert verschlungen. Viele Reptilien zermalmen oder zerreißen jedoch größere Nahrungskörper, z. T. unter Zuhilfenahme der Vorderextremitäten (Schildkröten) oder der Hinterbeine (Krokodile), oder beißen Stücke von ihnen mit Hornkiefern (Schildkröten) ab. Manche Wasserschildkröten (z. B. die Matamata) verleiben sich die Beute durch Saugschnappen ein, d. h. durch Senkung des Mundbodens und plötzliches Aufreißen des Maules, wodurch ein Sog entsteht, der die Beute in die Mundhöhle hineinreißt.

Wasser wird durch Trinken aufgenommen, entweder durch Einsaugen (Landschildkröten, Schlangen) oder durch Auflecken von Regen- und Tautropfen mit der Zunge (Echsen). Chamäleons „schießen" mit ihrer Schleuderzunge Wassertropfen von Blättern, Terrarienwänden u. dgl. In der Gefangenschaft trinken einige Reptilien auch Milch.

Chamäleons fixieren die Beute, die in der Regel aus lebenden Insekten besteht (in Gefangenschaft werden auch manchmal junge Mäuse oder bewegte Fleischstücke genommen), mit den unabhängig voneinander beweglichen Augen und schleichen langsam in ihre Nähe. In einer gewissen Entfernung von der Beute, die 15 bis 20 cm oder mehr betragen kann, bleibt das Chamäleon stehen, öffnet ein wenig das Maul und schiebt die Zunge langsam etwas vor, um sie dann sehr schnell in Richtung auf die Beute „vorzuschießen" (Abb. 62 a). Das kolbig verdickte, klebrige Vorderende der Zunge wird treffsicher auf die Beute geschleudert, die an ihm haften bleibt und schnell in das Maul zurückgezogen wird. Das Vorbringen der Zunge kommt dadurch zustande, daß der stabförmige, in der Ruhe im Mundboden liegende Zungenbeinkörper langsam vorgeschoben wird, wobei die in spitzem Winkel nach vorn gerichteten Zungenbeinhörner durch Kontraktion des Musculus geniohyoideus nach vorn gedreht werden. Durch schnelle Kontraktion der Eigenmuskulatur der Zunge

(M. accelerator) wird diese, die in der Ruhe in wulstige Falten gelegt ist, plötzlich ausgestreckt (Abb. 62 b). Das Zurückziehen der Zunge mit der Beute bewirkt der M. hyoglossus.

Die Schlangen, die alle die Beute unzerteilt verschlingen, ergreifen sie mit dem Maul und transportieren sie durch

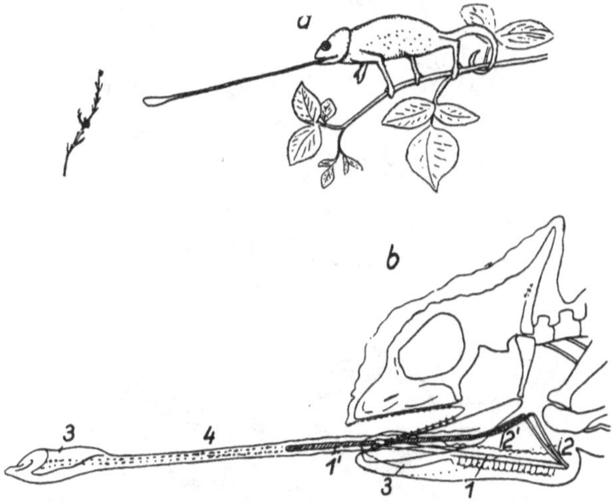

Abb. 62. a) Chamäleon beim „Schuß" auf ein Insekt. — Nach Hilzheimer. b) Wirkungsweise der Chamäleonzunge: Das Zungenbein mit seinem Körper (1) und den Hörnern (2) wird nach vorn gestreckt (1' 2'). Dabei wird der Kolben (3) nach vorn geschleudert und reißt die in der Ruhe gefaltete Zunge nach vorn (3'). 4 Hohlraum. — Nach Hesse

abwechselndes Vorschieben der rechten und linken Kieferhälften, die gegeneinander beweglich sind, nach hinten, wobei die Kopfknochen oft außerordentlich weit auseinandergedrängt werden und das Maul ganz extrem erweitert wird (s. S. 44). Ein Vorgleiten der sich zur Wehr setzenden Beute wird durch die mit den Spitzen nach hinten gerichteten Hakenzähne (s. Abb. 29 e) verhindert. Die sich von Vogeleiern ernährenden Schlangen *(Dasypeltis, Elachisto-*

don) haben ein stark rückgebildetes Gebiß, das (bei *Dasypeltis)* aus nur etwa 4 kleinen Zähnen jederseits besteht. Das Ei wird unter weitem Aufreißen des Maules erfaßt und unter außerordentlich starker Erweiterung und Dehnung

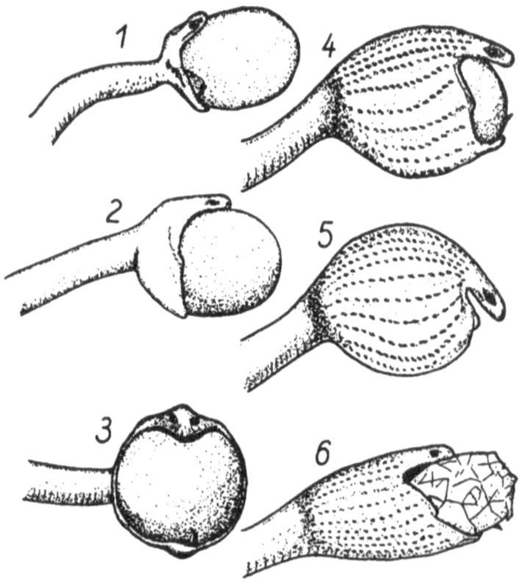

Abb. 63.
Dasypeltis scabra beim Verschlingen eines Vogeleis. 3 Ansicht von vorn. 6 Auswürgen der zertrümmerten Schale. — Nach Schmidt und Inger

des Unterkiefers und der Unterlippe in den Ösophagus gedrückt (Abb. 63), in dem seine Schale mittels der Wirbelfortsätze durch rhythmische Muskelkontraktionen „zersägt" und zerdrückt wird (s. Abb. 23). Der Eiinhalt gelangt durch den sehr engen hinteren Schlundabschnitt in den Magen, während die Schalentrümmer nach 1 bis 2 Stunden ausgewürgt werden.

Einige Schlangen — die Riesenschlangen und einige Nattern — umwickeln lebende Beute gleich nach dem Ergreifen schnell mit einigen Körperwindungen, wodurch sie sie festhalten und an Abwehrbewegungen hindern. Dann ver-

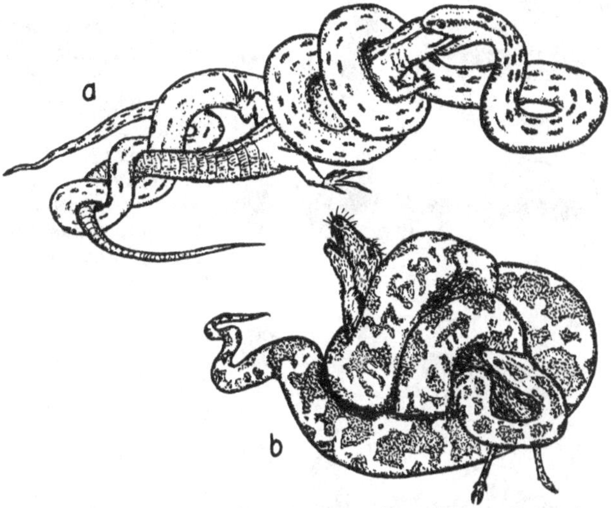

Abb. 64. Schlangen beim Umschlingen von Beutetieren. a) *Coronella austriaca*. — Nach Sternfeld. — b) *Python molurus*. — Nach Werner

schlingen sie sie, meist am Kopf beginnend (Abb. 64 a). Die Riesenschlangen (Abb. 64 b) ziehen nach dem Umschlingen die Körperwindungen immer fester, so daß sie die Beute — meist lungenatmende Wirbeltiere — nicht nur ersticken, sondern ihr die Gelenke ausrenken und die Knochen brechen. Der Beutekörper wird dadurch weich und knetbar und läßt sich soweit zusammendrücken, daß z. B. eine Anakonda ein Wasserschwein oder einen Hirsch, die viel umfangreicher als die Schlange selbst sind, verschlingen kann.

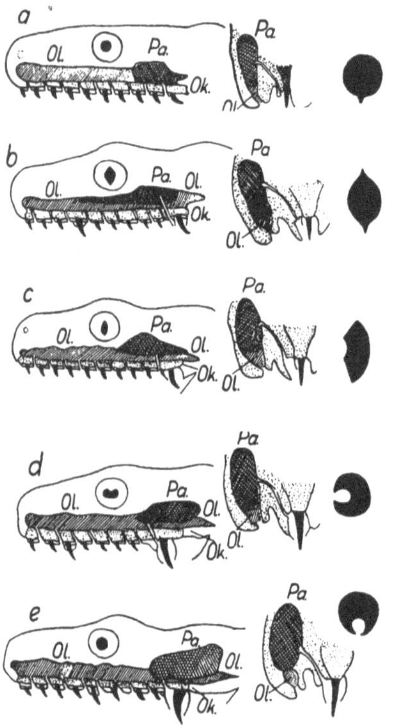

Abb. 65.
Schema des Giftapparates einiger Nattern. Links: Seitenansicht. Mitte: Senkrechter Schnitt durch den Oberkiefer in Höhe des letzten Zahnes. Rechts: Querschnitt durch den letzten Zahn. Ok. Oberkieferdrüse, Ol. Oberlippendrüse, Pa. Parotis. a) *Dendrophis pictus* (aglyph). b) *Lycodon aulicus* (aglyph). c) *Oxybelis fulgidus* (opisthoglyph mit vorderer seichter Furche). d) *Ahaetulla* (opisthoglyph mit seitlicher Furche). e) *Psammophis sibilans* (opisthoglyph mit vorderer Furche). — Nach Klingelhöffer

Die Giftschlangen töten die Beute vor dem Verschlingen durch Giftinjektion. Man kann in bezug auf den Giftapparat und seine Funktion einige Typen unterscheiden: Die „nicht-giftigen" Schlangen sind aglyphodont, d. h. sie haben Zähne, die solide, ungefurchte, mit den Spitzen nach hinten gerichtete, schlanke Kegel darstellen (s. Abb. 29e). Bei einigen — z. B. bei *Natrix natrix* — wird durch die zwischen den Zähnen des Oberkiefers ausmündenden Ausfuhrgänge der Oberlippenspeicheldrüse etwas Gift dem Speichel beigemengt, jedoch so verdünnt, daß es im allgemeinen keine lähmende oder tödliche Wirkung auf die Beute hat. Das Gift stammt aus einem kleinen, histologisch unterscheidbaren Teil der Speicheldrüse, der

Parotis (s. Abb. 58a). Man vermutet, daß es bei der Eiweißverdauung fördernd mitwirkt. Bei anderen Nattern kann die Parotis stärker entwickelt sein und ihr Gift durch einen besonderen Gang in die Nähe der Basen der letzten (aglyphen) Oberkieferzähne entlassen, die meist etwas größer und stärker gekrümmt sind als die anderen Zähne und eine oder zwei Schneiden haben (Abb. 65 a, b). Bei den opisthoglyphen Schlangen, den Trugnattern, haben diese Zähne vorn oder seitlich eine Furche (Glyphe) und der Ausfuhrgang mündet in die Scheide der Furchenzähne (Abb. 65 c, d, e). Das Gift kann durch diese Furche in das in dem hinteren Teil des Maules befindliche Beutetier injiziert werden. Die Bisse der Trugnattern sind für den Menschen im allgemeinen ungefährlich, es sei denn, daß ein Finger tief in das Maul der Schlange gerät.

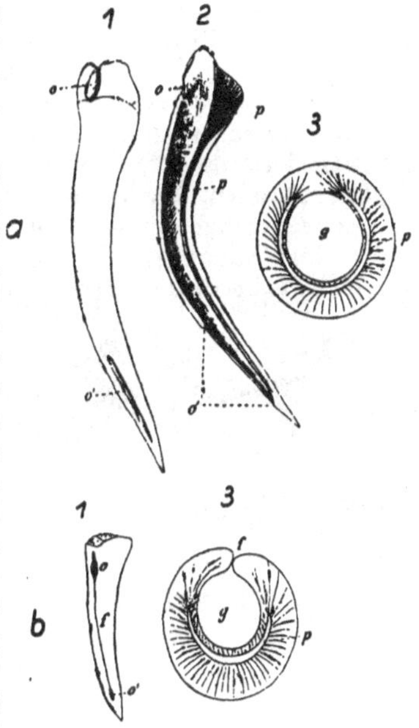

Abb. 66.
Giftzähne einer solenoglyphen und einer proteroglyphen Schlange. a) Klapperschlange. b) Brillenschlange. 1 Außenansicht, 2 Mediansdinitt, 3 Querschnitt, f Furche, g Giftkanal, o obere, o' untere Öffnung des Giftkanals, p Pulpahöhle. — Nach Boas

Bei den Proteroglyphen — den Elapinen und Hydrophiinen — stehen die giftführenden Furchenzähne (Abb. 66 b) vorne im Oberkiefer, der mehr oder weniger verkürzt ist und nur wenige Zähne trägt. Die vordersten sind besonders groß und stehen an ihren Basen in enger

Beziehung zu den Ausfuhrgängen der Giftdrüsen. Sie können beim Öffnen des Maules mit ihren Spitzen nach vorn gestellt werden. Die Schlangen richten bei Annäherung einer Beute (oder eines Feindes) den Vorderkörper auf und schleudern ihn auf eine gewisse Entfernung gegen sie, wobei sie das Maul öffnen und die Giftzähne in das Opfer einstoßen, durch deren Furchen das Gift unter dem Druck der Schädelmuskeln in die Stichwunde getrieben wird. Die Schlange zieht den Kopf sofort zurück und wartet, bis die Beute verendet ist (s. S. 67).

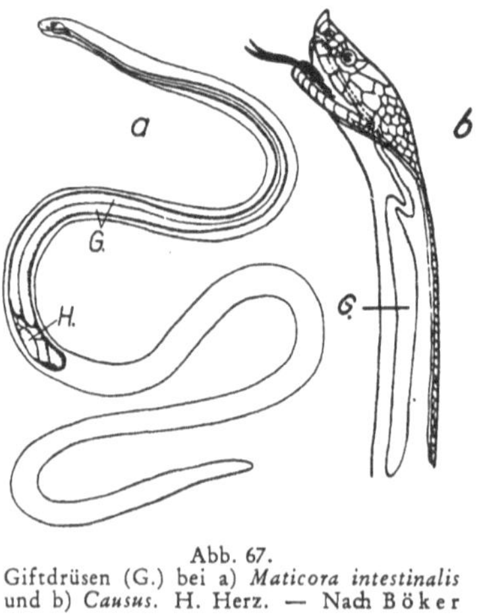

Abb. 67.
Giftdrüsen (G.) bei a) *Maticora intestinalis* und b) *Causus*. H. Herz. — Nach Böker

Die größte Vollkommenheit hat der Giftapparat bei den Solenoglyphen, den Röhrenzähnern (Viperiden und Crotaliden) erreicht. Das Maxillare ist sehr stark verkürzt und trägt in der Regel nur ein Paar langer, spitzer, gebogener Zähne, die an der Basis ein Loch haben. Durch diese führt ein Kanal bis kurz vor die Spitze des Zahnes (Abb. 66 a). Hinter diesen Röhrenzähnen liegen Ersatzzähne, die sich nach dem Verlust der vorderen Zähne vorschieben. Die in der Ruhe nach hinten gerichteten Zähne werden beim Öffnen des Maules (s. Abb. 30) durch die Tätigkeit bestimmter Muskeln, die durch den Hebelapparat der Schädelknochen das Maxillare nach vorn drehen und es aufrichten, mit den Spitzen nach vorn gestellt, so daß sie in das Opfer eingestochen werden können (s. S. 45). Die Schlangen können jedoch auch das Maul öffnen, ohne die Zähne aufzurichten, z. B. beim Ergreifen der verendeten Beute und beim Schlingakt. Das Gift wird durch den Druck der Kopfmuskeln aus den Drüsen durch lange Ausfuhrgänge (s. Abb. 58) an den Grund der Zähne gepreßt und fließt durch die Röhren in die Stichwunden. Die Giftdrüsen der Solenoglyphen sind traubenförmig und mit einem großen Hohlraum versehen. Sie liegen in einer Bindegewebskapsel, über die der Musculus masseter verläuft. Bei den Bauchdrüsennattern *(Maticora)* erstrecken sich die Giftdrüsen an beiden Rumpfseiten bis zu dem weit nach hinten gedrängten Herzen (Abb. 67 a). Bei Krötenottern *(Causus)* liegen sie an den Seiten des Halses zwischen Haut und Muskeln (Abb. 67 b).

Einige Giftschlangen — die „Speischlangen" — können, wenn sie mit erhobenem Vorderkörper einem Gegner gegenüberstehen, unter lautem Zischen diesem eine fein verteilte Flüssigkeit entgegensprühen — Menschen meist in das Gesicht „zielend". Dieser Speichel ist gifthaltig. In einigen Fällen (bei Viperiden und Crotaliden) handelt es sich vielleicht nur um eine Begleiterscheinung der Exspiration. Die aus den Röhrenzähnen austretenden Gifttropfen werden von dem beim Zischen mit großer Kraft aus den Lungen ausgeblasenen Luftstrom mitgerissen und zerstäubt. Die „echten Speischlangen", die den Speichel auf Entfernungen bis über 2 m aussprühen können, sollen kurz vor dem Speien „kauende" Bewegungen mit den Kiefern machen, wodurch wohl der Speichel aus den Zähnen ausgepreßt wird. Bei ihnen handelt es sich wahrscheinlich um eine echte Abwehrreaktion, bekannt besonders von *Haemachatus haemachates* und *Naja nigricollis;* jedoch auch *N. melanoleuca, goldii, nivea* und *anchieta,* sowie *Bitis lachesis, gabonica* und *Echis carinatus* sollen sie „gewohnheitsmäßig" ausführen.

Die Schlangengifte (Ophiotoxine) sind Komplexe von Substanzen, die in ihrer Zusammensetzung bei den einzelnen Gattungen und Arten sehr verschieden sein können. Die Hauptwirkung soll durch Eiweißstoffe oder eiweißähnliche Bestandteile, insbesondere durch bestimmte Proteosen, bedingt sein. Es kommen auch Lipoide (Toxolezithide) und Fermente, vor allem proteolytische, lezithinspaltende und die Blutgerinnung beeinflussende vor, sowie stickstofffreie Wirkstoffe („tierische Sapotoxine"), die den Gallensäuren nahe stehen. Die proteasereichen Gifte der Vipern bewirken heftig schmerzende, blutende ödematöse Veränderungen an der Bißstelle, während die Natterngifte im allgemeinen keine lokalen Erscheinungen und oft sogar Empfindungslosigkeit verursachen. Das Gift einiger Schlangen (z. B. das von *Bitis*) veranlaßt Blutgerinnung in den Gefäßen und führt dadurch zum Tode, das anderer Arten kann jedoch die Blutgerinnung hemmen oder verhindern. Bei Natterngiften tritt der Tod auf Grund ihrer kurareartigen Wirkung durch Atemlähmung ein. Die Todesursache nach Viperbissen ist meistens periphere Gefäßlähmung. Schlangengifte können auch fettige Degeneration und Nekrose der Leber und Niere und Schädigungen der Nebennieren verursachen. Man unterscheidet in den Schlangengiften hämorrhagische und neurotoxische Komponenten. Die tödlichen Giftdosen sind je nach der Schlangenart und anderen Umständen verschieden. 1 g Gift der indischen Kobra *(Naja naja)* vermag 1250 kg Hund, 8300 kg Mäuse, 20 000 kg Pferd und 10 000 kg Mensch, d. h. 165 Menschen von je 60 kg Gewicht zu töten.

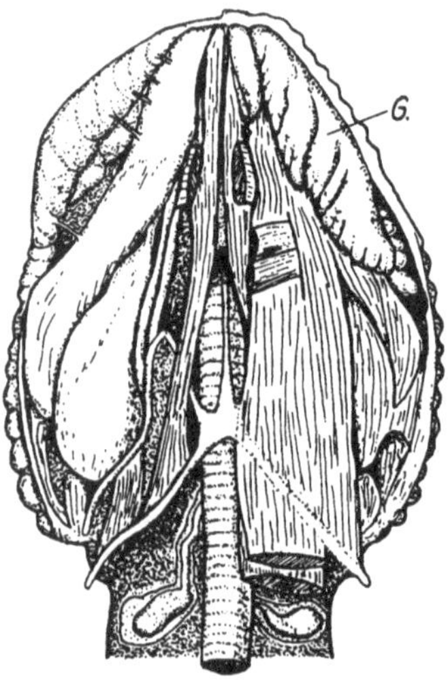

Abb. 68.
Mundboden von *Heloderma suspectum*, von unten freigelegt. G. Giftdrüse. — Nach Pawlowsky aus Böker

Die einzigen sicheren Heilmittel gegen Schlangengifte sind die aus ihnen selbst gewonnenen Heilseren (s. S. 14). Da die Gifte der verschiedenen Schlangengattungen und -arten in ihren Strukturen erheblich voneinander abweichen können, wirken die Seren häufig nur gegen das Gift der Art (oder Unterart), von der sie gewonnen wurden, in voller Stärke. Andererseits ist es auch möglich, daß ein antitoxisches Serum gegen die Gifte anderer Schlangenarten, ja sogar Gattungen, wirksam sein kann.

Außer bei Schlangen kommt Giftinjektion bei Reptilien nur noch bei den Krustenechsen *(Heloderma suspectum* und *horridum)* vor. Die Giftdrüsen liegen hier jedoch im Unterkiefer (Abb. 68). Unter dem Druck der Kaumuskeln strömt das Gift durch die Rinne zwischen Unterkiefer und Unterlippe zu den nach hinten gekrümmten Zähnen, von denen 8 bis 10 im Oberkiefer und 6 bis 11 im Unterkiefer eine vordere und hintere Längsfurche haben, in die Bißwunde. In der Erregung soll den Tieren weißlicher Geifer aus dem Maul quellen. 0,005 mg Trockensubstanz des *Heloderma*giftes können einen Menschen töten.

In die Mundhöhle der Reptilien münden außer den Ausfuhrgängen der schon erwähnten Speicheldrüsen (Oberlippendrüsen) und der Giftdrüsen sowie der Harderschen Drüsen (s. S. 70 u. Abb. 58) noch die Gänge anderer im Kopf gelegener Drüsen. Der Typ, die Anzahl, die Beschaffenheit und die Funktion dieser Drüsen ist bei den einzelnen Formen verschieden. Nach ihrer Lage unterscheidet man: Zungendrüsen (obere und seitliche), Unterzungendrüsen, Lippendrüsen (obere und untere), Gaumendrüsen (mittlere und seitliche), Kieferdrüsen und Rachendrüsen. Es gibt muköse Drüsen, die Schleim produzieren, und seröse, deren Sekrete wohl z. T. Verdauungsfermente enthalten, sowie gemischte Drüsen. Wassertiere sollen in der Regel mehr oder weniger zurückgebildete Munddrüsen haben, bei Schlangen und Echsen aus warmen und trockenen Klimagebieten sind die Munddrüsen schwächer ausgebildet als bei solchen aus kühlen und feuchten. Bei Pflanzenfressern *(Uromastyx, Iguana, Testudo)* sind sie besonders mächtig entwickelt. Die Zungen- und Unterzungendrüsen von *Testudo* enthalten Amylase, der Speichel von *Iguana* wahrscheinlich ebenfalls. Bei den meisten Reptilien findet sich eine Katalase im Speichel, die bactericid wirken soll.

Die Zähne der meisten Reptilien sind wurzellos, solide (pleodont), oder mit einer unten offenen Pulpahöhle versehen (coelodont). Außer auf den Sphenoiden können sie auf allen Knochen der Mundhöhle stehen (s. S. 41 ff.). Bei einigen Echsen sind sie auf den Kanten der Knochen festgewachsen (akrodont), bei den übrigen und den Schlangen an den Innenflächen der Kieferknochen (pleurodont); bei den Krokodilen sitzen sie in Alveolen (thekodont). Wohl bei allen Kriechtieren findet während des ganzen Lebens ein successiver oder ein alternierender Zahnwechsel statt, bei dem der junge Zahn sich an der Innenseite des alten entwickelt und ihn allmählich verdrängt. Die Schildkröten haben anstatt der Zähne harte, scharfe Hornscheiden auf den Kieferrändern. Die Weichschildkröte *Trionyx sinensis,* die sich von Schnecken und Muscheln ernährt, hat stattdessen breite Hornplatten zum Zermalmen der Molluskenschalen. Bei einigen Seeschildkröten ist der Schlund mit nach hinten gerichteten, verhornten Papillen besetzt (Abb. 69), die wohl ebenfalls zum Zerkleinern oder aber zum Transport der Nahrung dienen. Die Gebisse der meisten Echsen sind homodont und setzen sich aus einfachen kegelförmigen Zähnen zusammen, mit denen die Beute ergriffen und festgehalten wird. Sie wird dann durch kauende Bewegungen der Kiefer hin- und hergeschoben und zerdrückt, jedoch in der Regel nicht zerkleinert, sondern als Ganzes verschluckt. Sehr bewegliche Beutetiere werden

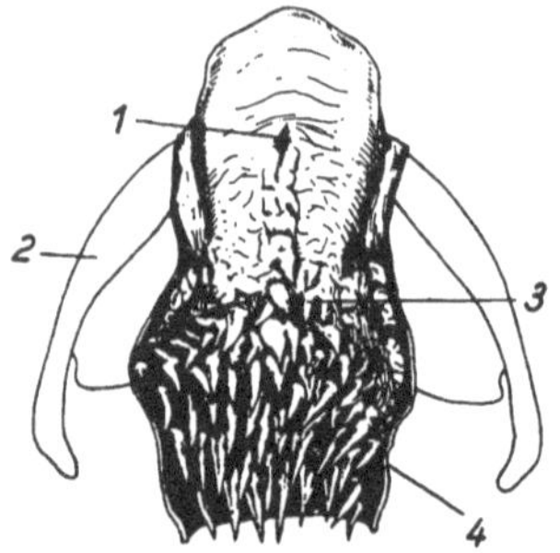

Abb. 69.
Chelonia. Mundboden und Oesophagus. 1 Kehlkopfeingang, 2 erster Branchialbogen, 3 Schlundenge, 4 verhornte Papillen. — Nach Böker

häufig vorher durch schlenkernde Kopfbewegungen gegen Steine oder dgl. geschlagen und so wehrlos gemacht. Der sich von hartschaligen Gehäuseschnecken ernährende Nilwaran *(Varanus niloticus)* aus Kamerun hat Backenzähne mit abgeflachten Kronen, was in noch stärkerem Maße bei dem ebenfalls Gehäuseschnecken fressenden Panzerteju

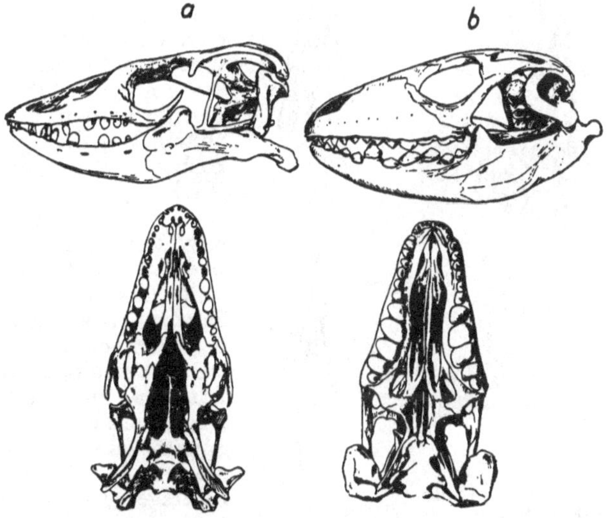

Abb. 70. Gebiß von *Varanus niloticus* aus Kamerun (a) und *Dracaena guianensis* (b). — Nach Böker

(Dracaena guianensis) der Fall ist (Abb. 70). Bei dem körnerfressenden *Uromastyx* sind die Backenzähne ausgesprochene Mahlzähne, und die Schneidezähne werden im Oberkiefer durch einen nach abwärts gerichteten Fortsatz des Praemaxillare ersetzt, während die des Unterkiefers zusammenwachsen. Bei der Blätter fressenden *Iguana* haben die Backenzähne sägeartige Schneiden. Über die Zähne der Schlangen wurde schon berichtet (s. S. 82 ff.).

Die Zungen der Reptilien sind sehr vielgestaltig, wie schon aus der unterschiedlichen Beschaffenheit der Zungenbeine bei den einzelnen Gruppen hervorgeht (s. S. 45). Die Zungen der Krokodile (Abb. 71 a) sind flache, überall angewachsene, unbewegliche Wülste. Die der Schildkröten sind fleischig, kurz und dick (Abb. 71 b). Die Iguaniden und Agamiden haben dicke, fleischige, gar nicht oder kaum vorstreckbare Zungen. Bei den meisten Echsen sind sie vorn in zwei Spitzen gespalten und können weit aus dem Maul vorgestreckt und durch Eigenmuskeln bewegt werden. Oft sind sie platt und haben relativ kurze Spitzen (Abb. 71 c). Bei Waranen sind sie im Querschnitt rundlich, in zwei sehr lange, fein ausgezogene Spitzen gespalten und können in Scheiden zurückgezogen werden (Abb. 71 d). Ähnlich sind die Schlangenzungen gebaut. Von der Schleuderzunge der Chamäleons war schon die Rede (s. S. 78), ebenso von der Funktion der Schlangen- und Echsenzungen als Geruchsorgane (s. S. 67).

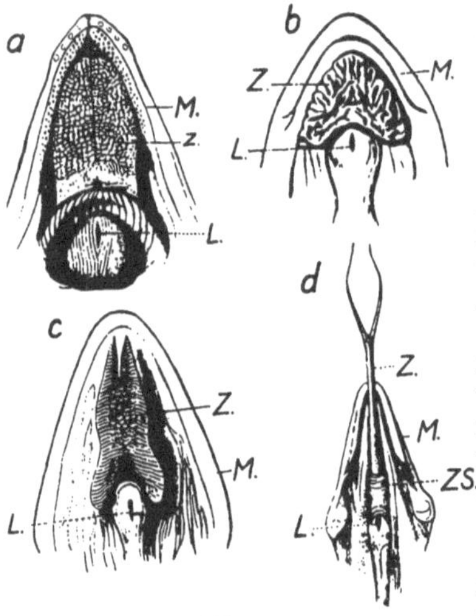

Abb. 71.
Reptilienzungen. a) *Alligator*. b) *Emys orbicularis*. c) *Lacerta*. d) *Varanus indicus*. L. Kehlkopfeingang, M. Mandibel, Z. Zunge, ZS. Zungenscheide. — Nach Wiedersheim

Die Speiseröhre der meisten Reptilien ist lang und oft — besonders bei Schlangen — sehr erweiterungsfähig. In der Ruhe ist ihre Wand in Längsfalten gelegt. Ist bei einer Schlange die — häufig sehr umfangreiche — Beute beim Schluckakt (s. S. 79) in den Ösophagus gelangt, wird sie durch peristaltische, transversale, von vorn nach hinten verlaufende Wellenbewegungen der Speiseröhrenwände langsam in den Magen geschoben. Unterstützt wird dieser Vorgang oft noch durch seitliche, longitudinale, wellenartige Biegungen der Wirbelsäule. Über das Zertrümmern

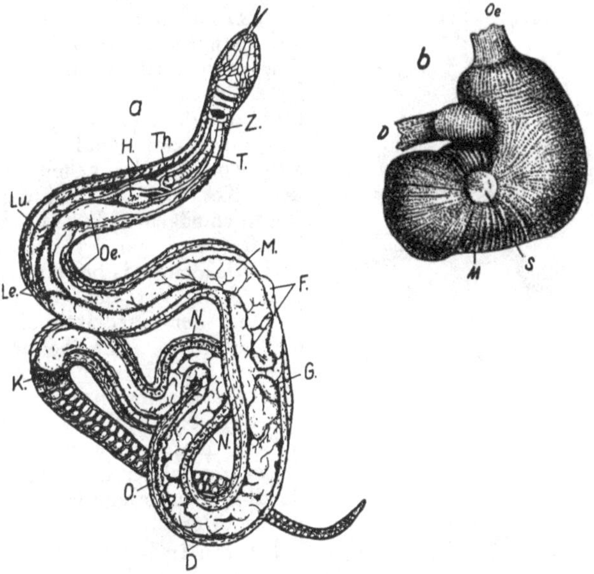

Abb. 72. a) Eingeweide von *Natrix natrix* (♀). b) Magen von *Alligator mississipiensis*. D. Darm, F. Fettkörper, G. Gallenblase, H. Herz, K. Kloake, Le. Leber, Lu. Lunge, M. Magen, N. Niere, O. Ovarium, Oe. Oesophagus, S. Sehnenscheibe, T. Trachea, Th. Thyreoidea, Z. Zungenbeinmuskel. — a) nach Werner, b) nach Pernkopf aus Herter

von Eierschalen im Ösophagus bei einigen Schlangen (s. S. 80) und über verhornte Papillen im Schlund von Schildkröten (s. S. 88) wurde schon gesprochen.

Der vom Ösophagus stets deutlich abgesetzte Magen ist meistens schlauchförmig und liegt in der Längsrichtung des Körpers. Nur bei Schildkröten ist er quergestellt. Der Schlangenmagen (Abb. 72 a) ist sehr lang und erweiterungsfähig, und nur ein kleiner hinterer Teil ist mit Verdauungsdrüsen ausgestattet. Bei den Schlangen, die Wirbeltiere fressen, sind die Fermente des Magensaftes besonders wirksam, so daß die unzerkleinert verschlungene Beute in kurzer Zeit völlig verdaut wird. Nur feste Horngebilde (Krallen, Hufe u. dgl.) und Zähne werden durch das Maul wieder ausgeworfen oder gehen mit dem Kot ab. An manchen Reptilienmägen läßt sich ein Kardia- und ein Pylorusteil unterscheiden, was bei Krokodilen besonders deutlich ist, hier hat der Kardiateil oben und unten je eine Sehnenscheibe, an die die starken Muskeln der Magenwand ansetzen (Abb. 72 b). Der Kardiateil ist hier ein Kaumagen, dessen zermalmende Tätigkeit durch die Aufnahme von Steinen noch erhöht wird.

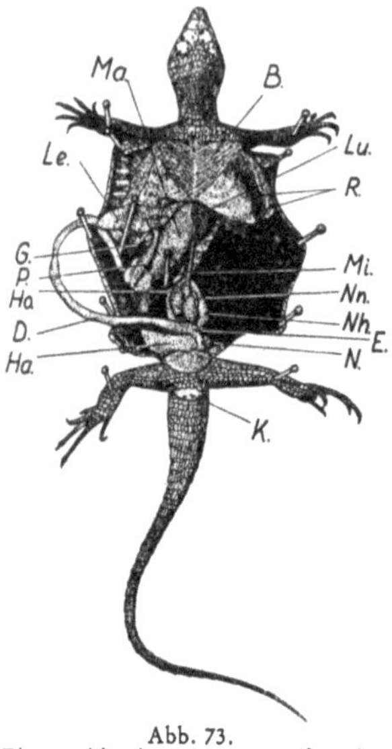

Abb. 73.
Eingeweide einer *Lacerta agilis* (♂). B. Brustmuskeln, D. Dünndarm, E. Enddarm, G. Gallenblase, Ha. Harnblase, Ho. Hoden, K. Kloake, Le. Leber, Lu. Lunge, Ma. Magen, Mi. Milz, N. Niere, Nh. Nebenhoden, P. Pankreas, R. Rippen — Nach Herter

Der Dünndarm der Pflanzenfesser ist meist länger als der der Fleischfresser und in mehr oder weniger zahlreiche Schlingen gelegt (s. Abb. 72 a). Die längsten und am meisten gewundenen Därme haben Landschildkröten. In den vordersten Darmteil — das Duodenum — münden die Ausfuhrgänge der stets mit einer Gallenblase ausgestatteten Leber und der Bauchspeicheldrüse, die in einer u-förmigen Schlinge des Zwölffingerdarmes liegt. Der Dickdarm ist kurz, weit und gerade und endet in der Kloake. An seinem Anfang findet sich häufig ein Blinddarm, namentlich bei Pflanzenfressern (z. B. *Uromastyx),* in dem wohl bacterielle Zelluloseverdauung stattfindet. Der Kot wird meist in fester Form zusammen mit dem Harn (s. S. 110) durch die Kloake entleert. Bei Krokodilen und Schildkröten sind die abgegebenen Kotmengen verhältnismäßig gering, da die Verdauung bei ihnen sehr intensiv und gründlich erfolgt. Die Kloakenspalte steht bei Rhynchocephalen, Sauriern und Schlangen quer (Plagiotremen), bei Krokodilen und Schildkröten längs zur Körperachse. Bemerkenswert ist, daß bei manchen Reptilien (z. B. Lacertiliern) die innere Auskleidung der Leibeshöhle (das Bauchfell) stark schwarz pigmentiert ist (Abb. 73), was mit dem Absorptionsvermögen für Wärmestrahlen, und somit mit dem Wärmehaushalt, zusammenhängen mag.

b) Das Atmungssystem

Die Hauptatmungsorgane der Kriechtiere sind Lungen, die durch die Luftröhre (s. S. 96) mit der Mundhöhle in Verbindung stehen. Die Trachea beginnt mit dem Kehlkopf und spaltet sich an ihrem Ende in die beiden Bronchien, die in die Lungen führen. Bei manchen Echsen und Schlangen sind die Bronchien so kurz, daß die Luftröhre fast unmittelbar in die Lungen mündet. Einige Schildkröten (z. B. *Testudo graeca)* haben eine kurze Trachea und lange Bronchien, so daß die Gabelung gleich hinter dem Kehlkopf liegt, während bei anderen (z. B. *Emys orbicularis)* die Trachea länger als die Bronchien ist, die dann weit innerhalb der Leibeshöhle in die Lungen eintreten. Die dorsal vom Darm liegenden Lungen stellen zwei sackförmige Hohlkörper dar. Bei den meisten Schlangen ist die linke Lunge zu einem winzigen Anhängsel reduziert; bei einigen — z. B. Boiden — ist sie jedoch nur etwa auf $^3/_4$ bis $^1/_2$ der Länge der rechten verkürzt. Ähnlich verhält es sich bei schlangenförmigen Echsen. Bei Amphisbänen ist die rechte Lunge rückgebildet. Die Gestalt der Lungen zeigt Beziehungen zur Körperform. Bei den meisten Echsen ist

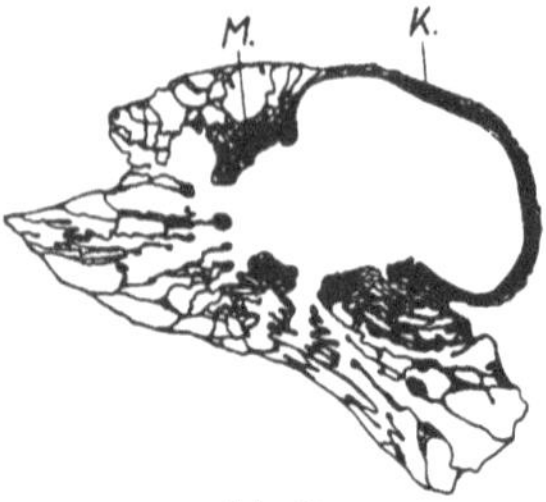

Abb. 74.
Querschnitt durch die Tracheallunge von *Vipera ammodytes*. K. Trachealknorpel, M. Muskelbalken. — Nach Rothley

die Lunge etwa oval, bei langgestreckten Formen — namentlich bei solchen mit einer reduzierten Lunge — und bei Schlangen (s. Abb. 72a), bei denen die noch ganz erhaltene Lunge besonders lang ist, schlauchförmig. An der Trachea einiger Schlangen (z. B. Viperiden und Typhlopiden) läßt sich ein vorderer extrapulmonärer und ein hinterer pulmonärer Abschnitt unterscheiden. Im pulmonären Teil steht die Lunge in ihrer ganzen Länge mit der Trachea in offener Verbindung (Abb. 74). Man bezeichnet diese Bildung, die wohl zum Ausgleich der durch die Rückbildung der einen Lunge verlorengegangenen Atemfläche dient, als Tracheallunge. Am ausgedehntesten sind die Lungen der Schildkröten, die fast den ganzen Raum unter dem Carapax ausfüllen können. Wasserschildkröten — und wohl auch Wasserschlangen — dienen sie auch als Schwebeorgane (s. S. 53). In bezug auf die innere Aufteilung der Lungen durch Septen in mehr oder weniger zahlreiche Krypten und Alveolen verschiedener Ordnung, die mit respiratorischem Epithel versehen sind, lassen sich einige Typen unterscheiden. Bei den meisten Echsen und Schlangen sowie bei *Sphenodon* sind die Lungen Säcke mit einem relativ großen zentralen Hohlraum und maschigen Wandvorsprüngen mit respiratorischem Epithel, durch die zahlreiche Blut-

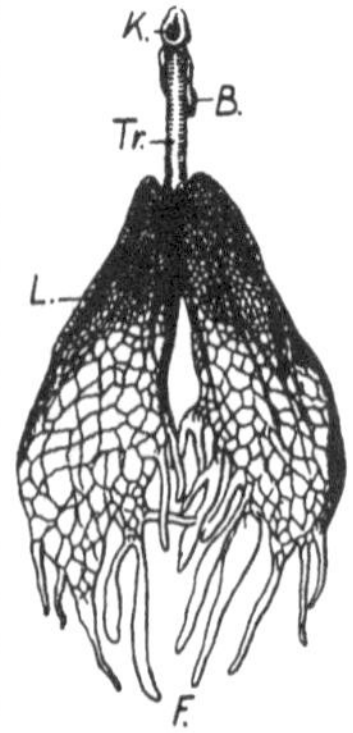

Abb. 75.
Lungen von *Chamaeleo chamaeleon*. B. Kehlsack, F. schlauchförmige Fortsätze, K. Kehlkopf, L. Lunge, Tr. Trachea. — Nach Claus-Grobben

kapillaren und Muskeln ziehen (s. Abb. 74). Bei langgestreckten Echsen (z. B. *Anguis, Ophisaurus)* und vor allem bei Schlangen ist der hintere Abschnitt der Lunge durch Wegfallen der Septen und des respiratorischen Epithels zu einem Luftsack geworden. Er stellt bei den Schlangen wohl ein Luftreservoir dar, aus dem während des oft sehr lange dauernden Schlingaktes, der die Luftröhre zusammendrückt, geatmet werden kann. Große Chamäleons und einige andere Echsen (z. B. *Uromastyx)* haben an den Lungen nach hinten gerichtete, schlauch- oder keulenförmige Fortsätze (Abb. 75) ohne respiratorisches Epithel, die voll Luft gepumpt werden können, wodurch sich die Tiere stark aufblähen. Ein anderer Typ der Lungenausbildung findet sich bei *Iguana* und noch stärker ausgeprägt bei *Varanus*. Hier setzt sich der durch Knorpelspangen versteifte Bronchus weit in die Lunge fort und gabelt sich in zwei Äste, einen kleinen, der in den vorderen Lungenzipfel zieht, einige Nebengänge abgibt und mit einer Erweiterung endet, und in einen größeren, sich nach hinten erstreckenden, der in einen großen Sack ausläuft, nachdem er mehrere, mit Alveolen versehene, blind endende Nebengänge abgegeben hat (Abb. 76a). Die Aufteilung der Lunge in sehr zahlreiche Hohlräume ist bei Krokodilen und Schildkröten — namentlich bei Meeresschildkröten — am stärksten. Von dem die ganze Lunge der Länge nach durchziehenden Hauptbronchus gehen nach allen Seiten viele (bei *Caretta*

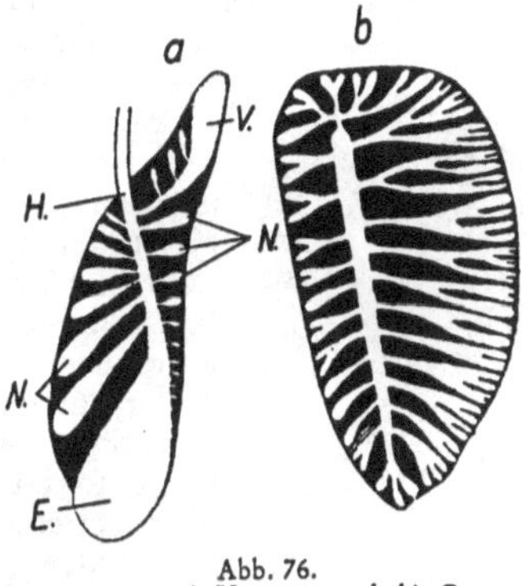

Abb. 76.
Lungen von a) *Varanus* und b) *Caretta caretta*. E. Endsack, H. Hauptbronchus, N. Nebengänge, V. Ast in den vorderen Lungenzipfel. — Nach Wiedersheim

etwa 80) alveoläre Nebengänge I. Ordnung aus, die sich wiederum in viele Nebengänge höherer Ordnungen teilen (Abb. 76 b).

Die von knorpeligen oder auch knöchernen *(Agama stellio, Python)* Ringen gestützte Luftröhre (s. S. 93) ist sehr verschieden lang, sie kann bei manchen Landschildkröten (z. B. *Kinixys erosa, Testudo pardalis)*, ebenso wie die Bronchien, mehrere Windungen haben (Abb. 77) und bei Krokodilen Schlingen bilden. Der Kehlkopf besteht bei manchen Echsen und Schlangen nur aus zwei seitlichen Knorpelstücken, bei *Sphenodon* aus einem hinteren Knorpelring (Cartilago thyreocricoidea) und einem Paar getrennter vorderer Knorpelstücke (Cartilagines arytaenoideae). Der Kehlkopf der Krokodile ist am höchsten differenziert; der hintere Ring ist in zwei Stücke aufgeteilt: die vordere Cartilago thyreoidea und die hintere Cartilago cricoidea. Die Stimmritze liegt hinter der Zungenwurzel, bei Schlangen auf der Zungenscheide (s. Abb. 71). Bei vielen Schildkröten, manchen Schlangen und einigen Echsen ist ein Kehldeckel (Epiglottis) in Form einer Schleimhautfalte der Zungenwurzel vorhanden. Einige Reptilien haben Stimmbänder, die zwischen den Cartilagines arytaenoideae ausgespannt sind. Alle haben mindestens zwei Kehlkopfmuskeln; einen Musculus compressor und einen M. dilatator. Bei Schlangen kommt noch ein Muskel hinzu, der am Unterkiefer entspringt und an der hinteren Kehlkopffläche ansetzt. Mit ihm kann der Kehlkopf zur Erleichterung der Atmung während des Schlingaktes vorgezogen werden. Die meisten Kriechtiere können durch heftiges Ausblasen der Lungenluft zischende, fauchende oder pfeifende Töne hervorbringen. Zu eigentlichen Stimmäußerungen sind nur Geckonen, die quäkende Laute ausstoßen kön-

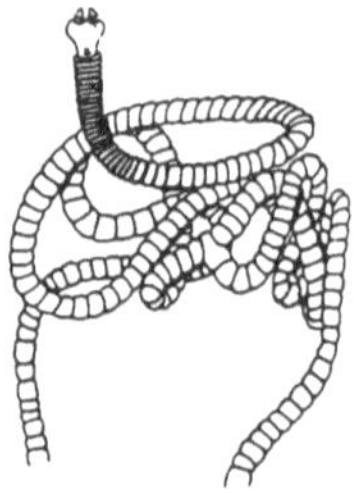

Abb. 77. Luftröhre und Bronchien von *Testudo pardalis*. — Nach Siebenrock aus Werner

nen, und Krokodile, die laut brüllen (s. S. 61), fähig. Das Brüllen der Krokodile erfolgt durch ein starkes Abblasen von Luft, wobei alle Körpermuskeln heftig vibrieren und woran wohl auch das „Zwerchfell" beteiligt ist.

Bei der Lungenatmung der Reptilien lassen sich zwei physiologische Mechanismen unterscheiden: Pumpatmung und Thorakalatmung. Pumpatmung wurde bisher bei *Uromastyx, Chamaeleo* und Wasserschildkröten mit Sicherheit nachgewiesen. Die Inspiration erfolgt (ähnlich wie bei Amphibien) durch Senkung des Mundbodens bei geöffneten Nasenlöchern und darauf folgende Hebung des Mundbodens bei geschlossenen Nasenlöchern oder Choanen, wodurch die Luft aus der Mundhöhle durch den geöffneten Kehlkopf in die Lungen gepreßt wird. Erregte Chamäleons können sich dabei durch Füllung ihrer Lungenfortsätze (s. S. 95) sehr stark aufblasen. Die Fähigkeit, sich aufzublähen, benutzen manche Echsen (z. B. *Uromastyx*), um sich in Verstecken festzuklemmen. Bei der Exspiration werden die Lungen durch den Druck der übrigen Eingeweide, die Elastizität ihrer Wände und wohl auch durch 'ie Tätigkeit ihrer Eigenmuskeln (s. S. 98) zusammengedrückt. Bei *Uromastyx* soll die Pumpatmung bei Umgebungstemperaturen über + 25 ° die Thorakalatmung unterstützen oder auch ganz vertreten können.

Thorakalatmung kommt bei Echsen und Krokodilen durch Bewegungen der Rippen zustande, deren dorsale (vertebrale) Teile schräg nach hinten weisen, während ihre ventralen (sternalen) Abschnitte, die mit den dorsalen gelenkig verbunden sind, am Brustbein ansetzen (s. S. 34). Zur Einatmung werden die Rippen durch Kontraktion ihrer Muskeln (s. S. 46) nach vorn und seitlich gedreht, wodurch der Brustraum und mit ihm die Lungen, namentlich nach den Seiten, erweitert werden. Die Ausatmung wird durch Erschlaffung der Rippenmuskeln und die Elastizität der Lungenwände bewirkt. Krokodile unterstützen die Inspiration noch durch Kontraktion des „Zwerchfells" (s. S. 46). Schlangen, die kein Brustbein haben, vermögen mit Hilfe der Costalmuskulatur (s. S. 47) die nur je aus einem

Stück bestehenden Rippen (s. Abb. 33 a) bei der Inspiration fast senkrecht zur Wirbelsäule zu stellen und durch die Levatores costarum, die zwischen ihnen und den seitlichen Wirbelfortsätzen verlaufen, auseinander zu spreizen, wodurch eine sehr erhebliche Erweiterung des Thorax erzielt wird. Schildkröten, die ja keine bewegungsfähigen Rippen haben, verengen die Lungen durch Kontraktion des Musculus transversus, der die anderen Eingeweide gegen sie drückt. Sie erweitern sie durch die Tätigkeit des M. obliquus abdominis, was diese Bewegung rückgängig macht (abdominaler Atemtypus). Außerdem wird — namentlich bei Landschildkröten — durch Ausstrecken und Einziehen der Extremitäten, besonders der vorderen, Gaswechsel in den Lungen bewirkt (scapulärer Atemtypus).

Eine bei keinem anderen Wirbeltier zu beobachtende Besonderheit der Schildkröten und einiger Echsen ist die Eigenbeweglichkeit der Lungen. Bei Schildkröten sind die Lungen ventral von quergestreiften — bei *Uromastyx* von glatten — dünnen Muskellagen überzogen, deren Tätigkeit sie rhythmisch verengen und erweitern kann. Die Steuerung dieses eigenartigen Atemmechanismus erfolgt in der Hauptsache nervös (vorzugsweise über den Vagus), jedoch können ausgeschnittene Lungen oder Lungenteile noch tagelang rhythmische Kontraktionen ausführen. Während bei Schildkröten sich beide Lungen synchron kontrahieren, arbeiten sie bei *Uromastyx* abwechselnd bei geschlossenem Kehlkopf, so daß das Gas von einer Lunge in die andere getrieben wird.

Der Rhythmus der Lungenatmung ist in der Regel bei den meisten Kriechtieren dreiphasig, d. h. auf die Inspiration (Phase 1), die in einem Zuge abläuft, folgt gleich eine Exspiration (Phase 2), die jedoch nach kurzer Zeit durch eine Pause unterbrochen wird und erst dann (Phase 3) zu Ende geführt wird (Abb. 78 a, b). Wahrscheinlich beruht diese Pause auf einem vorübergehenden, nervös gesteuerten Verschluß des Kehlkopfes, wofür spricht, daß die Atmung bei erregten Eidechsen oder bei hohen Umgebungstemperaturen auch zweiphasig verlaufen kann. Bei hohen Tempe-

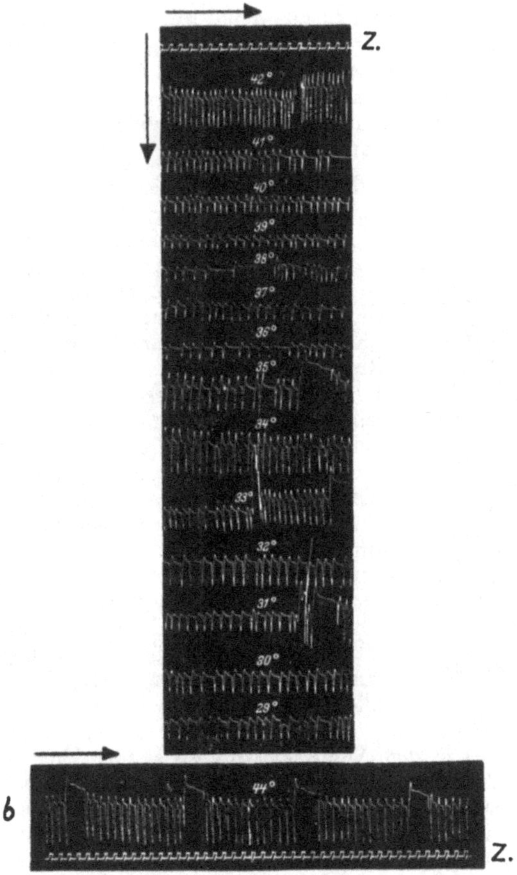

Abb. 78. Atembewegungen erwachsener Eidechsen bei verschiedenen Unterlagentemperaturen. Aufsteigende Linien: Inspiration, absteigende: Exspiration. Z. Zeitschreibung (1 Sek.). a) *Lacerta vivipara*. Im Vorzugstemperaturgebiet (Mittel + 37,4°) ist die Frequenz vermindert. b) *Lacerta sicula*. Rhythmische Pausen. — Nach Herter

raturen beobachtet man manchmal nach einer sehr starken Inspiration eine längere Unterbrechung der Atmung in einem oft sehr regelmäßigen Rhythmus (Abb. 78 b). Es ist anzunehmen, daß die durch die Wärme sehr gesteigerte Atmung starke Kohlensäureabgabe bewirkt hat, was eine zentral bedingte Apnoe zur Folge hat.

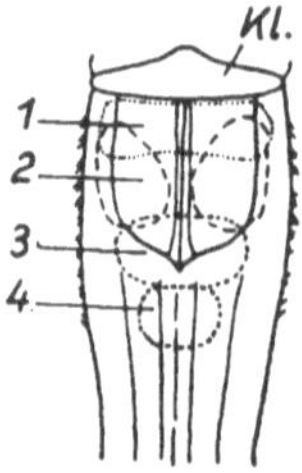

Abb. 79. Lage der Atemzentren bei *Uromastyx*. Kl. Kleinhirn, 1 Pumpatmung, 2 aktive Lungenbewegung, 3 Thorakalatmung (Inspiration), 4 Thorakalatmung (Exspiration). — Nach von Saalfeld aus von Buddenbrock

Die nervöse Regulierung der Lungenatmung erfolgt über Atemzentren im Nachhirn (in der Medulla oblongata), von denen man bei *Uromastyx* vier nachweisen konnte (Abb. 79), die für die einzelnen Mechanismen verantwortlich sind. Der Vagus scheint bei den meisten Reptilien Hemmungsfasern für bestimmte Funktionen zu enthalten, bei Schildkröten jedoch nicht. Der Atemreiz, der die Tätigkeit der Zentren reguliert, ist der Kohlensäuregehalt der Lungenluft, durch den die Frequenz oder die Amplitude der einzelnen Atemzüge vergrößert oder verringert wird. Krokodile sollen jedoch hauptsächlich auf Sauerstoffmangel reagieren. Die Atemfrequenz wird von sehr verschiedenen Reizen beeinflußt, wodurch sie oft ein Ausdruck für den Erregungszustand des Tieres werden kann. Vor allem ist sie — wie bei allen Poikilothermen — von der Körpertemperatur abhängig, in der Regel in dem Sinne, daß mit steigender Umgebungs- oder Unterlagentemperatur (die die Höhe der Körpertemperatur bestimmen) die Atemfrequenz zunimmt. Bei Echsen, die auf einer sich erwärmenden Unterlage ruhen, steigt sie zunächst an, um sich im Gebiet der Vorzugstemperatur (s. S. 62) wieder zu vermindern und dann wieder rasch zuzunehmen (Abb. 78). Bei vorderhirnlosen oder narkotisierten Eidechsen findet keine Frequenzsenkung im V. T.-Gebiet statt.

An Schildkröten, Krokodilen und Echsen (vor allem an Geckonen) beobachtet man häufig — namentlich in Erregung und in hohen Temperaturen — schwingende Bewegungen des Mundbodens, die den Kehloszillationen der Amphibien ähneln, jedoch viel weniger schnell und unregelmäßiger ausgeführt werden. Ob sie mit der Atmung direkt etwas zu tun haben, ist fraglich.

„Wasserreptilien", d. h. Formen, die den größten Teil ihres Lebens im Wasser zubringen, wie die Meeresschildkröten, viele Süßwasserschildkröten und Schlangen, sowie die Krokodile, haben besondere Einrichtungen, die ihnen einen sehr langen Aufenthalt unter Wasser ermöglichen. Die Nasenlöcher können durch spezifische Mechanismen während des Tauchens verschlossen werden und die Choanen sind weit nach hinten verlagert, wie bei den Krokodilen, bei denen von jedem Nasenloch ein knöcherner Kanal über dem Gaumen nach hinten zieht und durch die Choanen in den hinteren Rachenraum mündet (s. Abb. 53 b). Dieser Raum kann durch die Zungenwurzel und das Gaumensegel ganz gegen die Mundhöhle abgeschlossen werden. Dies befähigt die Krokodile dazu, mit geöffnetem Maul durch die allein über die Wasseroberfläche ragenden Nasenlöcher unter Wasser liegend atmorsphärische Luft zu atmen.

Einige Schildkröten und Schlangen können auch, außer aus dem Luftraum, Sauerstoff aus der im Wasser vorhandenen Luft atmen. Dies geschieht durch eine allgemeine Hautatmung und durch Mundhöhlenatmung, für die manche Wasserschildkröten zottenartige Schleimhautfortsätze an der stark durchbluteten Schlundwand haben. *Emys* nimmt das Wasser durch die Nase auf und stößt es durch den Mund aus. Die meisten Wasserschildkröten dürften sich ähnlich verhalten. Während bei *Emys* die Wasseratmung nur etwa $^1/_{10}$ der Luftatmung ausmacht, soll sich bei der Weichschildkröte *Trionyx muticus* die Sauerstoffaufnahme aus der Luft und aus dem Wasser wie 31 : 8 und die Kohlensäureabgabe wie 10 : 29 verhalten. Besonders bei Weichschildkröten spielt die Mundhöhlenatmung eine wichtige Rolle, wie daraus hervorgeht, daß bei einigen die Gesamtatmung unter Wasser sich nur wenig ändert, wenn die allgemeine Hautatmung experimentell ausgeschaltet wird. Viele Wasserschildkröten besitzen als Einrichtungen zur Wasseratmung Anal- oder Kloakalsäcke, dünnwandige, stark durchblutete Blasen an der Rückwand der Kloake (Abb. 80), die bei manchen Arten sehr groß sind. Durch die Kloakenspalte werden sie mit Wasser gefüllt, das bei erregten Tieren in einem Strahl ausgestoßen werden kann. Unter den Seeschlangen *(Hydrophiinae)*, von denen einige Arten *(Pelamis platurus, Hydrophis)* auch Mundhöhlenatmung zu haben scheinen, gibt es Formen, bei denen die subepidermalen Hautschichten unter den wenig verhornten Schuppen mit reichen Blutkapillarnetzen ausgestattet sind, was den Schlangen eine weitgehende Hautatmung unter Wasser ermöglicht.

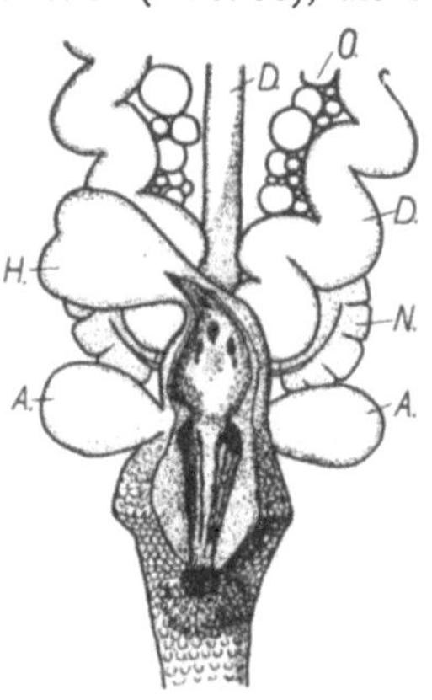

Abb. 80.
Kloakenregion von *Emys orbicularis* (♀). A. Analsäcke, D. Darm, H. Harnblase, N. Niere, O. Ovarium. — Nach Pfurtscheller aus Werner

Die gut ausgebildeten Atemeinrichtungen gestatten vielen „Wasserreptilien“, sehr lange unter Wasser zu bleiben. Für die „freiwillige“ Tauchdauer von Meeresschildkröten werden 40 bis 64 Min. angegeben. *Lepidochelys olivacea* erstickt im Experiment unter Wasser in etwa 1½ Stunden. *Emys* soll 17 bis 19 Tage unter Wasser bleiben können, ohne zu sterben. Wird die allgemeine Hautatmung durch einen Collodiumüberzug ausgeschaltet, so geht die Schildkröte nach wenigen Tagen ein. *Alligator mississipiensis* erstickt unter Wasser nach 5 bis 6 Stunden und *Caiman crocodilus* nach 1 Stunde. Von Wasserschlangen ist bekannt, daß sie tagelang am Grunde eines Gewässers liegen können, wozu sie unter anderem das in den Luftsäcken gespeicherte Gas befähigt. Auch solche Schlangen, die sich für gewöhnlich nur selten oder gar nicht im Wasser aufhalten, können im Experiment lange unter Wasser aushalten, Kreuzottern z. B. zwischen + 29,5 und +5° Wassertemperatur 1½ bis 29 Stunden.

c) Das Kreislaufsystem

Das Blutgefäßsystem der Reptilien (Abb. 81) ist dadurch charakterisiert, daß die Herzkammer, die bei den Amphibien ein einlumiges Hohlorgan ist, durch eine Scheidewand in eine rechte und eine linke Kammer geteilt wird. Die Trennung ist allerdings noch nicht total durchgeführt (wie bei Vögeln und Säugetieren), da die Scheidewand bei den meisten Formen Durchbrechungen aufweist, wodurch eine Mischung von arteriellem und venösem Blut innerhalb des Herzens in mehr oder weniger starkem Maße erfolgen kann. Nur bei Krokodilen ist das Septum ventriculorum vollkommen; jedoch kann auch bei ihnen noch ein geringer Blutaustausch zwischen den beiden Herzhälften durch eine kleine Öffnung, das Foramen panizzae, zwischen dem rechten und linken Aortenbogen stattfinden

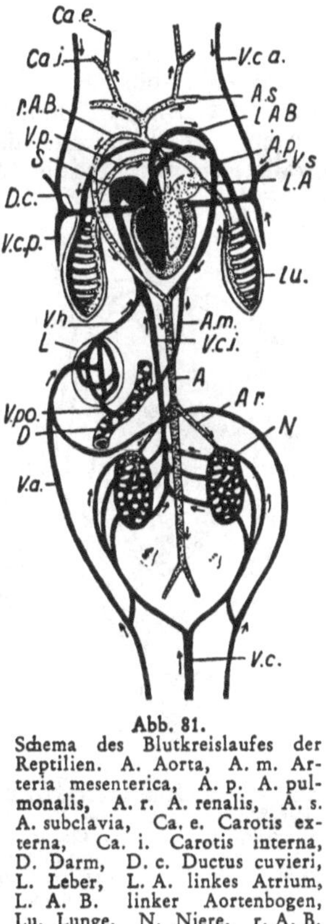

Abb. 81.
Schema des Blutkreislaufes der Reptilien. A. Aorta, A. m. Arteria mesenterica, A. p. A. pulmonalis, A. r. A. renalis, A. s. A. subclavia, Ca. e. Carotis externa, Ca. i. Carotis interna, D. Darm, D. c. Ductus cuvieri, L. Leber, L. A. linkes Atrium, L. A. B. linker Aortenbogen, Lu. Lunge, N. Niere, r. A. B. rechter Aortenbogen, S. Sinus venosus, V. a. Vena abdominalis, V. c. V. caudalis, V. c. a. V. cardinalis ant., V. c. i. V. cava inf., V. c. p. V. cardinalis post., V. h. V. hepatica, V. p. V. pulmonalis, V. po. V. portae, V. s. V. subclavia. Venöses Blut: schwarz, arterielles und gemischtes: punktiert. — Nach Herter

(Abb. 82a). Bei den meisten Reptilien entspringt der Aortenhauptstamm äußerlich scheinbar aus der rechten Kammer (Abb. 82). Innerlich ist er jedoch so geteilt, daß die Arteria pulmonalis und der linke Aortenbogen das Blut aus der rechten Kammer abführen, während der rechte Aortenbogen aus der linken

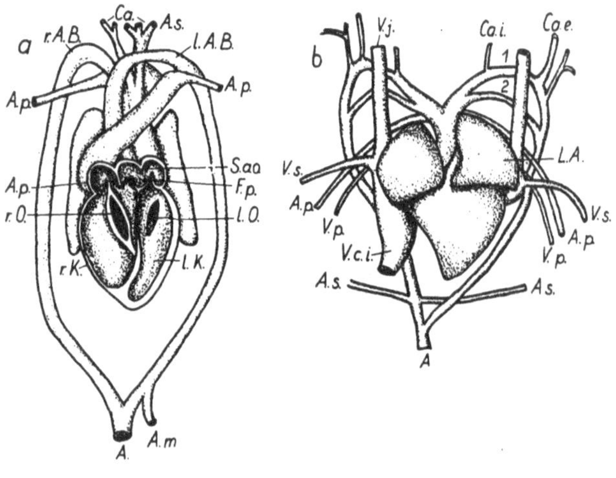

Abb. 82. a) Schema des Krokodilherzens. b) Herz von *Lacerta muralis*. — Nach Wiedersheim. — Ca. Carotiden, F. p. Foramen panizzae, l. K. linke Kammer, l. O. linkes Ostium atrio-ventriculare, r. K. rechte Kammer, r. O. rechtes Ostium atrio-ventriculare, S. ao. Septum aorticum, V. j. Vena jugularis, 1 und 2 erster und zweiter Arterienbogen. Die übrigen Bezeichnungen wie in Abb. 81

Kammer entspringt (s. Abb. 81). Bei einigen Sauriern (z. B. bei *Lacerta*) besteht die Aortenwurzel jederseits aus zwei, sich bald wieder vereinigenden, Aortenbögen (s. Abb. 82b), während sie bei den übrigen Reptilien ein einfaches Rohr ist. Die beiden Aortenbögen vereinigen sich dorsal vom Herzen zur Aorta descendens, durch die die

Blutversorgung des Hinterkörpers erfolgt. Das aus dem Körper und den Organen kommende venöse Blut fließt in der Hauptsache aus den großen Hohlvenen (V. cava posterior und inferior) durch den Sinus venosus und den Ductus cuvieri in die rechte Vorkammer und das arterielle Lungenblut durch die Vena pulmonalis in die linke. Aus den Vorkammern wird das Blut je in die Kammer der gleichen Seite gepumpt, so daß die rechte Kammer venöses und die linke arterielles Blut erhält. Mischung der beiden Blutarten findet nur in geringem — bei den einzelnen Formen verschieden starkem — Maße statt. In der Regel fließt die Hauptmenge des venösen Blutes aus der rechten Kammer durch die Arteria pulmonalis zur Lunge. Durch den rechten Aortenbogen, von dem aus Kopf und Vorderkörper (durch die Carotiden und die Subclavien) versorgt werden, strömt rein arterielles Blut, während der linke Aortenbogen etwas gemischtes Blut führen kann und somit die Aorta descendens nicht rein arterielles Blut enthält. Der Darm wird hauptsächlich durch die Arteria mesenterica mit Blut versorgt, das, nachdem es venös geworden und mit Nahrungsstoffen angereichert ist, durch die Vena portae in das Kapillarsystem der Leber geführt und durch die Vena hepatica in die Vena cava inferior ergossen wird (Leberpfortaderkreislauf). Die Nieren erhalten durch die Arteria renalis Aortenblut und durch die aus dem Schwanz kommende Vena caudalis venöses Blut. Aus den Kapillarsystemen der Nieren wird das Blut in die untere Hohlvene abgeleitet (Nierenpfortaderkreislauf). Das Schema der Abbildung 81 zeigt weitere Einzelheiten des Blutkreislaufes der Reptilien.

Das Blut der Kriechtiere besteht, wie bei allen Wirbeltieren, aus einer Flüssigkeit, dem Plasma, und aus Blutzellen, unter denen man die roten Blutkörperchen (Erythrocyten), die weißen Blutkörperchen (Leucocyten) und die Blutplättchen (Thrombocyten) unterscheiden kann. Die Erythrocyten sind oval und kernhaltig. Über ihre Anzahl und Größe berichtet die Tabelle:

Tabelle (nach von Buddenbrock)

Reptilienart	Erythrocyten Anzahl: Millionen pro mm³	Größe in μ
Emys orbicularis	0,503	17,5 : 11
Testudo graeca	0,629	21,2 : 12,4
Natrix natrix	0,829	22,0 : 13,5
Lacerta agilis	0,945	15 : 6
Lacerta muralis	1,45	13 : 6
Anguis fragilis	1,516	18 : 9

Im Winter soll die Anzahl der roten Blutkörperchen gegenüber der des Sommers erhöht sein. Der Hämoglobingehalt des Blutes ist bei den Kriechtieren bedeutend geringer als bei den homoiothermen Wirbeltieren.

Im Herz der Reptilien liegen Automatiezentren im Sinus venosus und im Atrioventriculartrichter. Das Sinuszentrum befindet sich bei Schildkröten und Krokodilen an der Einmündungsstelle der rechten oberen Hohlvene, bei Echsen und Schlangen näher der Sinus-Vorhofgrenze. Für die Herzschlagfrequenzen pro Min. bei Zimmertemperatur werden folgende Werte angegeben:

Emys orbicularis	16 bis 36
„Krokodile"	22 bis 47
Lacerta viridis	60 bis 66
Anguis fragilis	64
Natrix natrix	23 bis 41.

Natürlich können die Werte je nach Umständen — besonders in Abhängigkeit von der Temperatur — erheblich schwanken. Wie bei allen poikilothermen Wirbeltieren ist der Blutdruck relativ niedrig. Bei „der Schildkröte" soll der systolische Blutdruck 44, der diastolische 37 mm Hg betragen. Im lebenden Tier wird die Herztätigkeit nervös reguliert. Durch Erregung des sympathischen Systems (Nervi accelerantes) wird sie gesteigert, während Reizung des Nervus vagus, dessen Zentrum in der Medulla oblongata in der Nähe der Atemzentren (s. S. 100) liegt, Verminderung der Frequenz oder auch Herzstillstand verursachen kann (Abb. 83).

Das Lymphgefäßsystem ist bei den Kriechtieren nicht so stark ausgebildet wie bei den Lurchen; jedoch finden sich bei manchen Formen weite Lymphräume und in der hinteren Körperregion paarige Lymphherzen.

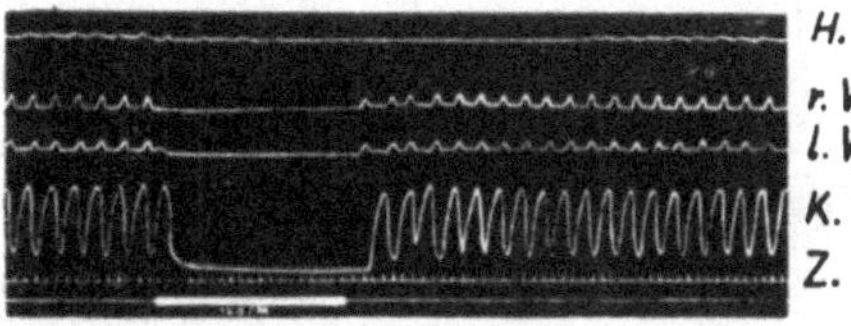

Abb. 83. Stillstand des Herzens von *Elaphe longissima* bei Vagusreizung. H. untere Hohlvene, K. Kammer, l. V. linke Vorkammer, r. V. rechte Vorkammer, Z. Zeit (1 Sek.). — Nach Becker aus von Buddenbrock

Eine wichtige Funktion des Blutgefäßsystems aller Wirbeltiere ist der Transport von Drüsenhormonen, d. h. von spezifischen Stoffen, die in Drüsen ohne Ausfuhrgang (innersekretorischen Drüsen) gebildet und durch das Blut im Körper, in dem sie das Zustandekommen von Korrelationen und Regulationen bestimmter Lebensprozesse ermöglichen, verteilt werden. Die unpaare Schilddrüse (Thyreoidea) liegt bei Reptilien ventral der Trachea (s. Abb. 72a, 92) und ist ein wichtiger Stoffwechselregulator. In ihrer unmittelbaren Nähe finden sich die Epithelkörperchen (Beischilddrüsen), die den Kalkstoffwechsel regulieren. Die Langerhansschen Inseln in der Bauchspeicheldrüse steuern den Zuckerhaushalt. Die paarigen Nebennieren, die aus zwei Drüsensystemen, dem Mark, das das Adrenalin und der Rinde, die das Cortin erzeugt, bestehen, sind bei Eidechsen als längliche goldgelbe Körper an die Geschlechtsdrüsen (Hoden oder Ovarien) angelagert (s. Abb. 73). In den Keimdrüsen selbst (s. S. 110) entstehen die Geschlechtshormone, die die sekundären Geschlechtsmerkmale (s. S. 113) bestimmen und die Geschlechtszyklen regulieren. Das ganze innersekretorische System wird von mehreren Hormonen aus der Hypophyse gesteuert. Dieser Hirnanhang (s. S. 74) besteht aus drei, an dem Infundibulum des Zwischenhirns gelegenen Bildungen, dem Vorder-, Zwischen- und Hinterlappen (Abb. 84). Bemerkenswert ist, daß bei einigen Reptilien Hypophysenhormone den physiologischen Farbwechsel (s. S. 30) beherrschen, bei anderen nicht. Bei Chamäleons sollen Injektionen von Hypophysenextrakten keinen Einfluß auf die Chromatophoren haben, während sie bei Anolis Dunkelfärbung hervorrufen. Exstirpation des Hirnanhanges verursacht bei *Hemidactylus*, *Anolis* und *Phrynosoma* dauernde Aufhellung. Der gesamte Farbwechsel von *Anolis carolinensis* wird hormonal bedingt und verläuft unabhängig vom peripheren Nervensystem. Der Expansionszustand der Chromatophoren wird bei einigen Echsen außerdem durch das Adrenalin aus dem Nebennierenmark reguliert.

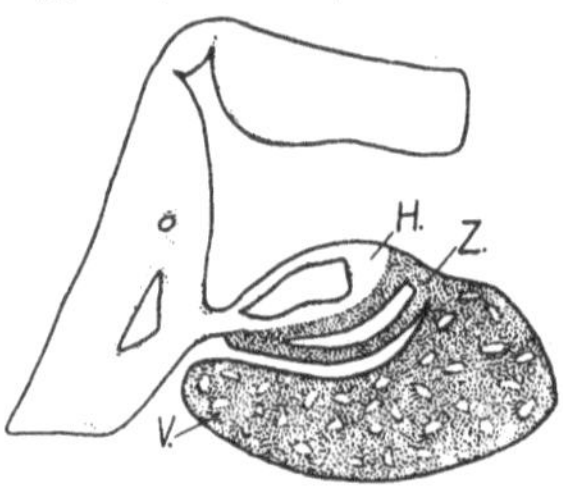

Abb. 84.
Längsschnitt durch die Hypophyse von *Lacerta agilis*. H. Hinterlappen, V. Vorderlappen, Z. Zwischenlappen. – Nach Koller

d) Das Ausscheidungssystem

Wie bei allen erwachsenen Amnioten ist das Ausscheidungsorgan der Reptilien eine Nachniere (Metanephros), d. h. ein Gebilde ohne Flimmertrichter, in dem die Harnkanälchen nicht segmental angeordnet sind und in den Urnierengang (Wolffschen Gang) münden, wie in den Vor- und Urnieren der Anamnier. In der Reptilienniere beginnen die Harnkanälchen mit den die Glomeruli (die Endaufknäuelungen der Arteria renalis) umfassenden Bowmanschen Kapseln und münden in einen gemeinsamen Sammelraum, das Nierenbecken, aus dem der Harnleiter

(Ureter) in die Kloake (bei Schildkröten in die Harnblase) führt (s. Abb. 80, 92). Eine an ihrem Scheitel mehr oder weniger eingekerbte Harnblase ist als Aussackung der vorderen Kloakenwand bei Schildkröten und den meisten Ech-

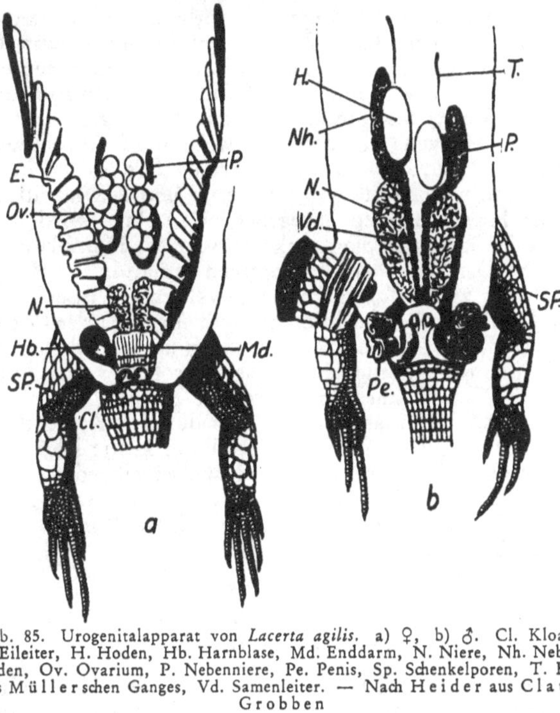

Abb. 85. Urogenitalapparat von *Lacerta agilis*. a) ♀, b) ♂. Cl. Kloake, E. Eileiter, H. Hoden, Hb. Harnblase, Md. Enddarm, N. Niere, Nh. Nebenhoden, Ov. Ovarium, P. Nebenniere, Pe. Penis, Sp. Schenkelporen, T. Rest des Müllerschen Ganges, Vd. Samenleiter. — Nach Heider aus Claus-Grobben

sen vorhanden (s. Abb. 80, 92), während sie den Krokodilen, Schlangen, Waranen und Amphisbänen fehlt. Die beiden Nieren liegen in der hinteren Körperregion dorsal vom Darm zu beiden Seiten der Wirbelsäule. Bei einigen

Krokodilen und Echsen können sie hinten miteinander verwachsen sein. Rechte und linke Niere sind in Form und Lage oft nicht gleich, namentlich bei Schlangen und beinlosen Echsen, bei denen die gelappten Nieren sehr langgestreckt sind und hintereinander liegen.

Die im Harn der Reptilien vorkommenden Exkrete werden (wie bei allen Wirbeltieren) in der Hauptsache nicht in der Niere selbst, sondern in anderen Organen und Geweben — vorwiegend in der Leber — aus den stickstoffhaltigen Stoffwechselprodukten gebildet. Die gelösten Substanzen gelangen auf dem Blutwege durch die Arteria renalis und den Nierenpfortaderkreislauf (s. S. 105) in die Niere und werden aus den Glomeruli und den Kapillaren in die Harnkanälchen abgegeben. Der Harn wird dann durch den Ureter in die Kloake, bzw. in die Harnblase, abgeleitet. Der Harn der Landreptilien enthält in der Hauptsache (bis zu 90%) Harnsäure, während Wasserformen (Krokodile und Schildkröten) auch in größerer Menge Harnstoff und Ammoniak ausscheiden können. Bei Echsen und Schlangen ist die Hauptmasse des Harns von fester, breiiger Beschaffenheit und durch die Harnsäure weiß gefärbt. Er wird zusammen mit dem dunklen Kot entleert. Bei *Lacerta* gelangt er in flüssiger Form in die Kloake, in der er durch Rückresorption von Wasser eingedickt wird. Bei der Kot- und Harnabgabe in breiiger Form wird gleichzeitig flüssiger Harn aus der Blase, die als Harnreservoir dient, abgegeben.

5. DIE GESCHLECHTSORGANE UND DIE FORTPFLANZUNG

Die Reptilien sind getrenntgeschlechtlich. Die Genitalorgane der Weibchen (Abb. 85 a, 92) bestehen aus den, bei langgestreckten Formen hintereinander liegenden beiden Ovarien, die die reifen Eier in die Leibeshöhle entlassen, aus der sie durch weite Öffnungen in die beiden geschlängelten oder gefältelten Eileiter geflimmert werden. An den getrennt in die Kloake oder in den Hals der Harnblase

(Schildkröten) mündenden Eileitern (Müllerschen Gängen) lassen sich mehrere Regionen unterscheiden: Bei Echsen und Schlangen: (1) Das trichterförmige Ostium abdominale, (2) die Tuba, (3) der Uterus und (4) die Pars terminalis oder die Vagina. Die Tubenwand gibt den Dotter für die Eier ab, und im Uterus wird die pergamentartige oder kalkhaltige Eischale gebildet.

Die beiden Keimdrüsen (Hoden) der Männchen (Abb. 85 b) sind rundlich, eiförmig oder langgestreckt (besonders bei Schlangen, bei denen sie hintereinander liegen) und entlassen die Spermien durch die aus verschlungenen Kanälchen bestehenden Nebenhoden (Epididymis) in die Samenleiter (Vasa deferentia), die bei Echsen gemeinsam mit den Harnleitern in die Kloake, bei Schildkröten in den Harnblasenhals, münden. Cranial von den Nebenhoden finden sich meist noch Reste der Müllerschen Gänge.

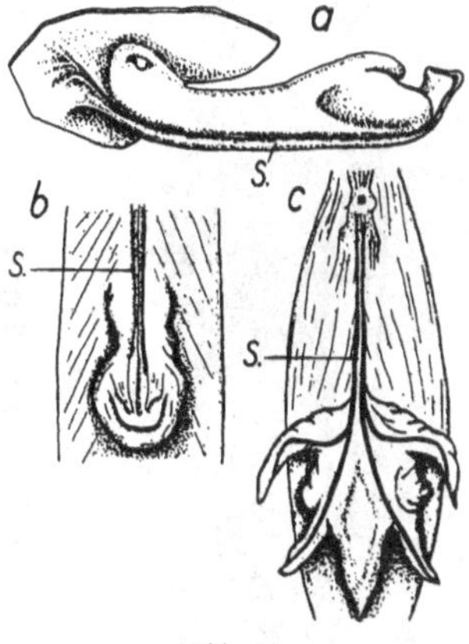

Abb. 86.
Begattungsorgane. a) *Crocodylus niloticus.* b) *Testudo sulcata.* c) *Trionyx triunguis.* S. Samenrinne. – Nach Meisenheimer

Außer bei Rhynchocephalen kommen bei allen Kriechtieren männliche Begattungsorgane vor. Schildkröten und Krokodile haben einen unpaaren, an der ventralen Kloakenwand sitzenden Penis, der in seinem Inneren durch Platten aus fibrösem Bindegewebe gestützt wird und ein aus kavernösen Bluträumen gebildetes Schwellgewebe enthält. Der Samenleitung dient eine Samenrinne, die bei der Erektion durch Blutfüllung des Schwellgewebes zu einem Rohr geschlossen wird. Die Samenrinne der Krokodile ist einfach und reicht bis über die eigentliche Penisspitze hinaus (Abb. 86 a), während sie bei Schildkröten vor der Spitze

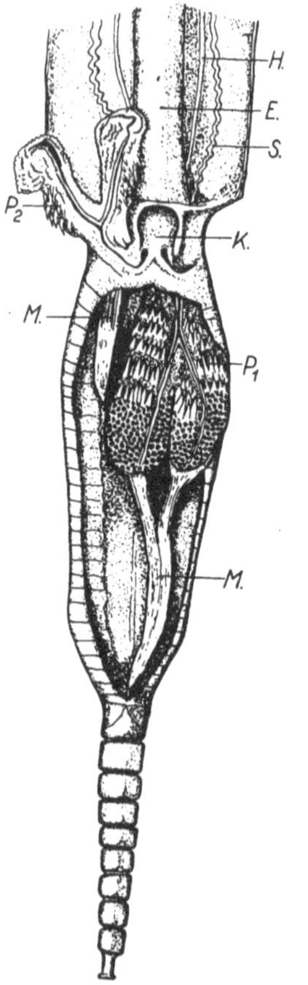

Abb. 87.
Begattungsorgane von *Crotalus horridus*. E. Enddarm, H. Harnleiter, K. Kloake, M. Rückziehmuskel, P_1 Penis in Ruhe, P_2 ausgestülpt. — Nach J. Müller aus Meisenheimer

endet (Abb. 86b) oder auch verdoppelt ist und sich in Zweige aufspaltet, die auf den Seitenzipfeln des Penis enden (Abb. 86c). Bei Echsen und Schlangen besteht das Begattungsorgan aus paarigen Schläuchen oder Säcken, die in der Ruhe in einer häutigen Tasche hinter der Kloakenspalte unter der Haut der Schwanzwurzel, die sie etwas aufwölben, liegen. Durch einströmende Lymphe werden sie umgestülpt und erigiert, so daß sie zu beiden Seiten als gedrungene Wülste (s. Abb. 85b) oder als längliche Schläuche (z. B. beim Scheltopusik und den Schlangen) aus der Kloakenspalte hervorragen. Bei Crotaliden, Viperiden, einigen *Python*arten und manchen Echsen (z. B. *Anolis, Doryphorus*) teilt sich jeder Penisschlauch nochmals in zwei Äste. Auch diese Begattungsorgane werden von in der Kloakenwand entspringenden Samenrinnen bis zu ihren Spitzen durchzogen (Abb. 87). Die Rückstülpung in die Taschen erfolgt mit Hilfe besonderer Muskeln. Meistens sind die Begattungsglieder mit hornigen oder auch verkalkten (bei manchen Schlangen) Stacheln besetzt.

Viele Reptilien zeigen einen mehr oder weniger ausgeprägten Geschlechtsdimorphismus: Bei Schildkröten, Chamäleons und Schlangen sind in der Regel die erwachsenen ♀♀ größer als die ♂♂, während bei den meisten Eidechsen die ♂♂ größer und kräftiger gebaut sind und größere Köpfe sowie längere Schwänze und Gliedmaßen haben. Bei den meisten Schlangen und Süßwasserschildkröten sind die männlichen Schwänze länger als die weiblichen. Die Rudimente der Hintergliedmaßen (s. S. 37) sind bei den ♂♂ der Riesenschlangen stärker entwickelt als bei den ♀♀. Beim männlichen *Pygopus* sind sie doppelt so lang wie beim weiblichen und haben im Inneren ein fünfzehiges Skelett; bei *Dibamus* sind sie überhaupt nur bei ♂♂ vorhanden. Das Plastron der Schildkrötenmännchen ist oft konkav gewölbt (s. S. 23), während es bei den ♀♀ eben, oder sogar etwas konvex ist. Oft unterscheiden sich die Geschlechter in Körperfarbe und -zeichnung. In diesen Fällen ist meist das erwachsene ♂ der bevorzugte Teil, während das Kleid der ♀♀ mehr dem schlichten der Jungtiere ähnelt. Bei den in Deutschland vorkommenden Echsen ist das ♂ von *Lacerta agilis* durch die Grünfärbung der Flanken und das von *L. viridis* durch eine blaue Kehle vor dem ♀ ausgezeichnet. Das ♂ von *L. vivipara* ist oberseits meist deutlicher gezeichnet als das ♀ und hat einen orangeroten und gefleckten Bauch; beim ♀ ist die Unterseite blaß-rötlich und ungefleckt. Das ♂ von *L. m. muralis* läßt sich von dem ♀ durch die marmorierte Oberseite, den roten und gefleckten Bauch und ein deutlicheres Hervortreten der blauen Seitenflecken unterscheiden. Die ♂♂ von *Anguis fragilis* sind oft heller als die ♀♀, die meistens einen Längsstreifen auf der Rückenmitte zeigen. Ähnlich ist es unter den deutschen Schlangen bei *Vipera berus*. Bei *Coronella austriaca* ist das ♂ oben rotbraun und unten gelbrötlich, das ♀ oben grau-braun und unten grau, während sich die Geschlechter bei unseren beiden *Natrix*arten in Färbung und Zeichnung kaum unterscheiden lassen, was bei den meisten Schlangen die Regel ist. Bei manchen Schildkröten haben die ♂♂ rote und die ♀♀ braune Augen. Das ♂ von *Sphenodon* ist durch einen schwarzen Schläfenfleck und eine violett gefärbte Kehle mit weißen Längslinien vor dem ♀ ausgezeichnet. Namentlich bei Echsen aus warmen Klimagebieten ist oft die Farbigkeit der ♂♂ gegenüber den unscheinbarer gefärbten ♀♀ auffällig, vor allem bei Agamiden, bei denen häufig die ♂♂ einen sehr intensiven und schnellen physiologischen Farbwechsel (s. S. 30)

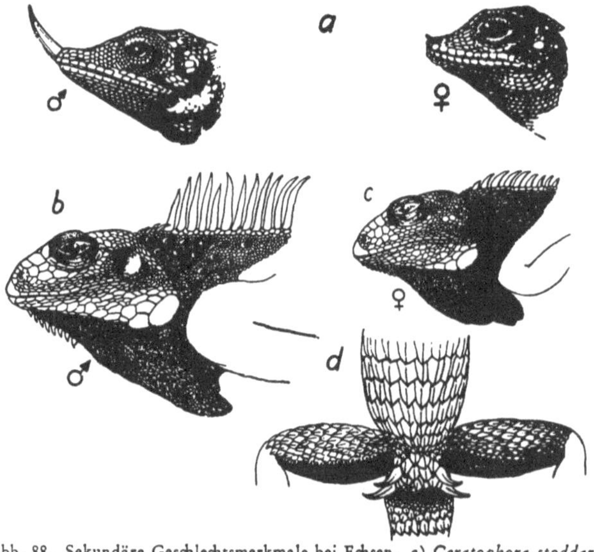

Abb. 88. Sekundäre Geschlechtsmerkmale bei Echsen. a) *Ceratophora stoddartii*. — Nach Darwin aus Hilzheimer. — b) und c) *Iguana iguana*. d) ♂ von *Kentropyx calcaratus*. — Nach Werner

zeigen, die ♀♀ jedoch in viel schwächerem Maße oder gar nicht (z. B. *Calotes* und einige *Agama*arten). Nicht selten treten die Farbmerkmale der ♂♂ nur in der Fortpflanzungszeit oder nur bei Erregung voll in Erscheinung. Sie sind in diesen Fällen wohl Auslöser für bestimmte Reaktionen der ♀♀ oder der rivalisierenden ♂♂ (s. S. 117).

Daß die Schenkelporen der Echsen bei manchen Arten nur den ♂♂ zukommen, wurde schon erwähnt (s. S. 29). Da sie jedoch bei anderen in beiden Geschlechtern — allerdings bei den ♂♂ meist stärker — auftreten und wir über ihre Funktion nichts Sicheres wissen, kann man sie vielleicht nicht zu den geschlechtsdimorphen Merkmalen im strengen Sinne zählen.

Sekundäre Geschlechtsmerkmale in Form von hornigen Hautbildungen verschiedener Art, die nur den ♂♂ zu-

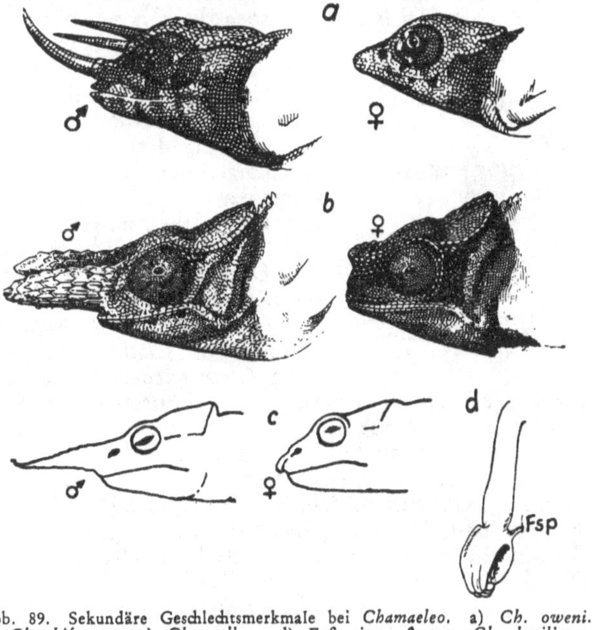

Abb. 89. Sekundäre Geschlechtsmerkmale bei *Chamaeleo*. a) *Ch. oweni*. b) *Ch. bifurcus*. c) *Ch. gallus*. d) Fuß eines ♂ von *Ch. basiliscus*. Fsp. Fersensporn. — a) und b) nach Darwin aus Hilzheimer, c) nach Werner, d) nach Krefft aus Hilzheimer

kommen oder bei ihnen bedeutend stärker ausgebildet sind als bei den ♀♀, kommen besonders bei Echsen vor. Ich nenne nur ein paar Beispiele aus einigen Familien: *Agamidae:* Die ♂♂ von *Draco volans* (s. Abb. 117) haben einen in senkrechter Ebene aufrichtbaren längeren Kehlsack als die ♀♀. Bei Segelechsen *(Hydrosaurus)* ist das ♂ durch einen hohen, von Wirbelfortsätzen gestützten Hautsaum auf dem Schwanz ausgezeichnet. Das ♂ von *Ceratophora stoddartii* trägt auf der Schnauzenspitze ein langes Horn (Abb. 88 a). *Iguanidae:* Die ♂♂ der Anolis haben senkrecht aufstellbare, oft lebhaft gefärbte, große Kehlsäcke (s. Abb. 124). Bei *Basiliscus* haben die ♂♂ einen großen, knorpelig gestützen Nackenfortsatz und einen Rückenkamm (s. Abb. 125) und bei dem Nashornleguan *(Cyclura cornuta)* auf der Schnauze drei kegelförmige, hornartige Schuppen. Der Nackenkamm der ♂♂ ist bei *Iguana iguana* viel stärker ausgebildet als der der ♀♀ (Abb. 88 b, c). *Teiidae:* Das ♂ von *Kentropyx calcaratus* trägt unter der Schwanzwurzel stachelförmige Sporne (Abb. 88 d). *Chamaeleonidae:* Einige *Chamaeleo*arten sind durch hornartige, meist nach vorn gerichtete Fortsätze am Kopf ausgezeichnet, die nur den ♂♂ zukommen, zumindest bei ihnen viel stärker sind als bei den ♀♀, z. B. bei *Chamaeleo montium, Ch. oweni* (Abb. 89 a), *Ch. deremensis* (siehe Abb. 123), *Ch. fischeri, Ch. bifurcus* (Abb. 89 b), *Ch. quadricornis* und *Ch. gallus* (Abb. 89 c). Bei einigen haben die ♂♂ Sporne an den Füßen (Abb. 89 d), die den ♀♀ fehlen. Die ♂♂ einiger Arten der amerikanischen Wasserschildkrötengattung *Kinosternon* haben an den Ober- und Unterschenkeln geriefte Platten (Abb. 90), die als „Zirporgane" gedeutet wurden, jedoch wahrscheinlich zum besseren Festhalten der ♀♀ bei der Begattung dienen.

Abb. 90.
Hinterbein eines ♂ von *Kinosternon odoratum.* Z. „Zirporgan". — Nach Werner

Da alle Reptilien getrenntgeschlechtlich sind und die Eier immer im weiblichen Körper befruchtet werden, müssen sich die ♂♂ und ♀♀ zum Zwecke der Paarung zusammenfinden. Außerhalb der Fortpflanzungszeiten kümmern sich in der Regel die gleichartigen Individuen wenig umeinander. Bei manchen Formen allerdings haben die erwachsenen ♂♂ bestimmte Reviere, von deren Grenzen sie die ♂♂ der gleichen Art vertreiben, die ♀♀ jedoch dulden (s. S. 76). Die Brunstzeiten liegen in Regionen mit ausgesprochenem Wechsel der Jahreszeiten meist so, daß die Jungen im gleichen Jahr zu einer Zeit zur Welt kommen, in der sie noch Nahrung finden können. Eine der vielen Ausnahmen von dieser Regel macht die europäische Sumpfschildkröte *Emys orbicularis*, bei der meistens die schon im Spätherbst voll entwickelten Jungen in den Eihüllen oder schon geschlüpft in der Erde überwintern (s. S. 123), sowie *Sphenodon*, dessen Junge 4 Monate nach der Eiablage fertig ausgebildet sind, jedoch erst im nächsten Frühling ausschlüpfen (s. S. 122).

Bei vielen Kriechtieren wird die Begattung durch besondere, z. T. streng ritualisierte Verhaltensweisen eingeleitet. Hierher gehören die schon erwähnten Revierverteidigungen mancher Echsen (s. S. 76), bei denen die Geschlechtskonkurrenten aus der Nähe der ♀♀ vertrieben werden, was z. T. in regelrechten Kämpfen vor sich geht, bei denen die ♂♂ von ihren Waffen energisch Gebrauch machen, was gelegentlich zu schweren Schädigungen oder auch zum Tode eines Partners führen kann. In vielen Fällen handelt es sich jedoch um „Kommentkämpfe", bei denen sich die Gegner durch Zurschaustellung der spezifischen männlichen Attribute, wie bestimmter Farbmerkmale u. dgl. und durch Ausführung charakteristischer Bewegungen „animponieren" oder „androhen", bis der eine auf diese „Auslöser" durch Einnehmen einer Demutstellung oder durch Flucht reagiert (s. S. 114). Da Krokodile ihr Gebrüll, Geckonen ihre Rufe und Schildkröten ihr Knarren oder Quäken vorzugsweise in der Brunstzeit hören lassen (s. S. 61), erscheint es möglich, daß diese Stimmäußerungen eine ähnliche Bedeutung haben, wenn es sich dabei nicht um eine „Anlockung" der Geschlechtspartner handelt.

Das „Werben" der ♂♂ um die ♀♀, das der Begattung vorangehen kann, ist häufig ebenfalls durch ritualisierte Verhaltensweisen charakterisiert, die ähnliche Formen wie

Rivalenkämpfe annehmen können. Viele Echsenmännchen imponieren den ♀♀ durch Darbietung bestimmter Auslöser, wie die Anolis durch Kopfnicken und Aufstellen der farbigen Kehlsäcke (s. S. 116) u. dgl., worauf diese oft mit Demutsreaktionen — z. B. die *Lacerta*arten durch „Treteln" (s. S. 75) — antworten. In manchen Fällen kann dieses „Werben" auch mehr einem Kampf ähneln, wie bei vielen Echsen, deren brünstige ♂♂ die ♀♀ in verschiedene Körperstellen beißen, oder bei Schildkröten, bei denen das ♂ das ♀ verfolgt und umläuft, es in den Kopf und die Extremitäten beißt und mit dem Vorderrand seines Panzers energisch gegen dessen Schale schlägt, bis es zur Paarung bereit ist.

Abb. 91.
Paarungsstellungen. a) *Lacerta viridis*. — Nach Meisenheimer aus Remane. — b) *Coluber viridiflavus carbonarius*. — Nach Schreiber

Bei Schildkröten erfolgt die Begattung in der Weise, daß das ♂ das ♀ von hinten besteigt und sich mit den Vorderfüßen an dessen Rückenpanzer klammert, was ihm bei manchen Arten durch den konkaven Bauchpanzer erleichtert wird. In dieser Haltung kann es von dem ♀ längere Zeit umhergeschleppt werden, bis der sehr dicke Penis in die weibliche Kloake eingeführt wird. Die Begattungsstellung kann sehr lange — zuweilen tagelang — beibehalten werden. Das ♂ der Krokodile soll sich schräg über das ♀ legen, seinen Schwanz von oben her unter es krümmen und den Penis einführen. Vom Nilkrokodil hat schon Herodot das Märchen verbreitet, daß das ♂ das ♀ auf den Rücken wälzt und die Begattung Bauch gegen Bauch vollzogen wird, wie es auf einem altägyptischen Relief dargestellt ist. Die ♂♂ der Eidechsen beißen sich in der dor-

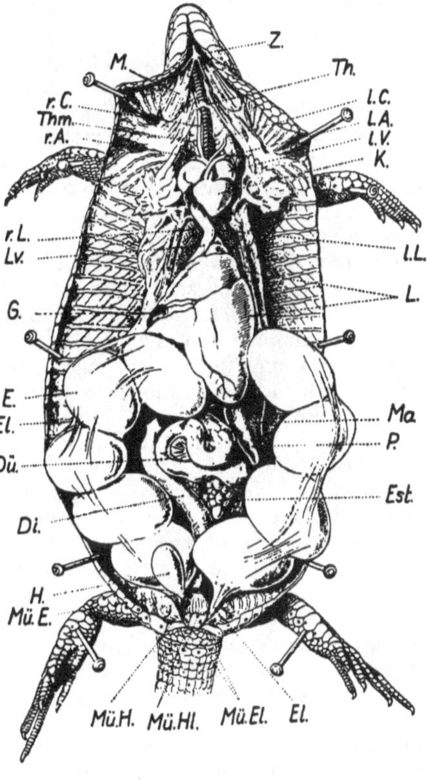

Abb. 92. Eingeweide einer trächtigen *Lacerta agilis*. Di. Dickdarm, Dü. Dünndarm, E. Ei, El. Eileiter, Est. Eierstock, G. Gallenblase, H. Harnblase, K. Herzkammer, L. Leber, l. A. linker Aortenbogen, l. C. linke Carotis, l. L. linke Lunge, Lv. Lebervene, l. V. linke Vorkammer, M. Muskeln, Ma. Magen, Mü. E. Mündung des Enddarms in die Kloake, Mü. El. Mündungen der Eileiter, Mü. H. Mündung der Harnblase, Mü. Hl. Mündungen der Harnleiter, P. Pankreas, r. A. rechter Aortenbogen, r. C. rechte Carotis, r. L. rechte Lunge, Th. Thyreoidea, Thm. Thymus, Z. Zungenbein. — Nach Kükenthal-Matthes

salen Lendenregion der ♀♀ fest und krümmen ihre Körper so, daß die Schwanzwurzeln beider Tiere dicht zusammen kommen. Mit einem Hinterbein, das das ♂ über die Schwanzwurzel des ♀ schlägt (Abb. 91 a), preßt es dessen Hinterteil an sich und drängt seine Bauchfläche so unter das ♀, daß die eine Seite seiner Kloake mit der Kloake des ♀ in Berührung kommt. Dann tritt der Penis dieser Seite hervor und wird unter allmählicher Erektion in die vorgewulstete weibliche Kloakenspalte geschoben. Die Kopula dauert meist etwa $^1/_4$ bis $^1/_2$ Stunde. Ähnlich verhalten sich Blindschleichen, nur beißt sich bei ihnen das ♂ am Nacken des ♀ fest. Bei *Chamaeleo chamaeleon* packt das ♂ das ♀ mit einem Vorderfuß am Nacken, mit dem anderen am Rücken und mit den Hinterfüßen am Knie und am Schwanz. Die Vereinigung kann bis zu $^1/_4$ Stunde dauern. Brünstige Schlangen umwinden sich gegenseitig mit den langen Leibern mehrfach und können so tagelang vereint bleiben. Gelegentlich soll sich das ♂ auch am Hals des ♀ festbeißen, oder es halten sich beide Tiere gegenseitig mit den Mäulern fest (Abb. 91 b). Zuweilen — besonders bei Viperiden und Crotaliden — wurde beobachtet, daß in der Brunstzeit sich viele Schlangen zusammenfanden, die in großen, ineinander verschlungenen Haufen kopulierten. Die Reptilien mit doppelten Begattungsgliedern benutzen bei jeder Paarung stets nur den Penis einer Seite.

Der Zeitpunkt der Paarung ist bei den meisten Kriechtieren der gemäßigten Zonen von den Witterungsverhältnissen abhängig. In unserem Faunengebiet finden die Begattungen in der Regel im Frühling oder im Frühsommer statt, oft kurz nach dem Erwachen aus der Winterstarre. Im allgemeinen können die gleichen Individuen mehrmals untereinander oder mit anderen kopulieren.

Die befruchteten Eier entwickeln sich in dem als Uterus bezeichneten Abschnitt des Eileiters (s. S. 111), in dem sie oft beträchtliche Größen erreichen (Abb. 92). Da sie bei den einzelnen Arten in verschieden weit fortgeschrittenen Entwicklungszuständen abgelegt werden können, ist die T r ä c h t i g k e i t s d a u e r — die vor allem auch von der

Temperatur abhängt — unterschiedlich und schwankend. *Emys orbicularis* paart sich meist im April und legt Ende Mai bis Anfang Juni Eier. Bei unseren *Lacerta*arten findet die Paarung gewöhnlich im Mai statt, die Eiablage bei *L. viridis* und *agilis* etwa 6 Wochen später, bei *L. vivipara* die Geburt der Jungen jedoch erst Ende Juli bis Anfang August. Blindschleichen paaren sich im Mai und gebären im August oder September. Bei *Natrix natrix* erfolgt die Paarung im März oder April und die Eiablage nach 8 bis 10 Wochen. *N. tesselata* paart sich erst im Mai und legt Ende Juli oder Anfang August Eier. Bei *Coronella austriaca* erfolgt die Begattung Ende April bis Mitte Mai, die Ablage Ende August bis Anfang September. Ähnlich verhält sich *Vipera berus*, bei der die Trächtigkeit von April bis August dauert. Bei manchen Reptilien sind auch Paarungen im Herbst und Überwinterung der ♀♀ mit den befruchteten Eiern beobachtet worden (z. B. bei *Natrix natrix*). Die auffällig langen Tragzeiten von *Lacerta vivipara, Anguis fragilis, Coronella austriaca* und *Vipera berus* beruhen darauf, daß diese Formen zu den ovoviviparen Reptilien (s. S. 128) gehören, bei denen die Jungen sich im Mutterleib völlig entwickeln und in der sehr verdünnten Eihülle abgelegt werden, die sie gleich nach der Geburt (zuweilen auch schon kurz vorher) zerreißen.

Die Eier sind von einer pergamentartigen oder von einer kalkigen Schale umgeben. Kalkschalen sind typisch für Schildkröten, Krokodile, Geckonen und manche *Scincidae*. Die Beschaffenheit der abgelegten Eier kann sich während der Entwicklungszeit ändern. *Sphenodon* soll weichschalige Eier legen, die innerhalb von 12 Stunden in feuchter Erde hartschalig werden. Am Ende der Entwicklung sind die Schalen wieder weich und elastisch. Die frisch abgelegten Eier messen 20 : 14 mm. Durch Wasseraufnahme aus der Umgebung werden sie größer und nähern sich mehr der Kugelgestalt an, so daß sie später 27 : 26 bis 33 : 25 mm messen können. Dieselbe Erscheinung läßt sich an den pergamentschaligen Eiern von Echsen und Schlangen beobachten. Die meisten Reptilieneier sind ellipsoid, bei Schlangen oft sehr langgestreckt, bei vielen Schildkröten und bei Geckonen fast kugelig.

Die eierlegenden Reptilienarten pflegen unter natürlichen Verhältnissen die Eier in artspezifischer Weise an bestimmten Orten unterzubringen. Manche Bäume oder Mauern bewohnende Formen legen sie in Spalten oder Höhlungen der Substrate oder kleben sie darin an. Viele Geckonen heften die zunächst weichschaligen und dann erhärtenden kugeligen Eier — meist zwei nebeneinander — an geschützten Orten an die Holz- oder Steinunterlagen. Die Mehrzahl der Kriechtiere legt die Eier in Sand oder Erde, und zwar an solchen Stellen, an denen die Feuchtigkeits- und Temperaturverhältnisse möglichst optimal sind, da die Eier sehr empfindlich auf Trockenheit durch Einschrumpfen und auf zu große Feuchtigkeit durch Verschimmeln reagieren, was die Zucht im Laboratorium oft sehr erschwert. Bei *Sphenodon*, der in der Regel mit Vögeln zusammen in einer Wohnhöhle haust (s. S. 142), gräbt das trächtige ♀ gewöhnlich eine besondere Bruthöhle, die oft von der Wohnung weit entfernt ist und deren Herstellung mehrere Nächte in Anspruch nehmen kann. Die Eier (meist 12) liegen in 2 bis 3 Lagen dicht gepackt in den mit Erde verschlossenen Brutkammern. Da die Brutkammern und -gänge so eng sind, daß die große Brückenechse mit ihrem Hinterleib schlecht in sie eindringen kann, ist vermutet worden, daß sie die Eier mit dem Maul dorthin bringt. Die nach 12 bis 14 Monaten schlüpfenden Jungen sollen noch kurze Zeit an der Brutstelle bleiben. Wohl alle Schildkröten legen ihre Eier in selbstgegrabene Bodenlöcher, die sie nachher mit Sand oder Erde verschließen. Das ♀ von *Emys orbicularis* sucht einen von Pflanzen freien Platz von geeigneter Erdbeschaffenheit auf, den es zuerst durch Abgabe von viel Flüssigkeit (aus der Harnblase oder den Analsäcken [s. S. 102]) durchfeuchtet. Dann bohrt es mit dem senkrecht aufgesetzten Schwanz durch kreisende Bewegungen ein trichterförmiges Loch, das durch Arbeiten mit den Hinterfüßen, die immer abwechselnd nach rechts und links Erde hinauswerfen und zu einem Wall anhäufen, erweitert wird. In die so entstandene, unten erweiterte Höhle legt es 7 bis 11 Eier, die einzeln aus der Kloake austreten, von einem untergehaltenen Hinterfuß aufgefangen und auf den Boden der Grube gelegt werden (Abb. 93). Mit den Füßen wird dann das Loch mit der Erde des Walles zugescharrt und der Boden geglättet und festgestampft, indem die Schildkröte den Hinterkörper hebt und den Bauchpanzer wuchtig auf die Erde fallen läßt. Die Jungen verlassen die Brutkammer meist im nächsten Frühling (s. S. 117).

Abb. 93.
Emys orbicularis bei der Eiablage. — Nach Krause aus Remane

Meeresschildkröten, die zur Eiablage auf das Land gehen und sich zu diesem Zwecke oft in großen Scharen an geeigneten Strandstellen einfinden, sollen die sehr zahlreichen Eier in 2 bis 5 Etappen in Abständen von je etwa 2 Wochen im Sande vergraben. Große ♀♀ können im Jahr bis zu etwa 400 Eier produzieren. Die Krokodile in Afrika und auf Madagaskar graben an sandigen Flußufern oder auf Sandbänken Gruben, in die sie 20 bis 100 Eier, die in größeren Gruben in zwei durch eine Sandschicht getrennten Lagen liegen, ablegen und mit Sand zuscharren. Einige Arten (z. B. *Crocodylus porosus)* bringen die Eier in Haufen von zusammengescharrten Pflanzenteilen (Blättern, Schilfhalmen u. dgl.) unter. Durch die beim Faulen der feuchten Pflanzen entstehende Wärme wird die Embryonalentwicklung gefördert. Die meisten Echsen vergraben die Eier im Boden an Orten, deren Feuchtigkeits- und Temperaturverhältnisse den artlichen Bedürfnissen entsprechen. Die Mehrzahl der Schlangen scheint zur Eiablage Anhäufungen von pflanzlichem Material, wie Blätter- und Grashaufen, Gerberlohe, Torf, Moos u. dgl., zu bevorzugen. Die Eier von *Natrix natrix* findet man besonders in Düngerhaufen, oft am gleichen

Ort in großen Massen, die von mehreren ♀♀ stammen. Von einer Anhäufung von 300 Eiern, die aus 16 Gelegen bestand, wird berichtet.

Die Krokodile gehören zu den wenigen Reptilien, die echte Brutpflege ausüben. Das ♀ soll sich nämlich auf oder bei den vergrabenen Eiern aufhalten, den Brutplatz verteidigen und von seinen Jagdausflügen immer wieder dorthin zurückkehren. Die jungen Krokodile sollen kurz vor dem Schlüpfen in den Eischalen spezifische quäkende Töne ausstoßen, was die Alte veranlaßt, die Eier auszugraben, aus denen die Kleinen dann schlüpfen. Es wird auch berichtet, daß die Mutter die Kinder zum Wasser führt. Von Riesenschlangen *(Boidae)* ist bekannt, daß das ♀ die Eier bewacht und „ausbrütet". Die Schlange legt die Eier in einem kegelförmigen Haufen ab, um den sie sich herumrollt, so daß er ganz von ihrem Leibe bedeckt wird, und verharrt in dieser Lage, ohne Nahrung aufzunehmen, bis die Jungen schlüpfen. Messungen ergaben, daß die Temperatur zwischen den Körperringen der brutpflegenden Schlange etwa 8° höher war als die der Umgebung.

Die ovoviviparen und viviparen Reptilien (s. S. 128), bei denen die Jungen sich gleich nach dem Verlassen des Mutterleibes selbständig bewegen und ernähren können, pflegen keine besonderen Orte für den Gebärakt aufzusuchen.

Wie bei allen Wirbeltieren können auch bei Reptilien Bastarde zwischen mehr oder weniger nah miteinander verwandten Formen vorkommen. Es werden manchmal im Freien Tiere gefunden, deren Erscheinungsbild den Verdacht erregt, daß es sich um Kreuzungsprodukte zwischen Arten oder Unterarten handelt. Dies läßt sich jedoch in den wenigsten Fällen exakt nachweisen, weil bei vielen Kriechtieren die unterscheidenden Merkmale — wie Zeichnung, Färbung, Körperproportionen u. dgl. — auch innerhalb der Art oder Unterart sehr variabel sind. Mehrfach ist es gelungen, in der Gefangenschaft einwandfreie Kreuzungen zu erzielen. In der Tabelle (nach Mertens) sind die bis 1956 bekannten Kreuzungen, deren Bastardnatur gesichert erscheint, zusammengestellt.

Reptilienbastarde (Nach Mertens)
Der Name des Vaters steht vor dem der Mutter

Schildkröten		
Malaclemys terrapin centrata	×	*Malaclemys terrapin littoralis*
M. t. littoralis	×	*M. t. centrata*
Gopherus polyphemus berlandieri	×	*Gopherus polyphemus agassizii*
Echsen		
Lacerta agilis agilis	×	*Lacerta agilis agilis („erythronotus")*
L. lepida pater	×	*L. lepida lepida*
L. melisellensis fiumana	×	*L. melisellensis fiumana („concolor")*
L. m. fiumana / *L. sicula sicula*	×	*L. m. fiumana*
L. m. fiumana	×	*L. sicula campestris*
L. sicula campestris	×	*L. melisellensis fiumana*
L. s. cettii	×	*L. m. lissana*
L. s. sicula	×	*L. sicula coerulea*
L. s. coerulea	×	*L. s. sicula*
L. s. sicula	×	*L. s. sicula („concolor")*
L. muralis muralis	×	*L. melisellensis fiumana*
L. melisellensis fiumana	×	*L. muralis muralis*
L. muralis maculiventris	×	*L. m. muralis*
L. m. tiliguerta	×	*L. m. muralis*
L. oxycephala	×	*L. graeca*
L. viridis viridis	×	*L. schreiberi*
Chalcides ocellatus ocellatus	×	*Chalcides ocellatus tiligugu*
Tiliqua nigrolutea	×	*Tiliqua scincoides*
T. nigrolutea	×	*T. nigrolutea* / *T. scincoides*
Schlangen		
Natrix natrix natrix	×	*Natrix natrix persa*
N. n. persa	×	*N. n. natrix*
N. n. helvetica	×	*N. n. natrix*
N. n. helvetica	×	*N. n. schweizeri*
N. n. astreptophora	×	*N. n. schweizeri*
N. n. astreptophora / *N. n. schweizeri*	×	*N. n. helvetica*

N. n. astreptophora *N. n. schweizeri*	×	*N. tessellata*
N. natrix	×	*N. maura*
N. tessellata	×	*N. maura*
N. sipedon confluens	×	*N. sipedon fasciata*
Elaphe guttata guttata	×	*Elaphe obsoleta deckerti*
E. g. guttata *E. obsoleta deckerti*	×	*E. o. deckerti*
Vipera berus berus	×	*Vipera berus bosniensis*
V. aspis aspis	×	*V. ammodytes ammodytes*
Crotalus scutulatus scutulatus	×	*Crotalus durissus unicolor*
C. viridis oreganus	×	*C. scutulatus scutulatus*
C. v. helleri	×	*C. rubra rubra*

Es sind sowohl Bastarde zwischen Unterarten als auch zwischen Arten aufgeführt. Bei einigen der „Artbastarde" ist es allerdings zweifelhaft, ob es sich bei den Elterntieren wirklich um Angehörige „guter Arten" gehandelt hat. In manchen Fällen sind auch Rückkreuzungen gelungen. Die meisten Bastarde zeigten intermediäre Merkmalsverteilung. Die Mutation *„erythronotus"* von *Lacerta agilis agilis* scheint dominant, die Mutation *„concolor"* von *L. melisellensis fiumana* und von *L. sicula sicula* dagegen rezessiv vererbt zu werden.

6. DIE ENTWICKLUNG

Die Befruchtung der Reptilieneier muß in den distalen Abschnitten der Eileiter stattfinden, bevor die Eizellen mit Nährsubstanzen (Dotter) und Schalen ausgestattet werden (s. S. 111). Gemäß des großen Dotterreichtums erfolgen die Furchungen nach dem discoidalen Typ, bei dem der Embryo aus einer scheibenförmigen Anlage am animalen Eipol gebildet wird. An einer vor dem Hinterrand der Keimscheibe gelegenen Stelle entsteht durch Einstülpung (Gastrulation) der entodermale Urdarm mit dem Urmund oder Blastoporus (Abb. 94), dem späteren After. Von dem Keimscheibenrand aus umwachsen die Keimblätter die große Dottermasse, und es entsteht der Dottersack, wodurch

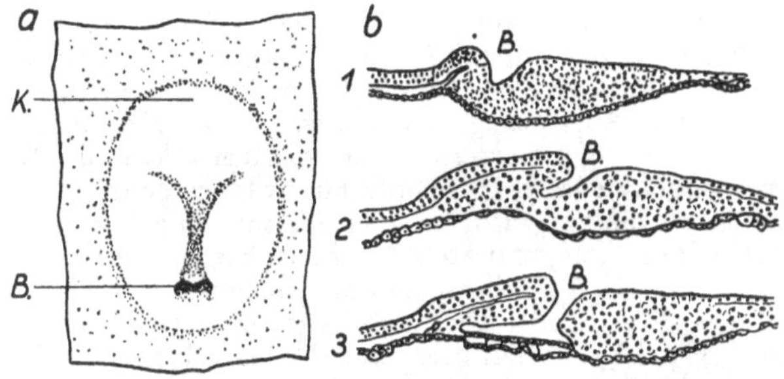

Abb. 94. Gastrulation bei Eidechsen. a) Keimscheibe (K.) mit Blastoporus (B.) von *Lacerta lilfordi.* — Nach Will aus Korschelt-Heider. — b) 3 Stadien der Gastrulation bei *Lacerta agilis.* B. Blastoporus. — Nach Wenckenbach aus Koschelt-Heider

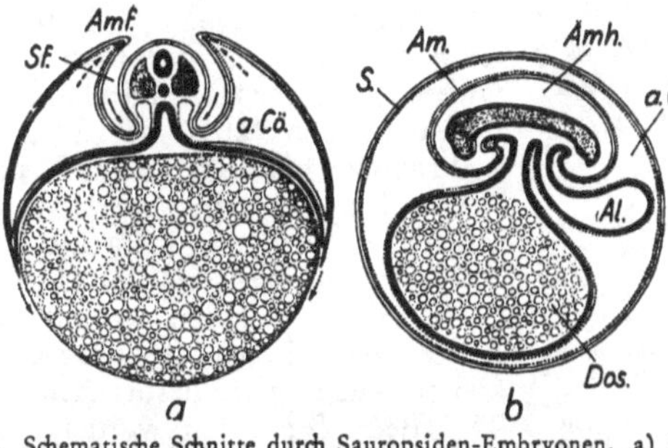

Abb. 95. Schematische Schnitte durch Sauropsiden-Embryonen. a) Auswachsen der Keimblätter. b) Längsschnitt durch einen Embryo nach vollendeter Hüllenbildung. a. Cö. außerembryonales Cölom, Al. Allantois, Am. Amnion, Amf. Amnionfalte, Amh. Amnionhöhle, Dos. Dottersack, S. Serosa, Sf. Seitenfalten — Nach Kühn

die Nährstoffe gewissermaßen in eine Ausbuchtung des entodermalen Urdarms gelangen (Abb. 95 a). Von einer aus Ektoderm und Mesoderm gebildeten Ringfalte — der Amnionfalte —, die sich um den Embryo erhebt, wächst das Amnion in Form einer Hülle um den Keim herum (Abb. 95 a), der so in einen mit Flüssigkeit gefüllten Hohlraum — die Amnionhöhle — zu liegen kommt (Abb. 95 b).

Außerdem wächst eine zweite Hülle — die Serosa — aus (Abb. 95 a), die schließlich den ganzen Embryo mit dem Dottersack umschließt (Abb. 95 b). Später bildet sich dann noch eine Aussackung des Enddarms — die Allantois (Abb. 95 b) —, die einerseits den von den Nieren des Keimes ausgeschiedenen Harn aufnimmt, also zu einer embryonalen Harnblase wird, andererseits mit einem stark mit Blutgefäßen ausgestatteten Abschnitt mit der Serosa verwächst und als Atemorgan dient.

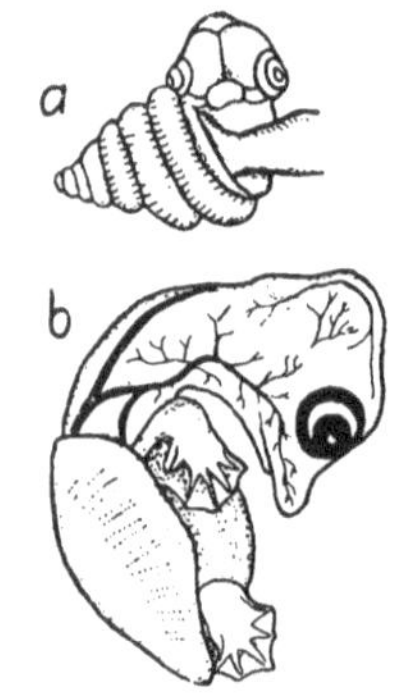

Abb. 96.
a) Älterer Embryo von *Natrix natrix*, b) von *Trionyx sinensis*. — Nach Rathke und Mitsukusi aus Korschelt-Heider

Die Embryonalentwicklung verläuft natürlich bei den einzelnen Reptilienarten etwas verschieden, worauf nicht näher eingegangen werden kann. Es sei nur erwähnt, daß bei den Schlangen, deren Embryonen spiralig aufgerollt in den Eihüllen liegen (Abb. 96 a), bei einigen Formen in der Embryonalentwicklung keine Extremitätenanlagen gebildet werden (z. B. bei Colubriden), während es bei anderen (z. B. bei Boiden und Typhlopiden) der Fall ist. Bei Schildkröten wird der Panzer im großen und ganzen im Ei ausgebildet (Abb. 96 b). Von den Unvollkommenheiten der Schalen der jungen Schildkröten wurde schon gesprochen (s. S. 22, 23). Beim Schlüpfen werden Amnion, Serosa und Allantois abgestoßen, und der Dottersack wird, soweit noch vorhanden, in den Körper des Jungtiers aufgenommen.

Ovoviviparität (s. S. 121) ist bisher bei einer nicht geringen Anzahl von Reptilienarten beobachtet worden: Z. B. bei *Agamidae (Phrynocephalus), Iguanidae (Anolis cristatellus), Cordylidae (Chamaesaurus), Anguidae (Gerrhonotus, Anguis fragilis), Anniellidae, Lacertidae (Lacerta vivipara), Scincidae* (die meisten Arten), *Chamaeleontidae (Chamaeleo bitaeniatus, jacksoni, fuelleborni, pumilus), Boidae (Epicrates, Corallus, Eunectes), Colubridae (Heli-*

cops, Coronella austriaca, Ahaetulla mycterizans, Homalopsinae), Elapidae (viele Arten), *Hydrophiidae* (die meisten Arten), *Viperidae* und *Crotalidae* (die meisten Arten). Bei *Anniella pulchra* ist der linke Eileiter rückgebildet, und die wenigen Embryonen entwickeln sich bloß in dem rechten (Abb. 97). Bei wenigen Echsengattungen werden die Eischalen schon im Eileiter zurückgebildet oder überhaupt nicht entwickelt *(Cophotis, Chalcides).* Hier werden die Embryonen durch den mütterlichen Körper ernährt und die fertig ausgebildeten Jungen ohne Hüllen geboren; die Tiere sind also vivipar. Bei *Trachydosaurus* und *Tiliqua* bildet die Uterusschleimhaut niedrige Falten, die sich in entsprechende Furchen der Dottersackwand einschmiegen. Durch diese Dottersackplazenta werden aufgelöste Gewebselemente der Uterusschleimhaut von dem hochzylindrischen Ephithel der Dottersackwand resorbiert. Bei *Chalcides* entwickelt sich außerdem eine Allantoisplazenta, die schließlich die Dottersackplazenta ersetzt. Es bilden sich in der Uterusschleimhaut sehr engmaschige Blutkapillarnetze, die sich an entsprechende der Allantois und Serosa anlegen. Die beiden Kapillarsysteme sind nur durch sehr zarte Zellhäutchen voneinander getrennt, so daß ein Stoffaustausch ohne Schwierigkeiten stattfinden kann.

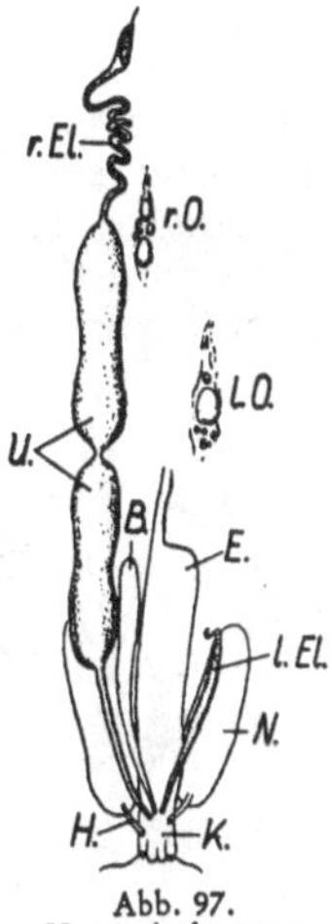

Abb. 97. Urogenitalorgane einer trächtigen *Anniella pulchra.* B. Harnblase, E. Enddarm, H. Harnleiter, K. Kloake, l. El. linker Eileiter, l. O. linkes Ovarium, N. Niere, r. El. rechter Eileiter, r. O. rechtes Ovarium, U. Uterus mit Embryonen. — Nach Coe und Kunkel aus Meisenheimer

Die Grenzen zwischen Eiablage, Ovoviviparität und Viviparität sind nicht scharf. Bei in der Regel ovoviviparen Arten (z. B. bei *Anguis fragilis)* können die Eihäute schon im Eileiter zerreißen, so daß die Jungen frei zur Welt kommen. Andererseits kann man jedoch auch ovovivipare Reptilien zur Eiablage veranlassen, wie *Lacerta vivipara*, die bei Haltung der trächtigen Tiere in hohen Temperaturen (über + 25 °) derbschalige Eier ablegt, die noch mehrere Wochen bis zum Schlüpfen brauchen. Die Bergeidechse soll im Süden ihres Verbreitungsgebietes (Spanien) normalerweise Eier legen. In der Regel sind solche Reptilienarten ovovivipar oder vivipar, die in relativ kühlen Biotopen leben (z. B. im Gebirge oder im Wasser), in denen die Sommertemperaturen nicht zur Reifung der abgelegten Eier ausreichen. Es gibt jedoch so viele Ausnahmen von dieser Regel, daß anzunehmen ist, daß noch andere Faktoren hierbei eine Rolle spielen.

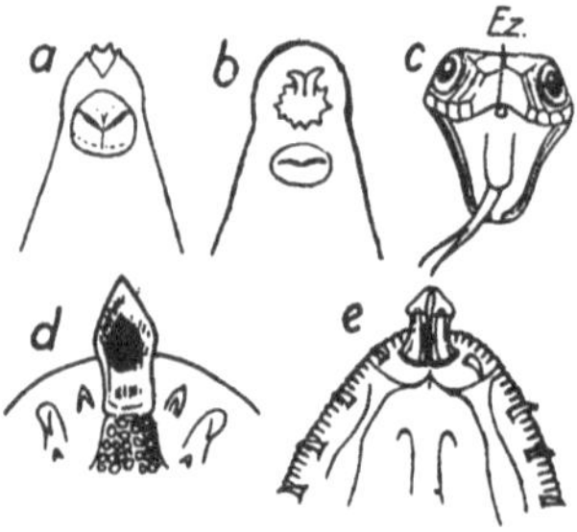

Abb. 98.
a) Eischwielen von *Crocodylus niloticus*, b) von *C. porosus*. c) Kopf einer frisch geschlüpften Ringelnatter mit Eizahn (Ez.). d) Oberkiefer einer frisch geschlüpften *Lacerta vivipara* mit Eizahn. e) Eizahn von *Gekko gecko*. — Nach verschiedenen Autoren

Die Eihüllen werden beim Ausschlüpfen von den Jungen durchstoßen, zerrissen oder zerschnitten. Hierzu dient bei Schildkröten und Krokodilen die Eischwiele (Abb. 98 a, b), eine hornige Erhebung auf der Schnauzenspitze, durch die — oft mit Unterstützung der Füße — die Eischale zerstört wird. Bei den übrigen Reptilien dient diesem Zweck der Eizahn, ein am Praemaxillare sitzender „echter" Zahn, der horizontal aus dem Munde hervorragt (Abb. 89 c, d, e), meist zugespitzt und scharfkantig ist und bald nach dem Schlüpfen ausfällt. Bei ovoviviparen Arten ist er schwächer ausgebildet als bei eierlegenden. Geckonen haben einen paarigen Eizahn (Abb. 98 e). Bei manchen Formen wird er paarig angelegt, jedoch entwickelt sich nur die rechte Anlage zum Eizahn, der dann in der Mitte liegt, während die linke klein bleibt und nicht nach vorn gerichtet ist *(Anguis)*.

Die frisch geschlüpften oder die neugeborenen Reptilien sind in Körperbau und Lebensweise im allgemeinen ihren Eltern ähnlich. Häufig weichen sie jedoch in Färbung und Zeichnung mehr oder weniger von diesen ab (s. S. 30) und erhalten erst mit der Geschlechtsreife das arteigentümliche Aussehen, das bei ♂♂ und ♀♀ verschieden sein kann (s. S. 113). Die Kriechtiere wachsen meist langsam, und die Geschlechtsreife — die oft nicht das Ende des Wachstums bedeutet — ist relativ spät erreicht. In der Regel wachsen kleine Formen schneller, werden eher geschlechtsreif und leben weniger lange als große. Von der kleinen Eidechse *Ophisops elegans* wird angegeben, daß sie im äußersten Falle 2 Jahre nach dem Schlüpfen aus dem Ei „erwachsen" und fortpflanzungsfähig ist. Unsere *Lacerta*arten erreichen dies Stadium nach 3 Jahren, die meisten Schlangen nach 4 bis 5 Jahren. Am spätesten — im Alter von mehr als 10 Jahren — tritt die Geschlechtsreife bei den großen Riesenschlangen, den Krokodilen und den Schildkröten ein. Die meisten Reptilien — auch die kleinen Arten — können recht alt werden, wenigstens in der Gefangenschaft: Eine Blindschleiche lebte 33 und eine griechische Landschildkröte 54 Jahre. Für einige große Landschildkröten soll ein Alter von 150 bis 200 Jahren verbürgt sein. Derartige Zahlenangaben sind jedoch oft wenig maßgeblich, weil sich bei den wildlebenden Reptilien keine zuverlässigen Altersbestimmungen ausführen lassen. Auch ist das Wachstum meist in der Jugend schneller als im Alter und von vielen Außenfaktoren, wie von der Temperatur und dem Nahrungsangebot u. dgl., abhängig. Unter den gleichmäßigen Bedingungen der Gefangenschaft gewonnene Ergebnisse lassen sich meist nicht mit den natürlichen Verhältnissen vergleichen, zumal die Haltung und Zucht bei vielen Reptilien große Schwierigkeiten macht.

9*

B. SYSTEMATISCHER TEIL

1. DAS NATÜRLICHE SYSTEM DER KRIECHTIERE
(Nach H. Wermuth*))

1. Ordnung: Schildkröten *(Testudines)*,
   1. Unterordnung: *Cryptodira*,
      1. Überfamilie: *Testudinoidea*,
      2. Überfamilie: *Chelonioidea*,
      3. Überfamilie: *Trionychoidea*,
   2. Unterordnung: *Pleurodira*,
2. Ordnung: Schnabelköpfe *(Rhynchocephalia)*,
3. Ordnung: Krokodile *(Crocodylia)*,
4. Ordnung: Schuppenkriechtiere *(Squamata)*,
   1. Unterordnung: *Sauria*,
      1. Überfamilie: *Gekkota*,
      2. Überfamilie: *Iguania*,
      3. Überfamilie: *Scincomorpha*,
      4. Überfamilie: *Amphisbaenia*,
      5. Überfamilie: *Anguimorpha*,
      6. Überfamilie: *Varanomorpha*,
   2. Unterordnung: *Serpentes*.

2. ÜBERBLICK ÜBER DAS SYSTEM

1. Ordnung: Schildkröten *(Testudines, Chelonia)*

Kurzer, von einem knöchernen Panzer umschlossener Körper. Schädelknochen fest miteinander verwachsen. Zahnlose Kiefer mit Hornscheiden. Kloakenspalte längs. Unpaares Kopulationsorgan. In wärmeren Klimagebieten.

1. Unterordnung: *Cryptodira* (Halsberger)

Halswirbel ohne Querfortsätze. Kopf durch senkrechte S-förmige Biegung der Halswirbelsäule in den Hals einstülpbar. Becken nicht mit dem Panzer verwachsen. In wärmeren Klimagebieten.

---

*) Herrn Dr. Heinz Wermuth bin ich für die große Mühe und Sorgfalt, die er bei der Durchsicht des Manuskriptes aufgewendet hat, zu herzlichem Dank verpflichtet.

1. Überfamilie: *Testudinoidea*

Panzer mit Hornschildern. Beine rundlich oder wenig abgeflacht, meist mit 4 bis 5 Krallen. In wärmeren Klimagebieten.

1. Familie: *Chelydridae* (Schnappschildkröten): Inframarginalia vorhanden. Plastron klein und kreuzförmig. Schwanz lang. Kopf groß mit hakenförmigen Kiefern. Am Kinn kleine Barteln. Carapax mit Höckern und gezacktem Hinterrand. Zehen mit Schwimmhäuten. In großen Flüssen und Sümpfen Amerikas. *Chelydra serpentina,* Alligator- oder Schnappschildkröte (Abb. 99): Bis 1 m lang. Fast nur im Wasser. Frißt hauptsächlich Wasserwirbeltiere (Fische, Amphibien). Kann Wasservögeln und sogar Menschen gefährlich werden. Eier und Junge werden gegessen. Nord- und Mittelamerika, nördliches Südamerika. *Macroclemys temminckii,* Geierschildkröte: Größte Süßwasserschildkröte (bis zu 1,4 m). Kopf sehr groß mit seitlich gerichteten Augen. Kleine Schuppen auf der Schwanzunterseite. Lebensweise wie vorige. Südöstliche USA.

Abb. 99.
Chelydra serpentina. — Nach Werner

2. Familie: *Kinosternidae* (Schlammschildkröten): 1 bis 3 Inframarginalia. Plastron kreuzförmig oder oval. 23 Marginalia. Schwanz kurz, oben glatt. 4 Gattungen mit 21 Arten. Nord- und Mittelamerika, nördliches Südamerika. *Claudius angustatus,* Talmane: Großköpfig. Mexiko, Britisch-Honduras. *Kinosternon:* Vorder- und Hinterteil des Plastron gelenkig mit dem Mittelstück verbunden. Meist düster gefärbt und nächtlich lebend. ♂♂ bei einigen Arten mit „Zirporgan“ (s. S. 116). 16 aquatile Arten. *K. subrubrum,* Klappschildkröte: Großes Plastron mit vorderem Gelenk, wodurch die Schale völlig geschlossen werden kann. Östliches und südöstliches Nordamerika. *K. baurii:* 3 gelbe Längsbänder auf dem Carapax. Florida. *K. flavescens:* Kopf- und Halsseiten hellgelb. Mittlere und südliche USA, nördliches Mexiko. *Staurotypus triporcatus,* Huau: Östliches Mexiko, Britisch-Honduras, Guatemala. *Sternotherus odoratus,* Moschusschildkröte: Gelbe Streifen an Kopfseiten. Carapax dachförmig. Plastron rückgebildet, ohne Gelenke. Riecht gereizt nach Moschus. Kanada bis Golf von Mexiko, Texas bis Florida.

3. Familie: *Dermatemydidae* (Tabasco-Schildkröten): 4 Inframarginalia. Plastron groß und oval. 25 Marginalia. Keine Kinnbarteln. Einzige Art: *Dermatemys mawii:* Soll Pflanzen fressen. Östliches Mexiko, Guatemala, Honduras.

4. Familie: *Platysternidae* (Großkopfschildkröten): 3 bis 4 Inframarginalia. Plastron groß und oval. Kopf sehr groß mit nur einem Hornschild und Hakenkiefern, nicht einziehbar. Einzige Art: *Platysternon megacephalum* (Abb. 100): In kühlen Gebirgsflüssen. Südostasien.

5. Familie: *Emydidae* (Sumpfschildkröten): Keine Inframarginalia. Beine abgeflacht mit 4 bis 5 Zehen und Schwimmhäuten. Fehlen in Australien. 25 Gattungen mit 76, meist aquatilen, Arten. *Batagur baska:* Taucht sehr ausdauernd. Eier werden gegessen. Indien, Sundainseln. *Callagur borneoensis:* Hinterindien, Sundainseln. *Chinemys reevesii,* Chinesische Dreikielschildkröte: Carapax mit 3 Längskielen. Oft mit langen Algen bewachsen (Sinnbild für „langes Leben"). China, Japan. *Chrysemys picta,* Gemalte Schmuckschildkröte: Rote Flecke auf den Marginalien und hinter den Augen. Südliches Kanada, USA, nördliches Mexiko. *Clemmys caspica,* Kaspische Wasserschildkröte: Helle Längsbinden an Kopf, Hals und Beinen. Südöstliches Europa (*C. c. rivulata* bis Südjugoslavien), Vorderasien. *C. leprosa* (wahrscheinlich eine Rasse von *C. caspica),* Maurische Wasserschildkröte: Glatte Kieferränder. Rückenschilder in der Jugend mit orangefarbigen Mittelflecken. Pyrenäenhalbinsel, Nordwestafrika. *C. guttata,* Tropfenschildkröte: Runde gelbe Flecke auf Carapax. Südliches Kanada, nördliche und östliche USA. *C. insculpta,* Waldbachschildkröte: Hinterrand des Carapax gesägt. Nördliche USA. *C. japonica:* Plastron schwarz. Carapax hinten gezähnt. Südliches Japan. *C. muhlenbergii:* Großer, dreieckiger, gelbroter Fleck an den Halsseiten. Nordöstliche und östliche USA. *Cuora,* Asiatische Dosenschildkröten: Durch Aufklappen des vorderen Plastron können Kopf, Beine und Schwanz

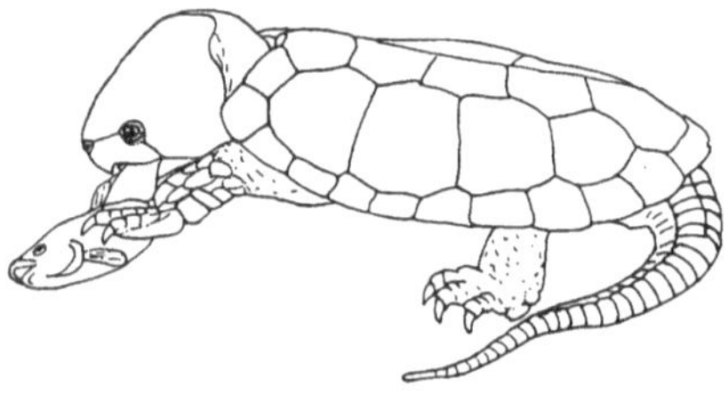

Abb. 100.
Platysternon megacephalum. — Nach Werner

völlig in die Schale eingeschlossen werden. *C. amboinensis*, Amboinensische Dosenschildkröte: Kopf mit gelben Seitenbändern. Plastron gelb mit dunklen Flecken. Hinterindien, Sundainseln, Philippinen. *C. trifasciata*, Chinesische Dosenschildkröte: Kopf gelb mit 2 dunklen Seitenstreifen. Carapax mit 3 dunklen Längsstreifen. Hinterindien, südliches China. *Deirochelys reticularia*, Langhals-Schmuckschildkröte: Langer Hals. Stark gewölbter Carapax. Südliche USA. *Emys orbicularis*, Europäische Sumpfschildkröte: Carapax schwach gewölbt. Plastron wenig beweglich. Bis 30 cm lang. Schwanz lang. Am weitesten nach Norden vordringende Schildkröte. Mittleres und südliches Europa, westliches Asien, nordwestliches Afrika. Natürliches Vorkommen in Deutschland nur noch östlich der Elbe, sonst verwildert. *E. blandingii*, Amerikanische Sumpfschildkröte: Kehle einfarbig gelb. Südliches Kanada, nordöstliche USA. *Geoclemys hamiltonii*, Indische Wasserschildkröte: Rückenschilder höckerig. Schnauze und Schwanz sehr kurz. Schwanz mit gelben Flecken und Streifen. Westpakistan, nördliches Vorderindien. *Geomyda punctularia*, Aperema: Ein Mittelkiel auf dem Carapax. Rote Flecke am Kopf. Nördliches Südamerika. *G. spinosa*, Stachelschildkröte (Abb. 101): Randschilder des Carapax stachelförmig. Gebirgsbäche. Hinterindien, Sundainseln. *G. trijuga*, Indische Dreikielschildkröte: 3 Längskiele auf dem Carapax. Schwarz. Vorder- und Hinterindien, Ceylon. *Graptemys geographica*, Landkartenschildkröte: Carapax dachförmig, stumpf gekielt, hinten schwach gesägt. Südliches Kanada, mittlere und nördliche USA. *G. pseudogeographica*, Höckerschildkröte: Carapax höckerig gekielt, hinten stark gesägt. Mittlere und südliche USA. *Hardella thurjii*, Diademschildkröte: Rückenfirst in der Mitte mit Buckel. Kieferränder gezackt. Gelbes Querband über Schnauze und Augen bis zur Ohrgegend. Gelbe Linie unter den Augen. Westpakistan, nördliches Vorder- und Hinterindien. *Kachuga tecta*, Indische Dachschildkröte: Carapax dachförmig. 3. Wirbelschild stachelförmig. Plastron gelb gefleckt. Im tiefen Wasser großer Ströme.

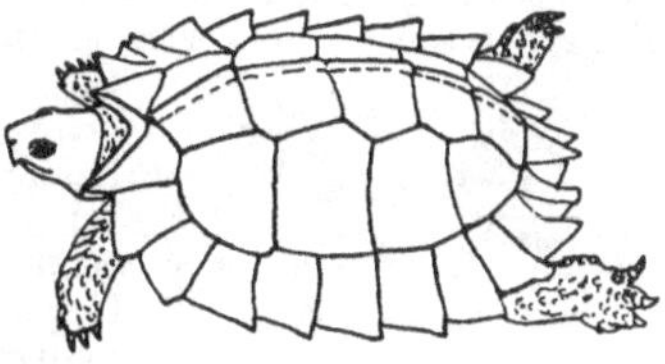

Abb. 101.
Geoemyda spinosa. – Nach Werner

Lungen in knöcherner Kammer, was Tauchen erleichtert. Westpakistan, Vorder- und nördliches Hinterindien. *Malaclemys terrapin,* Salzsumpfschildkröte: Carapax niedergedrückt, Hinterrand etwas aufgebogen. Hornplatten stark konzentrisch gerieft. Zu Speisezwecken in Farmen gehalten. Salzsümpfe. Atlantische Küstengewässer Nordamerikas. *Pseudemys ornata,* Pfauenaugenschildkröte: Auf Carapax schwarze Augenflecke mit gelben Ringen. Mexiko bis Panama. *P. scripta,* Buchstabenschildkröte: Carapax im Alter runzelig, Hinterrand gesägt. ♂ mit langen Krallen. Färbung und Zeichnung bei den 5 geographischen Rassen verschieden; meist recht „bunt". Östliche, südöstliche und südliche USA, nördliches und nordöstliches Mexiko. *P. floridana:* Breiter, etwas abgeplatteter Carapax mit gesägtem Hinterrand. Im Alter mit Längsrunzeln. Orangefarbige oder rote Zeichnungen am Kopf. Östliche, südöstliche und südliche USA, nördliches Mexiko. *P. rubiventris,* Rotbauchschildkröte: Verlängerter, seitlich verengter Carapax. Plastron im Alter rot. Nordöstliche und östliche USA. *Terrapene,* Amerikanische Dosenschildkröten: Carapax sehr gewölbt. Die beweglichen Plastronhälften können die Schalenöffnung völlig schließen. Leben meist auf dem Lande. Ernähren sich vorwiegend animalisch; fressen jedoch auch Pilze und Beeren. *T. carolina,* Gemeine Dosenschildkröte: Carapax gekielt, gelblich gefleckt. Südliches Kanada, USA östlich der Kordilleren. *T. ornata,* Schmuckdosenschildkröte: Carapax ungekielt, ♂ mit lachsroten Vorderbeinen. Mittlere und südliche USA, nördliches Mexiko.

Abb. 102. *Kinixys erosa.* — Nach Werner

6. Familie: *Testudinidae* (Landschildkröten): Panzer meist hochgewölbt. Beine rundlich; Finger und Zehen (bis auf die Krallen) verwachsen („Klumpfüße"). 7 Gattungen mit 39 auf dem Lande lebenden, meist am Tage aktiven, pflanzenfressenden Arten. Wärmere Länder, außer Australien. *Gopherus polyphemus,* Höhlen- oder Gopherschildkröte: Carapax langgestreckt, in der Mitte flach, fast schwarz. In selbstgegrabenen bis $2^1/_2$ m langen Erdgängen. Südliche USA, nördliches Mexiko. *Kinixys,* Gelenkschildkröten: Hinterteil des Carapax gelenkig mit dem Vorderteil verbunden. *K. belliana:* Mittleres und südliches Afrika. *K. erosa* (Abb. 102) und *homeana:* Westliches Afrika. *Malacochersus tornieri,* Spaltenschildkröte: Panzer abgeflacht

und weich. Kann sich nicht in ihn zurückziehen. Flüchtet in Spalten. Tanganyika-Territorium. *Testudo denticulata,* Waldschildkröte: Panzer länglich eiförmig. Trop. Südamerika östlich der Anden. *T. elegans,* Sternschildkröte: Gelbe Sternzeichnungen auf dem hügelförmigen Carapax. Vorderindien, Ceylon. *T. elephantropus,* Elefantenschildkröte: Erreicht Gewichte von einigen Zentnern und wird mehr als 100 Jahre alt. 10 Unterarten auf den Galapagos-Inseln. Auf einigen (Duncan, Charles) vermutlich durch Menschen ausgerottet. *T. gigantea,* Riesenschildkröte: Größte Landschildkröte. Der Panzer eines Tieres war 157 cm lang, 81 cm breit und 58 cm hoch. Das Tier wog etwa 215 kg. *T. g. gigantea:* Seychellen (nicht mehr freilebend). *T. g. daudinii* und *elephantina:* Insel Aldabara im Indischen Ozean. *T. graeca,* Maurische Landschildkröte: Südliches Europa, südwestliches Asien (östlich bis Persien, südlich bis Israel), nördliches Afrika. *T. hermanni,* Griechische Landschildkröte: Südliches Europa *(T. h. hermanni:* Süditalien, Balkanländer; *T. h. robertmertensi:* Südfrankreich, Ostspanien, Balearen, Korsika, Sardinien). *T. horsfieldii,* Vierzehen-Landschildkröte: Nur 4 Krallen an jeder Extremität. Südrußland, Persien, Afghanistan, nördliches Westpakistan. *T. kleinmanni:* Plastronschilder mit dunklem Fleck. Nordöstliches Afrika, südwestliches Asien (Sinai). *T. marginata,* Breitrandschildkröte: Hinterrand des Carapax verbreitert und gesägt. Im Alter fast schwarz. Südliches Griechenland. *T. oculifera:* Carapax hinten grob gezähnt. Oberkiefer hakig. Südwestliches und südliches Afrika. *T. pardalis,* Pantherschildkröte: Carapax halbkugelig gewölbt, mehr als 60 cm lang. Mittleres und südliches Afrika. *T. radiata,* Strahlenschildkröte: Schwarz mit gelben Strahlen. Wird gegessen. Madagaskar. *T. sulcata,* Spornschildkröte: Großer Sporn an Oberschenkeln. Sudan, Abessinien. *T. angulata,* Spornbrustschildkröte: Kehlregion des Plastron weit vorspringend. Südwestliches und südliches Afrika.

2. Überfamilie: *Chelonioidea* (Meeresschildkröten)

Panzer flach, im Umriß stromlinienförmig, nicht völlig verknöchert. Kopf kaum in den Panzer zurückziehbar. Gliedmaßen ruderartig. Gehen nur zur Eiablage an Land. Eier kuglig. Nahrung vorwiegend Krebse und Mollusken. Tropische und subtropische Meere, gelegentlich in nördlichere Regionen verschlagen.

7. Familie *Cheloniidae* (Seeschildkröten): Panzer aus großen, von Hornschildern bedeckten Knochenplatten. 1 bis 3 freie Kral-

len. *Caretta caretta*, Unechte Karettschildkröte: Der Rand des Carapax besteht aus 27 Schildern. Kiefer hakig. Unterkiefer in der Mitte breit. Bis über 1 m lang. Mittelmeer, Atlantik, Pazifik, Indik. *Chelonia mydas*, Suppenschildkröte: Rand des Carapax besteht aus 25 Schildern. Kiefer gezähnt, nicht hakig. Unterkiefer in der Mitte schmal. Bis über 1 m lang. Frißt auch Pflanzenstoffe. Geschätztes Speisetier. Mittelmeer, Atlantik, Pazifik, Indik. *Eretmochelys imbricata*, Karettschildkröte (Abb. 103 a): Kiefer nicht gezähnt, stark hakig. Unterkiefer in der Mitte breit. Carapax hinten gesägt. Gliedmaßen mit 2 Krallen. Hornschilder dick, gelb und rotbraun marmoriert. Liefert das Schildpatt. Bis etwa 80 cm lang. Mittelmeer, Atlantik, Pazifik, Indik.

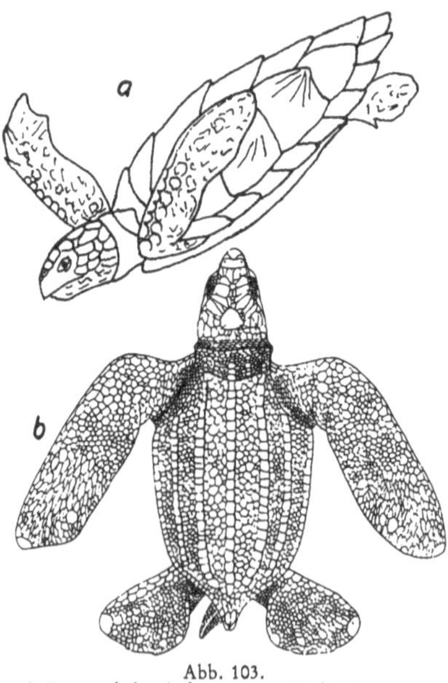

Abb. 103.
a) *Eretmochelys imbricata.* — Nach Werner.
b) *Dermochelys coriacea.* — Nach Mertens

8. Familie: *Dermochelydidae* (Lederschildkröten): Panzer aus kleinen Knochenplättchen, mit dicker, lederartiger Haut bedeckt. Carapax mit 7, Plastron mit 5 Längskielen. Keine freien Krallen. Bis über 2 m lang und 500 bis 600 kg schwer. Einzige Art: *Dermochelys coriacea* (Abb. 103 b). Größte Schildkröte. Selten. Mittelmeer, Atlantik, Pazifik, Indik.

3. Überfamilie: *Trionychoidea* (Weichschildkröten)

Panzer mit dicker, lederartiger, ungekielter Haut bedeckt. Füße Schwimmpaddeln. Nase rüsselartig. 8 Gattungen mit

21 räuberisch im Süßwasser lebenden Arten. Afrika, Mittel- und Südasien, indoaustralischer Archipel, Nordamerika.

9. Familie: *Trionychidae* (Lippen-Weichschildkröten): Knöcherne Marginalia weitgehend oder ganz rückgebildet, mit den Costalia nicht zusammenhängend. Carapax und Plastron nicht fest verbunden. Die häutige Panzerbedeckung bildet um den Carapax einen dicken, mehr oder weniger breiten Saum. Kiefer mit fleischigen Lippen. Nur die 3 Innenzehen mit je 1 Kralle. *Trionyx cartilagineus:* Hinterindien, Sundainseln, Molukken. *T. euphraticus:* Vorderasien. *T. ferox,* Beißschildkröte: Auf dem Carapax kleine, runde, schwarze Flecke. Heller Streifen an Hals- und Kopfseiten. Bis 42 cm lang und 35 kg schwer. Sehr bissig. Wird gegessen. Südliches Kanada, USA, nördliches Mexiko. *T. gangeticus:* Nördliches Vorderindien. *T. muticus:* Mittlere USA. *T. sinensis,* Chinesischer Dreiklauer: Wird gegessen. Amur-Provinz, Mongolei, China, östliches Hinterindien, Japan, Hawai. *T. triunguis,* Afrikanischer Dreiklauer: Afrika (außer dem äußersten Norden und Süden), Israel. *Chitra indica:* Augen weit vorn an dem schmalen Kopf. Pakistan, nördliches Vorder- und Hinterindien. *Cyclanorbis oligotylus,* Sudanesische Weichschildkröte: Plastron hinten mit 2 dicken, häutigen Klappen, unter die die Hinterbeine völlig zurückgezogen werden können. Nordöstliches Afrika. *C. senegalensis:* Klappen vorhanden. Mittleres Afrika nördlich des Äquators. *Cycloderma frenatum:* Klappen vorhanden. Südöstliches Afrika. *Dogania subplana:* Ohne Klappen und Rauhigkeiten auf dem Plastron. Hinterindien, Sundainseln, Philippinen. *Pelochelys bibroni:* Ohne Klappen. Augen weit vorn. Kopf breit. Bis 60 cm lang. Östliches Vorderindien, Hinterindien, südliches China, Sundainseln, Philippinen, Neuguinea. *Lissemys punctata,* Indische Klappen-Weichschildkröte (Abb. 104): Klappen vorhanden. Panzer etwas gewölbt. Kopf plump, mit kurzem Rüssel. Vorder- und Hinterindien, Ceylon.

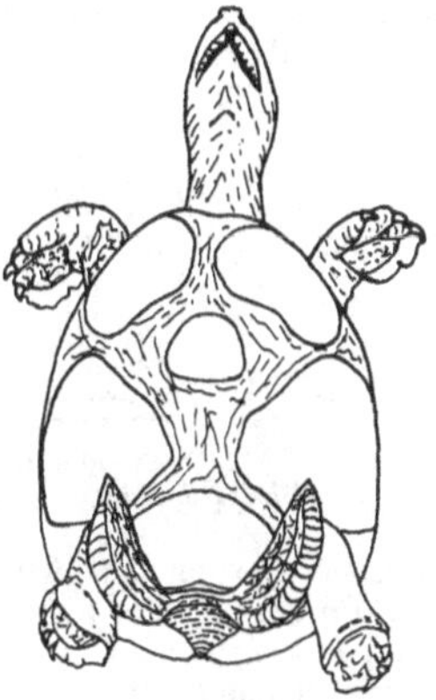

Abb. 104. *Lissemys punctata.* – Nach Werner

10. Familie: *Carettochelydidae* (Neuguinea-Weichschildkröten): Knöcherner Panzer vollständig. Carapax und Plastron fest verbunden. Häutige Panzerbedeckung bildet keinen Saum. Kiefer ohne Lippen. Je 2 freie Krallen an den als Flossenpaddeln ausgebildeten Extremitäten. Einzige Art: *Carettochelys insculpta:* Neuguinea.

2. Unterordnung: *Pleurodira* (Halswender)

Halswirbel mit Querfortsätzen. Hals wird seitlich in den Panzer gelegt. Becken mit Carapax und Plastron verwachsen. Afrika, Madagaskar, Neuguinea, Australien, Südamerika.

1. Familie: *Pelomedusidae* (Pelomedusa-Schildkröten): Plastron aus 11 Knochenplatten. Keine Nuchale. Kopf kann wenig in den Hals eingezogen werden. Afrika, Madagaskar, Südamerika. 3 Gattungen mit 14 im Süßwasser lebenden Arten. *Pelomedusa subrufa:* Vorderlappen des Plastron unbeweglich. Tropisches und südliches subtropisches Afrika, Madagaskar. *Pelusios:* Vorderlappen des Plastron kann zum Schalenschluß aufgeklappt werden. *P. adansonii:* Westliches und östliches Afrika. *P. niger:* Oberschnabel hakig abwärts gebogen. Westafrika. *P. sinuatus:* Hinterrand des Carapax zackig. Östliches und südöstliches Afrika. *P. subniger:* Afrika südlich der Sahara, Mauritius, Seychellen, Madagaskar. *Podocnemis expansa,* Arrauschildkröte: Vorderlappen des Plastron unbeweglich. Carapax eiförmig. Am Kinn 2 Barteln. Hinterfüße mit nur 4 Krallen. Bis etwa $^3/_4$ m lang. Eier werden in großer Menge zur Ölgewinnung genutzt. Nördliches Südamerika. *P. unifilis:* Nördliches Südamerika.

Abb. 105.
Chelus fimbriatus. — Nach Werner

2. Familie: *Chelidae* (Schlangenhalsschildkröten): Plastron aus 9 Knochenplatten. Nuchale meist vorhanden. Hals kann nicht eingezogen werden. 10 Gattungen mit 31 im Süßwasser lebenden Arten. Australien, Neuguinea, Südamerika. *Chelodina longicollis,* Australische Schlangenhalsschildkröte: Langer Hals. Panzer bis etwa 20 cm lang. Wird gegessen. Östliches Australien. *Chelus fimbriatus,* Matamata (Abb. 105): Kopf breit, flach, drei-

seitig. Nase röhrenförmig. Augen sehr klein. Kiefer ohne Hornscheiden. Maul sehr groß. Carapax mit 3 Reihen von Kielhöckern. Kopf und Hals mit Hautlappen. Panzer bis etwa 40 cm lang. Nördliches und mittleres Südamerika. *Emydura macquarrii:* Keine Neuralplatten. Neuguinea, Australien. *Hydromedusa tectifera,* Argentinische Schlangenhalsschildkröte (Abb. 106): Hals sehr lang. Kopf und Hals mit gelblichen Seitenbändern. Panzer bis 30 cm lang. Südliches Südamerika. *Phrynops geoffroana,* Hellrandige Schlangenhalsschildkröte: Neuralplatten vorhanden. Hals kürzer als die Rückenwirbelsäule. Carapax mit gelblichem Saum. Bis über 38 cm lang. Plastron mit großen, symmetrischen, schwarzen Flecken. Nordöstliches, mittleres und südliches Südamerika. *Platemys radiolata,* Strahlen-Schlangenhalsschildkröte: Carapaxplatten strahlig skulpturiert. Mittleres und östliches Südamerika. *P. spixii,* Stachelhalsige Schlangenhalsschildkröte: Neuralplatten fehlen. Carapax in der Mitte rinnenförmig vertieft. Panzer schwarz. Hals mit kegelförmigen weichen Stacheln. Südöstliches Südamerika.

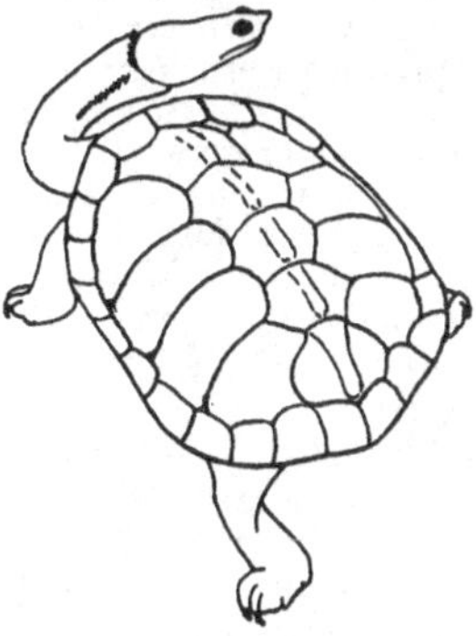

Abb. 106.
Hydromedusa tectifera. — Nach Werner

2. Ordnung: Schnabelköpfe (*Rhynchocephalia,* Brückenechsen)

Schädel mit 2 vollständigen Schläfenbrücken. Praemaxillare hakenförmig abwärts gekrümmt. Zähne miteinander zu Kauleisten verwachsen. Bauchrippen vorhanden. Kloakenspalte quer. Keine Kopulationsorgane. Einzige Familie: *Sphenodontidae* (Brückenechsen): Nur 1 Art: *Sphenodon punctatus,* Tuatera (Abb. 107): Ei-

Abb. 107.
Sphenodon punctatus. — Nach Werner

dechsenartige Gestalt mit 4 fünfzehigen Beinen. Augen groß mit senkrechten Pupillen. Parietalauge vorhanden. Haut mit kleinen Schuppen bedeckt. Der aus dreieckigen flachen Schuppen bestehende gezackte Rückenkamm geht auf dem Schwanz in eine Reihe kegelförmiger Höcker über. Autotomierte Schwänze werden regeneriert. Alte ♂♂ bis 75 cm lang. Die Brückenechsen leben meist in selbstgegrabenen Erdhöhlen mit Sturmvögeln *(Puffinidae)* zusammen, sind nachts aktiv und ernähren sich von Wirbellosen und kleinen Wirbeltieren. Früher auf Neuseeland häufig; jetzt durch Menschen, verwilderte Hunde, Katzen und Schweine, sowie Waldbrände ausgerottet. Leben noch (staatlich geschützt) in 3 Unterarten auf kleinen Inseln in der Plenty-Bay und der Cook-Straße bei Neuseeland.

3. Ordnung: Krokodile *(Crocodylia, Emydosauria,* Panzerechsen)

Schädel mit 2 vollständigen Schläfenbrücken. Zähne in Alveolen. Bauchrippen vorhanden. Eidechsenartige Gestalt mit 4 kräftigen Beinen. 5 Finger und 4 Zehen. Seitlich zusammengedrückter Ruderschwanz mit anfangs doppeltem, in der zweiten Hälfte einfachem Schuppenkamm. Kloakenspalte längs. Kopulationsorgan unpaar. Augen mit senkrecht stehenden Pupillen. 8 Gattungen mit 21 räuberisch im Wasser lebenden Arten. Tropen und Subtropen.

1. Familie: *Alligatoridae* (Alligatoren): Schnauzen relativ kurz. Zähne des Unterkiefers beißen einwärts zu denen des Oberkiefers. 4. Unterkieferzahn greift in eine Grube des Oberkiefers und ist bei geschlossenem Maul nicht sichtbar. 4 Gattungen mit 7 im Süßwasser lebenden Arten. Nord-, Mittel- und Südamerika, Südostchina. *Alligator mississipiensis,* Hechtalligator (Abb. 108): In der Körpermitte 8 Längsreihen großer Rückenschilder. Finger und Zehen mit Schwimmhäuten. Bis 4,5 m lang. Wird zur Ledergewinnung in Farmen gehalten. Südöstliche USA. *A. sinensis,* China-Alligator: In der Körpermitte 6 Längsreihen großer Rükkenschilder. Finger ohne Schwimmhäute. Bis 2 m lang. Unterlauf des Jang-Tse-Kiang. *Caiman crocodilus,* Brillenkaiman: Schnauze relativ lang und schmal. Querleiste zwischen den Augenvorderrändern. Bis 2,5 m lang. Südliches Mittelamerika, nördliches und mittleres Südamerika. *C. latirostris,* Breitstirniger Kaiman: Kurze und breite Schnauze. Bis über 2,5 m lang. Mittleres Südamerika. *Melanosuchus niger,* Mohrenkaiman: Schnauze mäßig lang, flach und breit. Nackenschilder bilden 4 bis 5 eng aufein-

anderfolgende Querreihen. Oberseite schwarz. Bis 4,5 m lang. Mittleres Südamerika. *Paleosuchus palpebrosus*, Brauen-Glattstirnkaiman: Obere Augenlider vollständig verknöchert. Bis 1,2 m lang. Kleinste Krokodilart. Nördliches und mittleres Südamerika. *P. trigonatus*, Keilkopf-Glattstirnkaiman: Bis 1,5 m lang. Nördliches Südamerika.

2. Familie: *Crocodylidae* (Echte Krokodile): Schnauzen relativ lang. Zähne des Unterkiefers beißen zwischen die des Oberkiefers. 4. Unterkieferzahn greift in eine Furche des Oberkiefers und ist bei geschlossenem Maul sichtbar. 3 Gattungen mit 13 vorwiegend im Süßwasser lebenden Arten, Afrika, Südasien, tropisches Amerika, Australien, Ozeanien. *Crocodylus acutus*, Spitzkrokodil: Schnauze 1,75 bis 2,5 mal so lang wie an ihrer Basis breit. Bis 3,5 m lang. Im Süß-, Brack- und Meerwasser. Südöstliches Nordamerika, Mittelamerika, nordwestliches Südamerika, Antillen. *C. cataphractus*, Panzerkrokodil: Schnauze 2,3 bis 3,5 mal so lang wie an ihrer Basis breit. Bis 4 m lang. Auch im Brackwasser. Westliches und mittleres Afrika, Tanganyika-See. *C. intermedius*, Orinoko-Krokodil: Schnauze 2,3 bis 2,8 mal so lang wie an ihrer Basis breit. Bis 5 m lang. Flußsystem des Orinoko. *C. johnsoni*, Australien-Krokodil: Schnauze 2,3 bis 3,2 mal so lang wie an ihrer Basis breit. Bis 2,5 m lang. Im Süßwasser. Nördliches Australien. *C. niloticus*, Nilkrokodil: Schnauze 1,6 bis mehr als 2 mal so lang wie an ihrer Basis breit. Bis 6 m lang (auf Madagaskar bis 10 m). Auch im Brack- und Meerwasser. Afrika (mit Ausnahme des Nordens), Madagaskar, Komoren, Seychellen, früher im Zerka-Fluß in Israel. *C. novae-guineae*, Neuguinea-Krokodil: Schnauze 1,8 bis

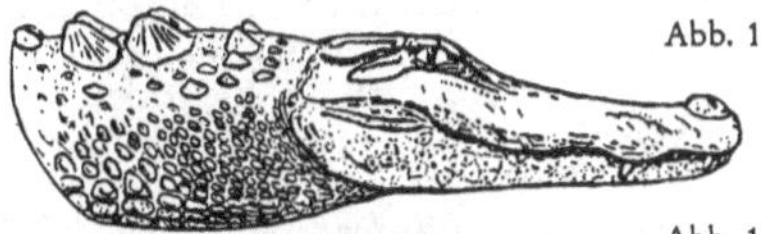
Abb. 108

Abb. 109

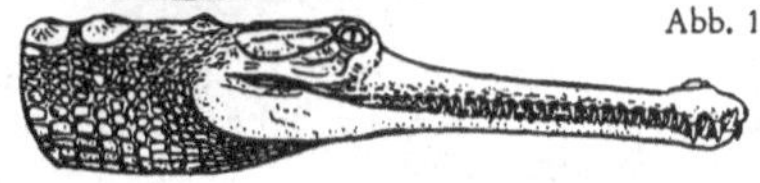
Abb. 110

Abb. 108.
Alligator mississipiensis. — Nach Wermuth
Abb. 109.
Crocodylus rhombifer. — Nach Wermuth
Abb. 110.
Gavialis gangeticus. — Nach Wermuth

2,3 mal so lang wie an ihrer Basis breit. Bis 3 m lang. Neuguinea, Sulu-Archipel, Philippinen. *C. palustris*, Sumpfkrokodil: Schnauze 1,3 bis 1,5 mal so lang wie an ihrer Basis breit. Bis 5 m lang. Auch im Brackwasser. Vorderindien, Burma (?), Ceylon. *C. porosus*, Leistenkrokodil: 2 nach vorn konvergierende Längsleisten auf der Schnauze, die 1,75 bis 2,1 mal so lang wie an ihrer Basis breit ist. 6 bis 7 m (ausnahmsweise 10 m) lang. Vorwiegend im Brack- und Meerwasser. Südliches Indien, Ceylon (im Süßwasser), Sundainseln, Philippinen, Molukken, Timorlaut, Aru- und Kei-Inseln, Neuguinea (auch im Süßwasser), Bismarck-Archipel, Salomonen, Neue Hebriden, Fidschi-Inseln, Küste von Nordaustralien. *C. rhombifer*, Rautenkrokodil (Abb. 109): Schnauze 1,4 bis 1,6 mal so lang wie an ihrer Basis breit. Bis 5 m lang. Nur im Süßwasser. Kuba, Isle of Pines. *C. siamensis*, Siam-Krokodil: Schnauze 1,5 bis 1,9 mal so lang wie an ihrer Basis breit. Knochenlängsleiste zwischen den Augen. Bis 3,5 m lang. Im Süßwasser. Hinterindien, Sundainseln. *Osteolaemus tetraspis*, Stumpfkrokodil: Schnauze 1 bis 1,3 mal so lang wie an ihrer Basis breit. Knochenplatte im oberen Augenlid. Bis 1,75 m lang. Westliches Afrika. *Tomistoma schlegelii*, Sunda-„Gavial": Schnauze sehr lang, 3 bis 4,5 mal so lang wie an ihrer Basis breit. Bis etwa 5 m lang. Im Süßwasser. Südliches Hinterindien, Sundainseln.

3. Familie: *Gavialidae* (Gaviale): Schnauzen extrem lang, 3,5 bis 6 mal so lang wie an ihren Basen breit. Bis 6 m lang. Einzige Art: *Gavialis gangeticus*, Gangesgavial (Abb. 110); Vorder- und Hinterindien.

4. Ordnung: Schuppenkriechtiere *(Squamata)*

Untere Schläfenbrücke — zuweilen auch die obere — aufgelöst. Zähne sitzen den Kiefern nur lose an. Bauchrippen nur selten vorhanden. Körper mit Schuppen oder Schildern bedeckt. Kloakenspalte quer. Begattungsorgan paarig. Warme Länder.

1. Unterordnung: Echsen *(Sauria)*

Unterkieferäste durch Knochennaht fest miteinander verbunden. Pterygoid grenzt meist an das Quadratum. Harnblase meist vorhanden. Warme Länder.

1. Überfamilie: *Gekkota*

1. Familie: *Gekkonidae* (Geckos): Kleinere Echsen mit dorsoventral abgeflachtem Körper. Finger und Zehen oft mit Haftscheiben. Kopfoberseite mit kleinen, kaum verknöcherten Schuppen oder Schildern. Rücken meist mit Körnerschuppen. Gebiß

pleurodont. Postorbital- und Temporalbogen fehlen. Zunge fleischig, wenig gespalten.

1. Unterfamilie: *Gekkoninae* (Echte Geckos): Lider zu durchsichtigen Kapseln („Brillen") verwachsen. Pupillen meist senkrecht, spaltförmig. Parietale paarig. Warme Länder. *Nephrurus asper:* Keine Haftscheiben. Kurzer, dicker, rübenförmiger Schwanz mit knolligem Anhang. Wüstenbewohner. Australien. *Teratoscincus scincus,* Wundergecko: Finger und Zehen seitlich gefranst. Zirpt durch Aneinanderreiben großer Schilder auf der Schwanzoberseite. Mittel- und Westasien. *Ptenopus garrulus,* Sandgecko: Finger und Zehen seitlich gefranst mit schmalen Querlamellen. Lebt in größeren Ansammlungen, einzeln in selbstgegrabenen Erdgängen in Sandwüsten. Bringt abends laute Töne („gek") hervor. Betschuanaland, Transvaal, Kap-Provinz, Südwestafrika. *Stenodactylus,* Dünnfinger: Finger und Zehen ohne Erweiterungen. Gehen hochbeinig. Nachts aktiv. Auf steinigem Boden und Sanddünen. *St. sthenodactylus,* Zierlicher Dünnfinger: Schwanz dick. Nord- und Nordostafrika, Syrien, Arabien. *St. petrii:* Schwanz dünn. Nord- und Nordostafrika. *Palmatogecko rangei* (Abb. 111): Zwischen Fingern und Zehen „Sandschwimmhäute" (s. S. 51). Auf Sandflächen. Südwestafrika, Angola. *Gymnodactylus,* Nacktfinger: Finger und Zehen mit schmalen Querlamellen, Endglieder seitlich zusammengedrückt und aufwärts gebogen. *G. kotschyi,* Ägäischer Nacktfingergecko: Tags aktiv. Mittelmeerländer von Südeuropa und Asien. *G. pelagicus,* Südsee-Nacktfingergecko: Höckerschuppen des Rückens längsgekielt. Neuguinea, Nordaustralien, Pazifische Inseln. *G. milii,* Rübenschwanzgecko: Schwanz dick und rübenförmig. Australien. *Phyllurus platurus,* Blattschwanzgecko (Abb. 112): Schwanz platt, blattförmig verbreitert. Australien. *Gonatodes,* Taggeckos: Pupillen rund. Am Tage aktiv. *G. albogularis:* Martinique, Curaçao. *G. humeralis:* ♂ lebhafter gefärbt als ♀. Eier werden in Termitenbauten gelegt. Oberes Amazonas-Becken.

Abb. 111. *Palmatogecko rangei.* — Nach Werner aus Hilzheimer

G. concinnatus: Ecuador. *Cnemaspis africanus,* Afrikanischer Winkelfinger: Tropisches Afrika. *Phyllodactylus europaeus,* Europäischer Blattfingergecko: Finger und Zehen mit Querlamellen, an den Enden erweitert, mit 2 großen Platten. Nachts aktiv. Korsika, Sardinien, Insel Pendus (bei Marseille), Iles de Hyères, Mt. Argentario (Toscana) und kleine Tyrrhenis-Inseln. *Ph. tuberculosus:* Südliche USA, Westmexiko. *Diplodactylus vittatus:* Australien. *Ptyodactylus hasselquisti,* Fächerzeher: Finger- und Zehenerweiterungen mit fächerförmig ausstrahlenden Lamellen. Felsen- und Wüstengebiete, auch in Gebäuden. Nord- und nördliches tropisches Afrika, Südwestasien. *Uroplatus fimbriatus,* Plattschwanzgecko: Über 25 cm lang. An den Seiten und dem platten, einrollbaren Schwanz gezähnelter Hautsaum. An Bäumen. Madagaskar und andere Inseln. *Hemidactylus,* Halbzeher: Finger und Zehen am Grunde verbreitert mit 2 Reihen von Querlamellen. Endglied vor dem Ende des erweiterten Teils entspringend, nach aufwärts gerichtet. *H. turcicus,* Türkischer Halbfingergecko: Nachts aktiv. An Felsen, Mauern u. dgl., oft in Gebäuden. Küstenländer des Mittelmeeres und Inseln bis zum Roten Meer, östlich bis zum nordwestlichen Vorderindien, südlich bis Kenya. Nach Nord- und Mittelamerika und Kuba verschleppt. *H. frenatus,* Tschitschak: Südasien, Pazifische Inseln. Nach Afrika, Madagaskar und Mexiko verschleppt. *H. platyurus:* Platter Schwanz, Hautsaum an den Körperseiten. Süd- und Südostasien, Indo-australischer Archipel. *H. mabouia,* Afrikanischer Hausgecko: Tropisches und südliches Afrika, Madagaskar, Réunion, Südamerika, Westindien, Mexiko. *H. fasciatus:* Mit breiten dunkelen Querbinden. Westafrika. *Mimetozoon craspedotum,* Saumgecko: Mit als „Fallschirm“ dienendem Hautsaum an den Seiten. Penang, Borneo. *Gehyra mutilata:* Innere Finger und Zehen ohne Krallen. Tropisches Asien, Madagaskar, Indoaustralischer Archipel, Mittelamerika. *G. oceanica:* Größer als voriger. Mit einreihigen Haftlamellen. Indo-australischer Archipel, Neuguinea, Ozeanien, Nordaustralien. *Lygodactylus,* Hemmschwänze: Hafteinrichtung an der Unterseite der Schwanzspitze. Pupillen rund. Tagtiere. *L. picturatus:* Tropisches Afrika. *L. capensis:* Afrika südlich des Äquators. *Lepidodactylus lugubris,* Schuppenfinger: Pupillen senkrecht. Daumen ohne Kralle. Häu-

Abb. 112. *Phyllurus platurus.* — Nach einer Photographie

fig in Gebäuden. Indo-australischer Archipel, Neuguinea, Ozeanien, Burma. *Naultinus elegans:* Lebendgebärend. Neuseeland. *Rhacodactylus leachianus:* Finger und Zehen durch Haut verbunden. Bis 32 cm lang. Neukaledonien. *Gekko:* Finger und Zehen frei. Haftlamellen einreihig. Daumen ohne Kralle. Größte Geckos. *G. stentor:* Bis über 36 cm lang. Auf Bäumen. Ruf: „tok-tok-tok". Malacca, Burma, Andamanen, Sumatra, Borneo, Java, Indo-australischer Archipel. *G. vittatus:* Indo-australischer Archipel, Neuguinea, Ozeanien. *G. gecko,* Tokee: Bis über 35 cm lang. Häufig in Gebäuden. Ruft nachts laut „to-ke". Nordostindien, Indochina, Südchina, Malaiische Halbinsel, Indoaustralischer Archipel. *Ptychozoon kuhli,* Faltengecko (Abb. 113): Breite, beschuppte Hautfalte an Körperseiten und Schwanz, die als „Fallschirm" dient. Malacca, Burma, Nicobaren, Andamanen, Indo-australischer Archipel, Hinterindien. *Tarentola,* Breitzeher: Finger und Zehen ganz erweitert. *T. mauritanica,* Mauergecko (Abb. 114): Sonnt sich häufig. Auch in Gebäuden. Westliche Mittelmeerländer, östliches Afrika bis Ägypten, Kamerun, westliches Asien. *T. annularis,* Ringgecko: Länger als 22 cm. Weiße Flecke auf dem Nacken. Ägypten, Nordsudan, Abessinien, Somaliland, tropisches Afrika. *T. delalandii,* Sattelgecko: Kanaren, Kapverden. *Pachydactylus bibronii,* Dickfinger: Finger und Zehen ohne Krallen.

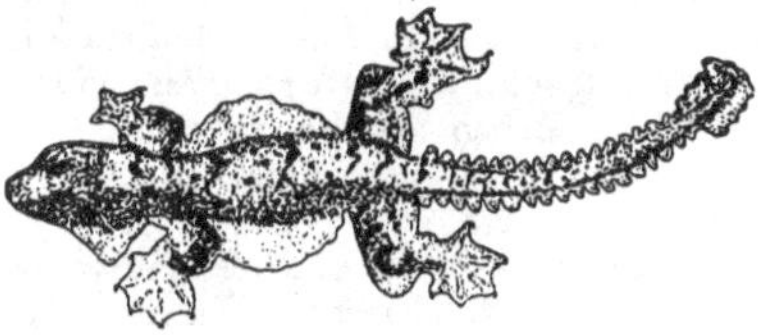

Abb. 113.
Ptychozoon kuhli. — Nach Boulenger aus Hilzheimer

Abb. 114.
Tarentola mauritanica. — Nach Werner

Lebendgebärend. Afrika südlich des Äquators. *Phelsuma*, Taggeckos: Grün mit roten Zeichnungen. Pupillen rund, Tags aktiv. Auf Bäumen. Farbwechsel besonders deutlich. *Ph. laticauda*, Plattschwänziger Taggecko: Platter Schwanz. Bis 14 cm lang. Madagaskar, Mozambique, Ostafrika. *Ph. madagascariensis*, Madagassischer Taggecko: Bis über 23 cm lang. Madagaskar, Seychellen, Aldabra und andere Inseln. *Rhoptropus afer:* Finger und Zehen an den Spitzen erweitert. Kies- und Steinwüste. Südwestafrika. *Sphaerodactylus*, Kugelfinger: Finger- und Zehenerweiterungen mit runder Platte. Alle Arten sehr klein. *Sph. elegans:* Bis 3,5 cm lang. Kuba, San Domingo. *Sph. cinereus*, Grauer Kugelfinger: Antillen, südliches Florida. *Sph. notatus*, Riffgecko: Kuba, Isle of Pines, Bahamas, südliches Florida.

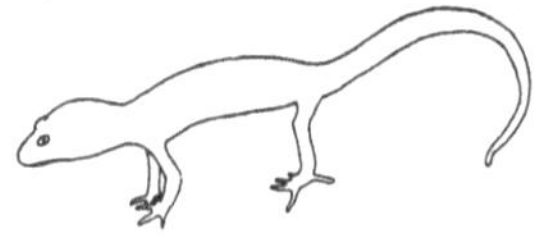

Abb. 115. *Coleonyx variegatus*. — Nach Schmidt und Inger

2. Unterfamilie: *Eublepharinae* (Lidgeckos): Lider frei beweglich. Parietale unpaar. Vornehmlich Wüstenbewohner. Afrika, Asien, Amerika. *Hemitheconyx caudicinctus:* Westafrika. *Eublepharis macularius:* Vom südlichen Transkaspien und Mesopotamien bis Nordwestindien. *Coleonyx variegatus*, Gebänderter Krallengecko (Abb. 115): Hochbeinig. Wüsten. Südkalifornien, Texas, nördliches Mexiko.

2. Familie: *Pygopodidae* (Flossenfüße): Körper schlangenähnlich. Vordergliedmaßen fehlen. Hintergliedmaßen zu flossenartigen, beschuppten Anhängseln rückgebildet. Lider zu durchsichtigen Kapseln („Brillen") verwachsen. Pupillen senkrecht elliptisch. Kopf mit symmetrisch angeordneten Schildern oder Schuppen. Rücken und Bauch mit geschindelten Rundschuppen. Gebiß pleurodont. Postorbital- und Temporalbogen aufgelöst. Parietale paarig. Zunge lang, wenig gespalten, vorstreckbar. Haut wird in einem Stück abgestreift. Schwanz kann autotomiert werden. Australien, Neuguinea. *Pygopus lepidopodus*, Flossenfuß (Abb. 116): Hintergliedmaßen relativ lang (bis mehr als 1 cm) mit vollständigem Skelett. Beim ♂ doppelt so lang

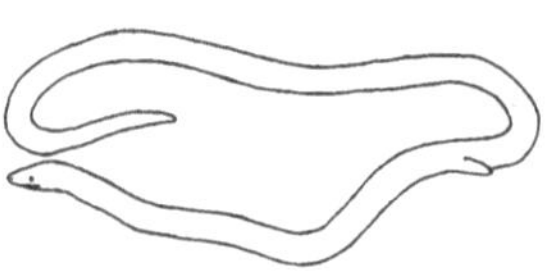

Abb. 116. *Pygopus lepidopodus*. — Nach Werner

wie beim ♀. Schuppen gekielt. Bis 60 cm lang. Schwanz sehr lang. Nachts aktiv. Bodentiere, die sich von Arthropoden u. dgl. ernähren. Australien, Tasmanien. *Aprasia pulchella*, Schmuckflossenfuß: Parietalschilder fehlen. Ohröffnung verdeckt. Füße fast völlig rückgebildet. Bis 15 cm lang. Gräbt in der Erde. Australien. *Lialis jicari:* Hintergliedmaßen bis 6 mm lang. Schuppen glatt. Bis 80 cm lang. Frißt Echsen. Neuguinea. *L. burtonii:* Australien, Neuguinea.

3. Familie: *Xantusiidae* (Nachtechsen): Eidechsenähnlich mit wohlentwickelten Gliedmaßen. Lider zu durchsichtigen Kapseln („Brillen") verwachsen. Pupillen senkrecht spaltförmig. Kopf mit nicht verknöcherten, symmetrisch angeordneten Schildern. Rücken mit Körner- oder Höckerschuppen. Bauch mit kleinen Schildern. Gebiß pleurodont. Postorbital- und Temporalbogen vollständig. Parietale paarig. Zunge kurz, kaum gespalten, fast nicht vorstreckbar, mit schrägen Querfalten. Bodentiere. Nord- und Mittelamerika, Antillen. *Cricosaura typica*, Kubanische Nachtechse: In Kalksteingeröll. Kuba. *Lepidophyma flavimaculata:* Feuchtes tropisches Flachland. Mittelamerika, Südmexiko. *Xantusia henshawi*, Granit-Nachtechse: Lebendgebärend. Trokkengebiete. Frißt Arthropoden u. dgl. Am Tage in Felsspalten und Gesteinsritzen. Südwestliche USA. *X. arizonae*, Arizona-Nachtechse: Bis 14 cm lang. Lebendgebärend. Felsengebiete. Arizona. *X. vigilis*, Yucca-Nachtechse: Lebendgebärend. Am Tage zwischen morschen Stämmen und Zweigen der Yucca-Palmlilie. Südwestliche USA. *X. riversiana*, Insel-Nachtechse: Inseln vor der Kalifornischen Küste.

2. Überfamilie: *Iguania*

4. Familie: *Agamidae* (Agamen): Beine stets wohlentwickelt. Körper bei Bodentieren dorsoventral, bei Baumtieren seitlich zusammengedrückt. Kopf oben meist mit kleinen Schuppen. Rükken mit Körnerschuppen oder geschindelten Rundschuppen. Bauch mitunter mit regelmäßig gestellten kleinen Schildern. Gebiß acrodont. Postorbital- und Temporalbogen vollständig. Schläfenfenster nicht knöchern überdacht. Parietale unpaar. Zunge dick, kaum gespalten, nur bei Pflanzenfressern vorstreckbar. Tagtiere. Südeuropa, Asien, Afrika (außer Madagaskar), Australien, Ozeanien. *Draco volans*, Flugdrache (Abb. 117): Mit als „Fallschirm" wirkenden aufstellbaren Hautfalten an den Körperseiten und einem (beim ♂ längeren) aufrichtbaren, beschuppten Kehlsack. Bis 21 cm lang. Baumbewohner. Malacca,

Penang, Singapore, Siam, Indo-australischer Archipel. *Sitana ponticeriana,* Sita-Agame: Nur 4 Zehen. ♂ mit sehr großem Kehlsack. Vorderindien südlich des Himalaya, Ceylon. *Otocryptis wiegmanni:* Kann auf den sehr langen Hinterbeinen laufen. ♂ mit großem Kehlsack. Baumbewohner. Ceylon. *Cophotis ceylanica:* Schwanz zum Greifen geeignet. Ceylon. *Ceratophora stoddartii,* Ceylonische Hornagame: Schnauzenspitze beim ♂

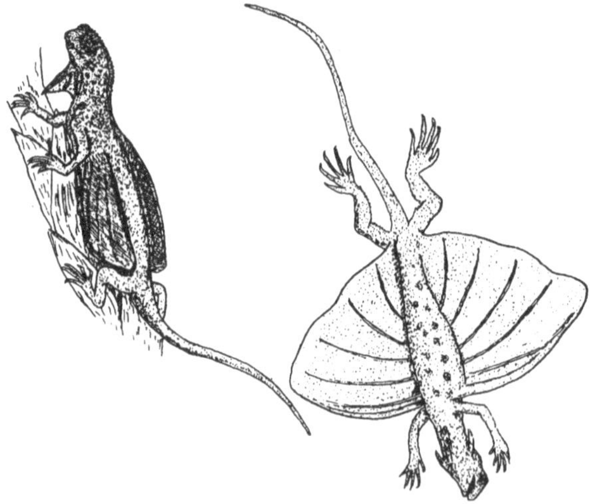

Abb. 117. *Draco volans.* — Nach Gadow aus Hilzheimer

mit weichem Horn (s. Abb. 88 a). Ceylon. *Lyriocephalus scutatus,* Lyrakopf (Abb. 118): Chamäleonähnlich. Trommelfelle verborgen. Kopf mit Knochenkämmen, an der Schnauze mit knolliger Anschwellung. Ceylon. *Gonocephalus,* Winkelköpfe: Trommelfelle deutlich. Falte quer über die Kehle. Rückenkämme. Große Baumbewohner. *G. geodeffroyi:* Bis 1 m lang. Neuguinea, Nordostaustralien, Ozeanien. *G. liogaster:* Sehr hoher Rückenkamm. Indo-australischer Archipel, Sumatra, Borneo. *G. kuhli:* Java. *G. chamaeleontinus:* Indo-australischer Archipel. *Calotes,* Schönechsen: Keine oder nur schwache Kehlfalte. Körper seitlich abgeflacht. Baum- und Gebüschbewohner. Ausgeprägter Farbwechsel. Bei einigen Arten Eier an beiden Enden zugespitzt. *C. cristatellus:* Malaiische Halbinsel, Hinterindien, Siam, Indoaustralischer Archipel. *C. jubatus:* Hoher Rückenkamm. Indo-australischer Archipel, Philippinen, Nicobaren. *C. versicolor,* Blutsauger: Bis über 40 cm lang. Sehr mannigfaltiger Farbwechsel. Afghanistan, Südasien, Sumatra. *C. calotes:* Südliches Vorderindien, Ceylon, Nicobaren. *Agama:* Körper mehr oder weniger dorsoventral abgeflacht. Rückenkämme schwach oder fehlend. Trommelfelle deutlich. Bodentiere. *A. mutabilis,* Wüstenagame: Stein- und Gebüschwüste. Nordafrika. *A. sanguinolenta,* Steppenagame: Küsten des Kaspischen Meeres und von Transkaspien bis Mittelasien. *A. ruderata,* Syrische Agame: Wüsten und Steppen. Syrien, Kleinasien, Kaukasus, Persien. *A. pallida,* Wechselagame: Nordostafrika, Südwestasien. *A. agama,* Siedleragame: Bis 35 cm lang. Besonders lebhafter Farbwechsel. Busch- und Steppengebiete, namentlich bei und in menschlichen Siedlungen. Südlicher Sudan, Uganda, westlich bis Nigeria, südlich bis Angola, Kenya, Usambara, Tanganyika, Kamerun. *A. atricollis,* Blaukehlagame: Kehle (namentlich beim ♂) blau. Tropisches und südliches Afrika. *A. stellio,* Hardun: Schwanz mit Wirteln von Stachelschuppen. Bis 28 cm lang. Auf Steinen, Felsen, Mauern und Häusern. Südwesteuropa, Westasien, Nordostafrika, Unterägypten. *Phrynocephalus,* Krötenköpfe: Trommelfelle verborgen. Geschickte Gräber. *Ph. mystaceus,* Bärtiger Krötenkopf (Abb. 119): Mit gefransten Hautlappen an den Mundwinkeln.

Abb. 118.
Lyriocephalus scutatus. — Nach Hilzheimer

Abb. 119.
Phrynocephalus mystaceus. — Nach Werner

Über 18 cm lang. Steppen und Wüsten. Südöstliches europäisches Rußland bis Mittelasien. *Ph. helioscopus,* Sonnengucker: Bis 12 cm lang. Auf Lehmsteppe. West- und Mittelasien, unteres Wolga-Gebiet. *Ph. guttatus,* Schwanzroller: West- und Mittelasien. *Ph. interscapulans,* Stachelkopf: Stachelförmige Schuppen an Kopf- und Halsseiten. Bis 8 cm lang. Westliches und mittleres Asien. *Amphibolurus barbatus,* Bartagame: Bis über 50 cm lang. Abgeplattet. An der Kehle eine mit spitzen Schuppen bedeckte Haut, die bei Abwehr oder Drohung bei aufgerissenem Maul vollbartartig aufgerichtet wird. Kann auf den Hinterbeinen laufen. Australien. *A. muricatus:* Bis 30 cm lang. Ohne „Bart". Australien, Tasmanien. *Physignathus lesueurii,* Wasseragame: Körper seitlich zusammengedrückt. ♂ rotbäuchig. Bis 80 cm lang. Geht oft ins Wasser. Australien. *Chlamydosaurus kingii,* Kragenechse (s. Abb. 35): Hals von einer großen, kragenartigen Hautfalte umgeben, die bei Erregung mit Hilfe der Zungenbeinhörner aufgerichtet wird. Vermag auf den Hinterbeinen zu laufen. Bis 80 cm lang. Nord- und Nordwestaustralien, Queensland. *Hydrosaurus amboinensis,* Segelechse (Abb. 120): Schuppenkamm auf der Wurzelhälfte des Schwanzes (beim ♂) sehr hoch. Bis über 1 m lang. Am und im Wasser. Indo-australischer Archipel, Philippinen, Neuguinea. *Liolepsis belliana,* Schmetterlingsagame: Ohne Kamm. Bunt gefärbt. Bis 50 cm lang. Auf dürrem, sandigem Gelände, in dem sie lange Gänge gräbt. Südostasien, Sumatra. *Uromastyx,* Dornschwänze: Kurze, dicke Köpfe. Abgeplattete Körper. Kurze, breite Schwänze mit stachelartigen

Abb. 120. *Hydrosaurus amboinensis.* — Nach Werner

Abb. 121. *Uromastyx aegyptius.* — Nach Werner

Schuppen. Große Schneidezähne. Pflanzenfresser. *U. acanthinurus*, Veränderlicher Dornschwanz: In Hochtälern mit Graswuchs. Nordafrika. *U. aegyptius*, Dornschwanz oder Dabb (Abb. 121): Bis 1 m lang. In sandigen Ebenen und Bachbetten der Wüste mit etwas Vegetation, in denen er Gänge gräbt. Ägypten, Arabien. *U. hardwickii*, Indischer Dornschwanz: Bis etwa 30 cm lang. Pakistan, nordwestliches Vorderindien. *Moloch horridus*, Moloch oder Dornteufel (Abb. 122): Bis 20 cm lang. Der ganze Körper mit großen, starken Stacheln besetzt. Mund klein. Frißt Ameisen. Sandbewohner. Australien.

5. Familie: *Chamaeleontidae* (Chamäleons): Körper seitlich stark zusammengedrückt. Finger und Zehen zu Greifzangen verwachsen. Augen von beschuppten Lidern ganz umgeben, unabhängig voneinander beweglich. Ohröffnungen fehlen. Schwanz meist Greiforgan. Kopf und Rumpf mit kleinen Körnerschuppen. Schädel mit knöchernen Spangen am Hinterkopf, die oft einen „Helm" bilden. Pterygoid nicht oder kaum mit dem Quadratum verbunden. Zähne acrodont, zu Kauleisten verwachsen. Parietale unpaar. Zunge weit vorschnellbar (s. S. 78). Meist baumbewohnend. Farbwechsel ausgeprägt. Meist Tagtiere. Afrika, südliche Mittelmeerländer bis Indien. *Chamaeleo chamaeleon*, Europäisches Chamäleon: Helm dachförmig. Bis 30 cm lang. Buschbewohner. In der Wüste auch auf dem Boden und in selbstgegrabenen Löchern. Südspanien über Nordafrika bis Westasien. *Ch. basiliscus*, Sudanchamäleon: Ohne Hinterhauptlappen. ♂ mit Fersenspornen (s. S. 116). Nordostafrika, Südwestasien. *Ch. senegalensis:* Helm flach, ohne Hinterhauptslappen. Tropisches Afrika. *Ch. gracilis:* Hinterhauptslappen schwach. ♂ mit Fersenspornen. Beschuppung grob. Tropisches Afrika. *Ch. dilepis*, Lappenchamäleon: Hinterhauptslappen groß und beweglich. Helm platt. Tropisches und südliches Afrika. *Ch. pumilus*, Buntes Zwergchamäleon: Kehlkamm aus lappenförmigen, zusammengedrückten Schuppen. Lebendgebärend. Südliches und südöstliches Afrika. *Ch. melanocephalus*, Braunes Zwergchamäleon: Kehlkamm aus kegelförmigen Schuppen. Lebendgebärend. Südliches und südöstliches Afrika. *Ch. oustaletti*, Riesenchamäleon: Bis 1 m lang.

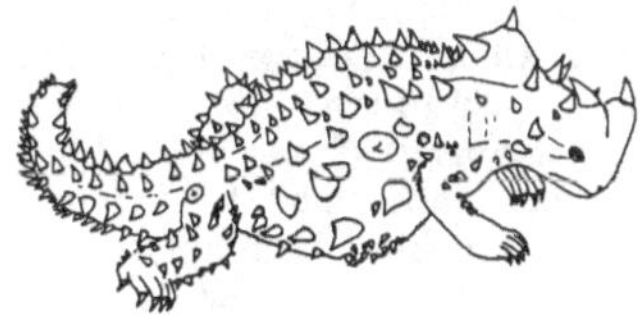

Abb. 122.
Moloch horridus. — Nach Werner

Frißt (in Gefangenschaft) auch Echsen und Mäuse. Madagaskar. *Ch. pardalis*, Pantherchamäleon: Schnauze mit 2 kurzen Fortsätzen. Bis fast 1/2 m lang. Madagaskar und andere Inseln. *Ch. brevicornis*, Kurzhornchamäleon: Schnauzenfortsätze und schuppige Kopflappen. Madagaskar. *Ch. cristatus*, Kammchamäleon: Stark aufsteigender Helm. Rücken mit hohem Hautsaum. Westafrika. *Ch. deremensis* (Abb. 123): ♂ mit 3 Kopfhörnern. Usambara, Tanganyika. *Ch. montium*, Bergchamäleon: ♂ mit Rückensaum, der an der Schwanzwurzel besonders hoch ist, und 2 geraden, divergierenden Hörnern auf der Schnauze. Gebirgstier. Südwestliches Afrika. *Ch. owenii*, Dreihornchamäleon (s. Abb. 89a): Hinterhauptslappen klein. Schwanz lang. ♂ mit 3 Hörnern. Westafrika. *Ch. fischeri:* ♂ mit 2 beschilderten, nach vorn konvergierenden Schnauzenhörnern. Usambara, Tanganyika. *Ch. bifidus:* Divergierende Hörner. Madagaskar. *Ch. melleri:* Über ½ m lang. Welliger Rückenkamm. Große Hinterhauptslappen. Beschilderter Schnauzenfortsatz. Soll auch Vögel fressen. Tanganyika, Nyassaland. *Ch. gallus*, Hahnenkammchamäleon (s. Abb. 89c): Breiter, flacher, leistenförmiger Aufsatz auf dem Kopf, der beim ♂ stärker entwickelt ist. Madagaskar, Ile aux Prunes. *Rhampholeon brevicaudatus:* Sehr kurzer Schwanz. Ähnelt einem dürren Blatt. Tanganyika. *Brookesia*, Stummelschwanz-Chamäleons: Kurze Schwänze, die keine Greiforgane sind. Sehr kleine Tiere. Leben auch auf dem Boden. Madagaskar und Mittelafrika. *B. spectrum:* Stachel auf der Beugeseite der Finger und Zehen. Kamerun. *B. kerstensii:* Ohne Stachel. Brit. Somaliland, Kenya, Tanganyika. *B. stumpffii:* Eine Reihe horizontal abstehender Dornen an jeder Rückenseite. Madagaskar. *B. superciliaris:* „Augenbrauen" lang spitzwinklig vorgezogen. Madagaskar. *Evoluticauda minima:* Nur wenig über 3 cm lang. Kleinstes Chamäleon. Nord-Madagaskar. *Leandria perarmata*, Panzerchamäleon: Bis 12,5 cm lang. Doppelte Dornenreihe auf Rücken und Schwanz. West-Madagaskar.

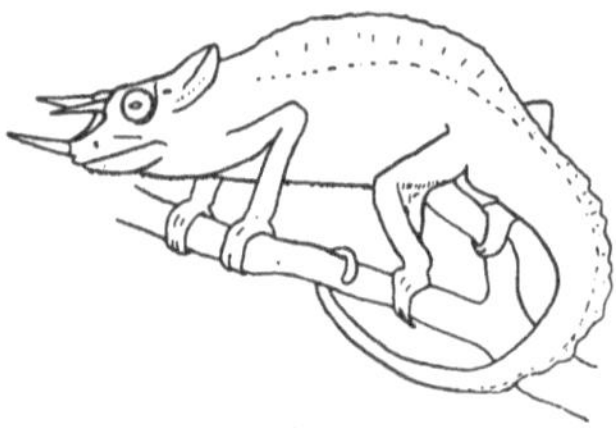

Abb. 123. *Chamaeleo deremensis* (♂). – Nach Werner

6. Familie: *Iguanidae* (Leguane): Beine stets wohlentwickelt. Körper bei Bodentieren dorsoventral, bei Baumtieren seitlich zusammengedrückt. Kopf oben meist mit kleinen Schuppen. Rükken mit kleinen, mitunter geschindelten, Schuppen. Gebiß pleurodont. (Wesentlichster Unterschied gegenüber den *Agamidae.*) Postorbital- und Temporalbogen vollständig. Schläfenfenster nicht knöchern überdacht. Parietale unpaar. Zunge dick, kaum gespalten, nicht oder nur wenig vorstreckbar. Nord-, Mittel- und Südamerika, Madagaskar, Ozeanien. *Anolis*, Anolis: Haftlamellen an den Unterseiten der Finger und Zehen. ♂♂ mit aufrichtbaren, senkrechten Kehlsäcken. Sehr ausgesprochener Farbwechsel. Baumbewohner. *A. carolinensis*, Rotkehlanolis (Abb. 124):

Abb. 124.
Anolis carolinensis. — Nach Schmidt und Inger

Bis 22 cm lang. Kehlsack rot. Südliche USA, Bahamas, Kuba. *A. equestris*, Ritteranolis: Bis 45 cm lang. Rückenkamm. Kuba, Isle of Pines. *A. cristatellus*, Kammanolis: Bis 20 cm lang. ♂ mit hohem Saum auf der Schwanzwurzel. Dämmerungstier. Lebendgebärend. Antillen. *A. sagrei:* Ohne Rückenkamm. Kurzköpfig. Florida Keys, Bahamas, Kuba, Küsten von Mittelamerika. *Chamaeleolis chamaeleonides:* Mit Greifschwanz. Kuba. *Corythophanes hernandezii*, Helmleguan: Körper seitlich abgeflacht. Knochenkamm am Hinterkopf. Baumbewohner. Mexiko bis Guatemala. *Basiliscus basiliscus*, Helmbasilisk (Abb. 125): Bis 80 cm lang. ♂ mit großem, knorpeligem Fortsatz am Hinterkopf und hohem Rücken- und Schwanzkamm. Schuppensäume an den Außenseiten der Zehen. Baumbewohner in der Nähe von Wasser, in das er flüchtet. Tagtier. Nordwestcolumbien, Panama, Costarica. *B. plumifrons*, Stirnlappen-Basilisk: Bis 70 cm lang.

♂ auf der Stirn mit Fortsatz. Costarica. *B. vittatus*, Streifenbasilisk: Niedriger Rücken- und kein Schwanzkamm. Mexiko bis Nicaragua. *Polychrus marmoratus*, Langbeinleguan (s. Abb. 36): Lange Hinterbeine. Guter Springer. Schleicht sich langsam an Beute an. Mittel- und nördliche Hälfte von Südamerika. *Liolaemus*, Erdleguane: Niedergedrückte Körper. Drehrunde Schwänze. Ohne Rückenkämme. Manche Arten prächtig metallisch gefärbt. Hoch in den Anden lebende Formen sind lebendgebärend. Südamerika. *L. cyanogaster:* Chile, Bolivien, Südperu. *L. nigromaculatus:* Chile, Peru, Argentinien. *L. pictus:* Chile. *Leiocephalus:* Körper etwas seitlich zusammengedrückt, mit aufrichtbaren niederen Schuppenkämmen. *L. personatus*, Maskenleguan: Bis 30 cm lang. Hispaniola, San Domingo. *L. vittatus*, Streifenleguan: Bodenbewohner. Kuba, Isle of Pines. *Tropidurus*, Keilschwänze: Körper niedergedrückt. Kopf platt, dreikantig. Große Hinterhauptsschilder. Auf sandigen oder steinigen Geländen. Am Tage aktiv. *T. peruvianus:* Peru, Chile, Südecuador. *T. torquatus*, Halsbandkeilschwanz: Südamerika. *Urocentron*, Dornschwanzleguane: Plumpe Körper und Stachelschwänze. Südamerika. *Amblyrhynchus cristatus*, Meerechse (siehe Abb. 42): Bis 1,75 m lang. Körper und Schwanz seitlich stark zusammengedrückt. Nacken-, Rücken- und Schwanzkamm. Der kurze, dicke Kopf mit kegelförmigen und dornartigen Schildern. Tagtiere, die häufig ins Meer gehen und sich von Algen ernähren. Küstenzonen der Galapagosinseln. Auf einigen Inseln fast ausgerottet. *Conolophus subcristatus*, Drusenkopf (Abb. 126): Bis 1,25 m lang. Körper plump. Schwanz relativ kurz, leicht zusammengedrückt.

Abb. 125. *Basiliscus basiliscus* (♂). — Nach Werner

Abb. 126. *Conolophus subcarinatus.* — Nach Werner

Sehr kleiner Kamm. Am Hals starke Hautfalten. Langsame Tagtiere, die Landpflanzen (auch Kakteen) fressen und Erdhöhlen graben. Im Inneren der Galapagosinseln. *Cyclura cornuta,* Nashornleguan: Auf der Schnauze 3 hornartige (beim ♂ stärkere) Höcker. Hinterkopf beim ♂ stark angeschwollen. Bodenbewohner. Frißt Pflanzen und Tiere. Hispaniola und benachbarte Inseln. *C. carinata,* Wirtelschwanz: Bis 1,3 m lang. Bahamas. Stellenweise durch eingeführte Mungos ausgerottet. *Ctenosaura acanthura,* Schwarzer Leguan: Über 1,2 m lang. Stachelschuppen auf dem Schwanz. Vorwiegend Pflanzenfresser. Mexiko. *Iguana iguana,* Grüner Leguan: Bis 1,6 m lang. ♂ mit sehr hohem, aus sichelförmigen Schuppen bestehendem Nacken- und Rückenkamm (siehe Abb. 88 c). Seitlich zusammengedrückter Kehlsack. Baumbewohner. Fast ausschließlich Pflanzenfresser. Mittel- und nördliches Süd-Amerika. *Sceloporus undulatus,* Zaunleguan: Hinterhauptsschild groß. Schuppen gekielt. Tagtier. Östliche USA, Nordmexiko. *Phrynosoma,* Krötenechsen: Körper scheibenförmig abgeplattet. Große Stacheln am Hinterkopf. Kleine Stacheln auf der ganzen Oberfläche. Lebendgebärend. Wüstenbewohner. Fressen hauptsächlich Ameisen. *Ph. cornutum* (Abb. 127): Bis 13 cm lang. Südliche USA, Nordmexiko. *Ph. douglassii,* Kurzhornkrötenechse: Stacheln am Hinterkopf kurz. Südwestl. USA, Nordmexiko.

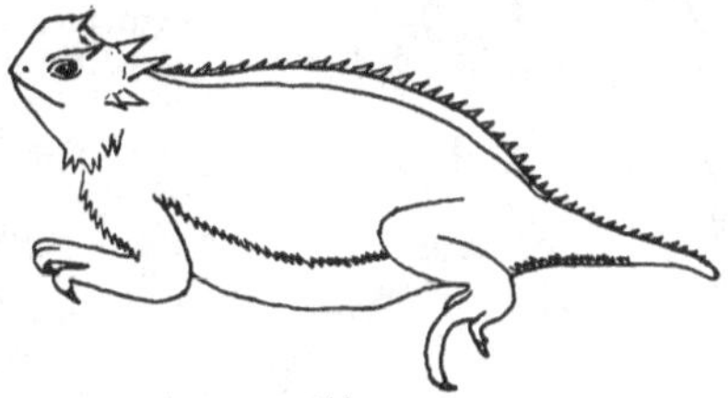

Abb. 127. *Phrynosoma cornutum.* – Nach Werner

3. Überfamilie: *Scincomorpha*

7. Familie: *Lacertidae* (Eidechsen): Beine stets wohlentwickelt. Körper im Querschnitt rundlich. Kopf oben mit großen, symmetrisch angeordneten, verknöcherten Schildern. Rücken mit kleinen oder größeren geschindelten oder gekielten Schuppen. Bauch meist mit regelmäßig angeordneten Schildern. Körperschuppen nicht verknöchert. Gebiß pleurodont. Postorbital- und Temporalbogen vollständig. Schläfenfenster knöchern überdacht. Parietale unpaar. Zunge flach, zweizipfelig, mit schuppenförmigen Papillen oder schrägen Falten. Schenkelporen meist vorhanden. Europa, Asien, Afrika. *Takydromus,* Schnelläufer-Eidechsen:

Sehr lange Schwänze. Gekielte Bauchschuppen. *T. sexlineatus* (Abb. 128): Südostasien, Indo-australischer Archipel. *T. tachydromoides:* Japan. *Lacerta,* Halsbandeidechsen: Ungekielte Bauchschilder. Quer vor der Brust eine mit einer Reihe größerer Schildchen besetzte, bogenförmige Hautfalte („Halsband"). Europa, Afrika, gemäßigtes Asien. *L. lepida,* Perleidechse: Bis 80 cm lang. Größte europäische Eidechse. Grün mit blauen Augenflecken. Südwesteuropa, Nordwestafrika. *L. viridis,* Smaragdeidechse: Bis 40 cm lang. Nordspanien, Frankreich, Italien, Schweiz, Österreich, Tschechoslowakei, Südwestrußland, Kleinasien. In Deutschland im Rheingebiet und sporadisch in Norddeutschland (Brandenburg). *L. schreiberi,* Portugiesische Smaragdeidechse: Westen und Süden der Pyrenäenhalbinsel. *L. strigata,* Kaspische Smaragdeidechse: Kaukasus, Süd- und Südostküsten des Kaspischen Meeres. *L. trilineata,* Riesensmaragdeidechse: Bis 60 cm lang. Balkanländer, Westasien. *L. agilis,* Zauneidechse: Bis 25 cm lang. Europa (mit Ausnahme des Südwestens) bis Mittelasien. *L. vivipara,* Berg-, Moor- oder Waldeidechse. Bis 18 cm lang. Lebendgebärend. Im Gebirge bis 3000 m hoch. Am weitesten nach Norden (bis 70° n. Br.) verbreitete Echse. Nord- und Mitteleuropa, Nordasien bis zum Amur und bis Sachalin. Im Süden auf Gebirgen (Pyrenäen, Kantabrische Alpen), Alpenländer, Nordbalkan, Westkaukasus, Altai, Nordmongolei, Baikalgebiet. *L. praticola,* Wieseneidechse: Kaukasus, Rumänien, Bulgarien. *L. muralis,* Mauereidechse: Bis 20 cm lang, Zahlreiche Unterarten in Mittel- und Südeuropa, sowie Kleinasien. Nordgrenzen: Belgien, Holland, West- und Süddeutschland (Rheingebiet), Österreich, Ungarn, Rumänien. Die Mauereidechse, sowie die mehr oder weniger mit ihr verwandten, sogen. „Mittelmeereidechsen", die die südeuropäischen Länder und Inseln bevölkern, sind in eine fast unübersehbar große Anzahl von Arten und

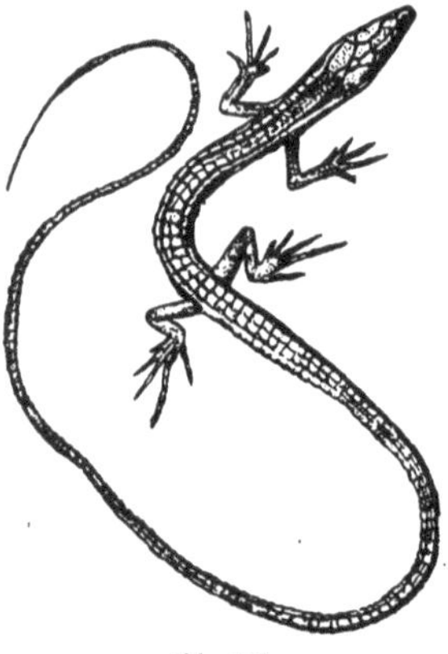

Abb. 128.
Takydromus sexlineatus. — Nach Delsman

Unterarten aufgeteilt. Hier können nur die Arten und ihre Verbreitung ganz kurz aufgeführt werden. Es ist nicht möglich, auf die interessanten tiergeographischen, ökologischen, genetischen und erdgeschichtlichen Probleme, die mit der Verteilung der Arten und Unterarten, besonders der „Inseleidechsen“, zusammenhängen, einzugehen.

L. bedriagae, Tyrrhenische Gebirgseidechse: Korsika, Sardinien.

L. bocagei, Maurische Mauereidechse: Pyrenäenhalbinsel, Nordwestafrika.

L. erhardii, Zykladeneidechse: Östliche Balkanländer, Zykladen.

L. filfolensis, Maltesische Mauereidechse: Malta und benachbarte Inseln.

L. graeca, Griechische Spitzkopfeidechse: Taygetos-Gebirge.

L. hispanica, Spanische Spitzkopfeidechse: Südostspanien.

L. horvathii, Kroatische Gebirgseidechse: Südwestkroatien, Istrien.

L. lilfordi, Balearen-Eidechse: Balearen.

L. melisellensis, Adria-Eidechse: Krain, Istrien, Kroatien, Dalmatien, Herzegowina, Bosnien, Montenegro, Albanien, Inseln der Adria.

L. monticola, Iberische Gebirgseidechse: Gebirge der Pyrenäenhalbinsel.

L. mosorensis, Mosor-Eidechse: Gebirge in Dalmatien, Herzegowina, Montenegro.

L. oxycephala, Dalmatinische Spitzkopfeidechse: Dalmatien, Herzegowina, Montenegro, Adria-Inseln.

L. peleponnesica, Peleponnesische Eidechse: Südgriechenland.

L. perspicillata, Brilleneidechse: Nordwestafrika, Menorca (eingeschleppt).

L. pityusensis, Pityusen-Eidechse: Pityusen, Mallorca.

L. saxicola, Felseneidechse: Krim, Kaukasus, Kleinasien, Iran, südliches Turkmenien, Armenien.

L. sicula, Ruineneidechse: Italien, Korsika, Sardinien, Sizilien, Menorca, Istrien, Dalmatien, Inseln des Tyrrhenischen und Adriatischen Meeres, Küsten und Inseln des Marmarameeres.

L. taurica, Taurische Eidechse: Krim, Rumänien, Ungarn, Bulgarien, Jugoslawien, Albanien, Griechenland, Ionische Inseln, europäische Türkei, europäisches Rußland, Westasien.

L. wagleriana, Sizilianische Eidechse: West- und Südsizilien, Ägadische und Liparische Inseln.

Von weiteren *Lacerta*arten seien noch erwähnt: *L. simonyi:* Bis etwa ½ m lang. Kanaren. *L. galloti:* Über 30 cm lang. Kanaren. *L. atlantica:* Kanaren. *L. dugesi:* Madeira, Porto Santo, Azoren (eingeführt). *Algyroides,* Kielechsen: Rückenschuppen groß, stark gekielt und geschindelt. *A. nigropunctatus,* Pracht-Kielechse: Bis etwa 20 cm lang. Braun mit rotem Bauch. Krain, Istrien, Westkroatien, Dalmatien, Herzegowina, Montenegro, Albanien, Epirus, Ionische Inseln. *A. fitzingeri,* Zwerg-Kielechse: Bis 12 cm lang. Korsika, Sardinien. *A. moreoticus,* Peloponnesische Kielechse: Südgriechenland, Ionische Inseln. *Psammodromus,* Sandläufer: Halsband undeutlich oder fehlend. Schuppen gekielt. *P. algirus,* Algerischer Sandläufer: Bis 27 cm lang. Südwesteuropa, Nordwestafrika. *P. hispanicus,* Spanischer Sandläufer: Bis 15 cm lang. Südwesteuropa. *Acanthodactylus,* Fransenfinger: Zehen jederseits mit Fransensaum. Wüstenbewohner. *A. erythrurus,* Europäischer Fransenfinger: Bis 20 cm lang. Westeuropa, Nordwestafrika. *A. boskianus:* Über 20 cm lang. Nord- und Nordwestafrika, Südwestasien. *A. pardalis:* Nordostafrika, Südwestasien. *A. scutellatus,* Nordostafrika, Südwestasien. *Eremias,* Wüstenrenner: Zehen unterseits mit gekielten Schuppen. Wüsten und Steppen. *E. guttulata:* Bis 16 cm lang. Nordostafrika bis Indien. *E. velox,* Schneller Wüstenrenner: Nord- und Ostküste des Kaspischen Meeres bis Mittelasien. *E. arguta,* Steppenrenner: Ostrumänien bis Mittelasien. *Scapteira depressa:* Zehen seitlich mit spitzen Schuppen. Steppen. Süd- und Südwestafrika. *Aporosaura anchieta:* Breite, schaufelförmige Schnauze mit horizontaler Schneide. Auf Sandboden. Damaraland, Angola. *Ophisops,* Schlangenaugen: Augenlider verwachsen, das untere durchsichtig. Bis 15 cm lang. *O. elegans,* Europäisches Schlangenauge: Östliche Balkanhalbinsel, Westasien, Westasiatische Inseln. *O. occidentalis:* Nordafrika. *Holaspis guentheri,* Schwanzsaum-Eidechse: Stark abgeplatteter, seitlich gezähnelter Schwanz. Unterseiten der Füße mit polsterähnlichen Schuppen und Dornen. Bis 9 cm lang. Kletterndes Waldtier. Tropisches Afrika.

8. Familie: *Cordylidae* (Wirtelechsen): Körper eidechsen- oder schlangenförmig, mit einer Hautfalte längs der Flanken. Gliedmaßen wohlentwickelt oder zurückgebildet. Kopf oben mit großen, symmetrisch gestellten, verknöcherten Schildern. Rücken mit Körner- oder Tafelschuppen. Bauch mit regelmäßig angeordneten Schildern. Gebiß pleurodont. Postorbital- und Temporalbogen vollständig. Schläfenfenster knöchern überdacht. Partietale

unpaar. Zunge mäßig lang, schwach ausgeschnitten, mit geschindelten Papillen oder schrägen Falten.

1. Unterfamilie: *Cordylinae* (Gürtelschweife): Hautknochen ohne Kanäle. Frontale unpaar. Lebendgebärend. Tropisches und südliches Afrika. *Cordylus:* Gliedmaßen wohlentwickelt. Schwanz mit Wirteln von Stachelschuppen. In steinigem und felsigem Gelände. *C. cordylus,* Gewöhnlicher Gürtelschweif (Abb. 129 a): Bis 18 cm lang. Keine Kopfstacheln. Ganz Afrika südlich der Sahara. *C. polyzonus,* Vielgürteliger Gürtelschweif (Abb. 129 b): Bis etwa 12 cm lang. Kleine Stacheln am Hinterkopf. Unteres Augenlid mit „Fenster". Süd- und Südwestafrika. *C. cataphractus,* Panzergürtelschweif (Abb. 129 c): Bis etwa 27 cm lang. Flache Schuppen am Hinterkopf. Südafrika. *C. giganteus,* Riesengürtelschweif (Abb. 129 d): Bis 40 cm lang. Große, kegelförmige Stacheln am Hinterkopf. Transvaal, Oranje-Freistaat, Kap-Provinz. *Pseudocordylus microlepidotus:* Körper abgeflacht. Keine Kopfstacheln. Gebirge. Südafrika. *Platysaurus capensis:* Körper sehr abgeflacht. Keine Kopfstacheln. Oft in der Nähe von Wasser. Südwestafrika, Kap-Provinz. *Chamaesaura,* Schlangen-Gürtelechsen: Körper langgestreckt, schlangenähnlich, mit sehr langen Schwänzen und rückgebildeten Gliedmaßen. Bis etwa 60 cm lang. Grassteppen. *Ch. aenea:* 4 kleine Gliedmaßen mit je 5 Zehen. Transvaal, Natal, Oranje-Freistaat, Kap-Provinz. *Ch. anguina:* 4 sehr kleine Gliedmaßen mit je 1 bis 2 Zehen. Süd- und Südostafrika. *Ch. macrolepis:* Vordere Gliedmaßen fehlen, hintere sind einzehige Stifte. Südafrika.

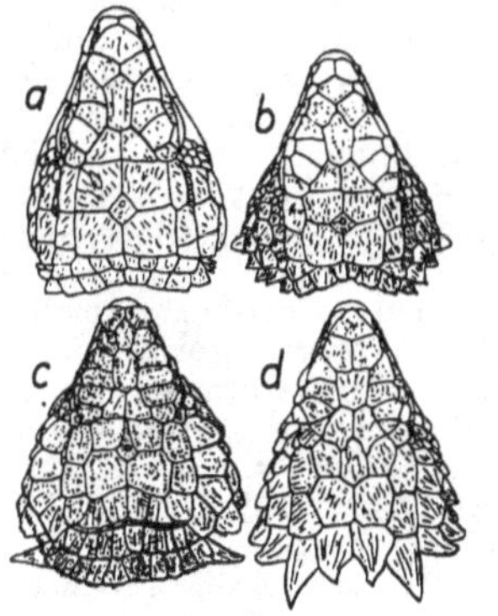

Abb. 129.
Kopfoberseiten von 4 *Cordylus*arten. a) *C. cordylus.* b) *C. polyzonus.* c) *C. cataphractus.* d) *C. giganteus.* — Nach Fitzsimons

2. Unterfamilie: *Gerrhosaurinae* (Schildechsen): Hautknochen mit kleinen Kanälen. Frontale paarig. Bodenbewohner. Afrika südlich der Sahara, Madagaskar. *Gerrhosaurus flavigularis,* Gelbkehlige Schildechse: Über 45 cm lang. Gras- und Buschland.

Ostafrika vom Sudan bis zum Kap. *Tetradactylus,* Geißel-Schildechsen: Gliedmaßen kurz oder rückgebildet. Südafrika. *T. seps:* 5zehig. Kap-Provinz, Natal. *T. tetradactylus:* 4zehig. Kap-Provinz. *T. africanus:* Gliedmaßen winzig, ohne Zehen. Natal, Zululand. *Cordylosaurus subtessellatus:* Südwestafrika bis Angola. *Zonosaurus maximus:* Bis fast 65 cm lang. Madagaskar. *Z. madagascariensis:* Madagaskar und benachbarte Inseln. *Tracheloptychus madagascariensis,* Kiel-Schildechse: Bis 25 cm lang. Fast ohne Seitenfalten. Schuppen stark gekielt. Bewegliche Schuppen vor der Ohröffnung. An Flußufern. Madagaskar.

9. Familie: *Teiidae* (Schienenechsen): Körper eidechsen- oder schlangenförmig. Gliedmaßen wohlentwickelt oder rückgebildet. Kopf oben meist mit großen, symmetrisch angeordneten, nicht verknöcherten Schildern. Rücken und Bauch mit Körner- oder geschindelten Rundschuppen oder auch mit tafelförmigen Schildern. Gebiß pleurodont. Postorbital- und Temporalbogen vorhanden oder (bei schlangenförmigen Arten) rückgebildet. Schläfenfenster nicht knöchern überdacht. Parietale unpaar. Zunge lang und flach, tief ausgeschnitten und vorstreckbar. Amerika. *Tupinambis,* Tejus: Drehrunde Schwänze und wohlentwickelte Gliedmaßen. Bis 1 m lang. Fleisch und Eier werden gegessen. Die Haut wird als Leder verwendet. Ernähren sich von pflanzlicher und tierischer Kost. Können die Geflügelhaltung schädigen. *T. teguixin,* Teju oder Salompenter: Mittel- und nördliches Südamerika. *T. nigropunctatus,* Großer Teju: Soll die Eier in die Nester von Baumtermiten legen. Mittel- und nördliches Südamerika bis Mittelamerika. *Dracaena guianensis,* Krokodilteju: Bis 1,25 m lang. Schwanz seitlich zusammengedrückt mit doppeltem Längskiel. Lebt amphibisch, hauptsächlich von Wasserschnecken. Legt die Eier in Termitenbaue. Nordöstliches Südamerika. *Ameiva,* Ameiven: Runde, kammlose Schwänze. Zungen in Scheiden zurückziehbar. Bodentiere. Ähneln den *Lacerta*arten. *A. ameiva:* bis 53 cm lang. Mittel- und Südamerika. *A. dorsalis:* Jamaica. *Cnemidophorus,* Rennechsen: Zungen hinten tief ausgeschnitten, pfeilförmig. Spitze Köpfe. Bodentiere. *C. lemniscatus,* Getüpfelte Rennechse: Mittel- und nördliches Südamerika. *C. sexlineatus,* Gestreifte Rennechse: Östliche USA, Nordmexiko. *C. inornatus:* Bis 20 cm lang. Südwesten der USA, Nordmexiko. *Callopistes maculatus:* Chile. *Neusticurus rudis,* Wasserteju: Bis 20 cm lang. Schwanz seitlich zusammengedrückt mit doppeltem Längskiel. Im Wasser. Nordöstliches Südamerika. *Crocodilurus lacertinus,* Krokodilschwanzechse: Über 1/2 m lang, mit sehr langem, seit-

lich zusammengedrücktem Schwanz mit doppeltem Längskiel. Mittel- und nördliches Südamerika. *Teius teyou*, Teyu: Bis 30 cm lang. 4 Zehen an den Hinterbeinen. Argentinien, Bolivien, Paraguay, Südöstliches Brasilien. Mehr oder weniger schlangenförmig mit reduzierten Gliedmaßen und mit wühlender Lebensweise sind die Angehörigen der südamerikanischen Gattungen: *Scolecosaurus* (Wurmtejus), *Ophiognomon* (Schlangentejus) und *Gymnophthalmus* (Brillentejus), bei denen die Augenlider „Fenster" haben oder zu „Brillen" verwachsen sind.

10. Familie: *Scincidae* (Skinke): Körper eidechsenähnlich mit wohlentwickelten Gliedmaßen oder schlangenförmig mit mehr oder weniger rückgebildeten Beinen. Kopf oben mit großen, symmetrisch angeordneten, verknöcherten Schildern. Rücken und Bauch mit geschindelten, meist verknöcherten Rundschuppen. Gebiß pleurodont. Postorbital- und Temporalbogen vollständig oder (bei schlangenförmigen Arten) aufgelöst. Schläfenfenster knöchern überdacht oder aufgelöst. Parietale unpaar. Zunge mäßig lang, wenig oder nicht ausgeschnitten. Meist wühlende Bodentiere. In allen wärmeren Ländern. *Egernia*, Stachelskinke: Gliedmaßen wohlentwickelt. Die meisten Arten mit gekielten Stachelschuppen. Australien, Tasmanien. *E. whitei:* Bis 30 cm lang. Glatte Schuppen. *E. cunninghami:* Bis 40 cm lang. Einkielige Schuppen. Stachelschwanz. *E. kingii:* Bis 50 cm lang. 2- bis 3-kielige Rückenschuppen. *E. stokesii*, Dornschwanzskink: Kurzer, breiter Stachelschwanz. *Corucia zebrata*, Riesenskink: Bis fast 65 cm lang. Greifschwanz. Pflanzenfresser. Baumtier. Salomonen. *Tiliqua*, Blauzungenskinke: Körper plump. Kopf groß. Schwanz kurz. Tierische und pflanzliche Kost. Lebendgebärend. Bodentiere. *T. gigas*, Riesenglattechse: Schuppen glatt. Neuguinea, Indo-australischer Archipel. *T. scincoides*, Blauzunge: Bis über 60 cm lang. Schuppen glatt. Australien, Tasmanien, Inseln in der Torres-Straße. *T. nigrolutea*, Schwarzgelbe Glattechse: Gelbbraun mit schwarzen Bändern. Australien, Tasmanien. *Trachydosaurus rusorus*, Stutzechse oder Tannenzapfenskink: Bis über 30 cm lang. Kopf sehr groß und breit. Schwanz breit, stumpf, kürzer als der Rumpf. Schuppen sehr groß, rauh und höckerig, tannenzapfenähnlich. Australien. *Macroscincus coctai*, Kapverde-Skink: Bis über 30 cm lang. Schuppen sehr klein. Ausschließlich Pflanzenfresser. Kapverdische Inseln. *Mabuya*, Mabuyen: Wohlentwickelte Gliedmaßen. *Lacerta*ähnlich. Viele gestreifte und prächtig gefärbte Arten. Manche mit „Fenstern" in den Augenlidern (s. Abb. 56 d). Meistens lebendgebärend. Leb-

hafte Bodentiere. *M. vittata:* Nordostafrika, Südwestasien. *M. aurata:* Nordostafrika, westliches und südwestliches Asien. *M. occidentalis:* Eierlegend. Südwestafrika. *M. quinquetaeniata:* Eierlegend. Tropisches nordöstliches Afrika, Südwest-Asien. *M. carinata:* Eierlegend. Indien, Ceylon. *M. striata:* Tropisches und südliches Afrika. *M. mabouya:* Mexiko bis Brasilien und Bolivien. *Lygosoma,* Schlankskinke: Die sehr zahlreichen Arten zeigen alle Übergänge von lacerten- bis schlangenähnlichen Formen. Untere Augenlider bei einigen mit „Fenstern". Z. T. lebendgebärend. Meist Waldbewohner. *L. smaragdinum,* Smaragdskink: Bis 25 cm lang. Baumbewohner. Neuguinea, Philippinen, Indo-australischer Archipel, Ozeanien. *L. taeniolatum:* Australien, Neuguinea. *L. laterale,* Braunskink: Bis 12 cm lang. Unteres Augenlid mit „Fenster". Südosten der USA. *L. cyanurum,* Blauschwanzskink: Bis 15 cm lang. Blauer Schwanz. Indoaustralischer Archipel, Neuguinea, Ozeanien. *L. fernandi:* Bis 35 cm lang. Bodenwühler in Regenwäldern. Äquatorial-Afrika. *L. quadripes:* Beine sehr klein. Südostasien, Indoaustralischer Archipel, Philippinen. (Nach Algerien verschleppt.) *L. ophioscincus:* Beinlos. Queensland. *Ablepharus,* Natternaugen-Skinke: Mit Gliedmaßen. Augenlider zu „Brillen" verwachsen (s. Abb. 56 c). *A. kitaibelii,* Johannisechse: Bis 11 cm lang. Eierlegend. Osteuropa (Ungarn, Balkanländer), Ägäische Inseln, Kleinasien, Syrien, Nordarabien. *A. boutonii:* Afrika, Südostasien, Australien, Ozeanien, Südamerika. *Tribolonotus,* Helmkopfskinke: Knöcherner Schädel nach hinten in 6 lange Stacheln ausgezogen. Neuguinea, Valise Islands. *Eumeces:* Gliedmaßen wohlentwickelt. *E. schneiderii,* Fleckenskink: Steppenbewohner. Nordostafrika, südliches Kleinasien, Cypern, Syrien bis Belutschistan. *E. algeriensis,* Berberskink: Bis fast 45 cm lang. Nordwestafrika. *E. fasciatus:* Östliche USA. *E. latiscutatus:* Japan. *Scincus scincus,* Apothekerskink, Sandfisch (s. Abb. 41 a): Bis 21 cm lang. Schnauze schaufelförmig vorspringend. Finger und Zehen abgeplattete, seitlich gezähnelte Grabschaufeln. Sandwüsten. Wird gegessen und als „Arznei" verwendet. Nordostafrika, Südwestasien. *Ophiomorus punctatissimus,* Gesprenkelter Schlangenskink: Gliedmaßenlos. Unter Steinen und im Sande wühlend. Griechenland, Kleinasien. *Chalcides,* Walzenechsen: Alle Übergänge von eidechsenähnlichen zu schlangenförmigen Formen. *Ch. ocellatus,* Gefleckter Walzenskink, Tiligugu (Abb. 130a): Bis 27 cm lang. Wohlentwickelte 5zehige Beine. Nord- und Nordostafrika, Sardinien, Sizilien, Griechenland, Westasien.

Ch. viridanus: Teneriffa, Madeira. *Ch. bedriagai,* Spanischer Walzenskink: Bis 12 cm lang. Pyrenäenhalbinsel. *Ch. chalcides,* Erzschleiche (Abb. 130b): Bis 42 cm lang. Schlangenähnlich. Gliedmaßen kleine Stummel mit 3 Zehen. Auf und in grasigem Boden. Westliche Mittelmeerländer. *Ch. guentheri* (Abb. 130c): Gliedmaßen winzig, ohne Zehen. Israel, Syrien. *Ch. sepsoides,* Keilschleiche: Bis etwa 18 cm lang. Sehr kleine 4- oder 5zehige Gliedmaßen. Schnauze schaufelförmig vorspringend. In Sandwüsten wühlend. Nordostafrika, Südwestasien. *Acontias,* Lanzenskinke: Gliedmaßenlos. Schlangenförmig. Sehr große Schnauzenschilder. Augen sehr klein. Lider mit „Fenstern". Wühler. Südafrika, Madagaskar, Ceylon. *A. meleagris:* Kap-Provinz. *Typhlacontias ngamiensis:* Fußlos. Ohne Augenlider. Wühlt im Boden. Ngamiland bis Südrhodesien. *Typhlosaurus lineatus,* Blindskink: Ohne Gliedmaßen. Augen und Ohren unter der Haut. Im Sande wühlend. Süd- und Südwestafrika.

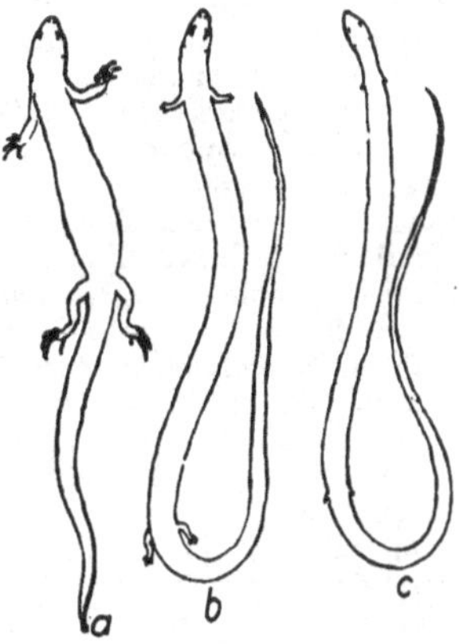

Abb. 130. 3 *Chalcides*arten mit verschieden weit reduzierten Gliedmaßen. a) *Ch. ocellatus.* b) *Ch. chalcides.* c) *Ch. guentheri.* — Nach Werner

Drei Echsengruppen von unsicherer systematischer Stellung, die den Skinken verwandtschaftlich nahe stehen und sich als Unterfamilien von ihnen oder auch als eigene Familien auffassen lassen, seien noch erwähnt: *Dibamidae:* Schlangenähnlich. Nur bei den ♂♂ lappenförmige Hintergliedmaßen mit Skelettresten. Kopf oben mit wenigen großen Schildern. Ein Schnauzenschild. Temporalbogen fehlt. Zunge ungeteilt, kurz. Augen und Ohren unter der Haut. Bis 30 cm lang. In morschem Holz. Nur 1 Gattung mit 3 Arten. *Dibamus novaeguineae:* Malacca, Nicobaren, Sumatra, Borneo, Celebes, Neuguinea. *Feyliniidae:* Schlangenähnlich. Ohne Gliedmaßen. Temporalbogen fehlt. Bauchrippen vorhanden. Augen und Ohren unter der Haut. Etwa 30 cm lang. Termitenfresser in moderndem Holz. Nur 1 Gattung mit 4 Arten. *Feylinia cur-*

rori: Westafrika. *Anelytropsidae:* Ähnlich voriger. Etwa 25 cm lang. Nur 1 Art, von der nur wenige Exemplare bekannt sind. *Anelytropsis:* Mexiko.

4. Überfamilie: *Amphisbaenia*

11. Familie: *Amphisbaenidae* (Doppelschleichen): Körper wurmförmig mit regelmäßigen Querringeln. Hintere Gliedmaßen fehlen stets, vordere nur bei *Bipes* stark rückgebildet vorhanden. Augen und Ohren unter der Haut. Kopf und Schwanz stumpf abgerundet. Kopf oben mit regelmäßigen, symmetrisch angeordneten, nicht verknöcherten Schildern. Rücken und Bauch mit kleinen Tafelschuppen. Zähne pleurodont oder acrodont. Postorbital- und Temporalbogen aufgelöst. Parietale unpaar. Rechte Lunge rückgebildet. Zunge mäßig lang, mit 2 langen Spitzen. Im Boden wühlend. Eierlegend. Südamerika, Antillen, Afrika, Mittelmeerländer. *Bipes canaliculatus,* Handwühle: Bis etwa 20 cm lang. Vierzehige Vorderbeine. Mexiko. *Blanus,* Netzwühlen: Nasenloch im ersten Oberlippenschild. *B. cinereus,* Ringelschleiche: Bis 22 cm lang. Pyrenäenhalbinsel, Algerien, Marokko. *B. stauchii:* Kleinasien, Syrien. *Amphisbaena*: Nasenloch in besonderem Nasenschild. *A. alba,* Rote Doppelschleiche: Bis 52 cm lang. Ameisen- und Termitenfresser. Südamerika (außer dem äußersten Süden). *A. fuliginosa,* Gefleckte Doppelschleiche: Bis 39 cm lang. Nördl. Hälfte von Südamerika. *Anopsibaena kingii:* Schnauze mit großem, seitlich zusammengedrücktem Schild. Argentinien. *Monopeltis capensis:* Kopf niedergedrückt. Breite Schnauze mit horizontaler Schneide. Süd- und Südwestafrika. *Rhineura floridana:* Waagerecht abgeflachte, kielähnliche Schnauze mit runden Höckerschuppen. Florida. *Leposternon microcephalum:* Nasenloch im Rostale. Brasilien. *Trogonophis wiegmanni,* Spitzschwanz-Doppelschleiche: Bis etwa 24 cm lang. Gebiß acrodont. Nordwestafrika.

5. Überfamilie: *Anguimorpha*

12. Familie: *Anguidae* (Schleichen): Körper echsenähnlich oder mehr oder weniger schlangenförmig mit weitgehend oder völlig rückgebildeten Gliedmaßen. Oft mit einer Falte längs der Flanke. Augenlider stets getrennt. Kopf mit großen, symmetrisch angeordneten, verknöcherten Schildern. Rücken und Bauch mit geschindelten, verknöcherten Rundschuppen. Gebiß pleurodont. Postorbital- und Temporalbogen vollständig. Schläfenfenster knöchern überdacht. Parietale unpaar. Vorderteil der 2zipfeligen

Zunge vorstreckbar. Kann in eine Scheide des dicken hinteren Teiles, der mit haarförmigen Papillen besetzt ist, zurückgezogen werden. Bodenbewohner. Europa, Mittelmeerländer, Asien, Amerika. *Gerrhonotus,* Krokodilschleichen: 4 wohlentwickelte, 5zehige Gliedmaßen. Hautfalte an jeder Körperseite. Amerika. *G. coeruleus,* Nördliche Krokodilschleiche: Bis 25 cm lang. Lebendgebärend. Kalifornien bis Brit. Columbien. *G. liocephalus,* Texanische Krokodilschleiche: Bis 50 cm lang. Südwesttexas bis Südmexiko. *G. multicarinatus,* Südliche Krokodilschleiche: Mit Greifschwanz. Südliche USA, Nordmexiko. *Ophisaurus,* Panzerschleichen: Seitenfalten vorhanden. Gliedmaßen fehlen, oder es sind nur die hinteren als kleine Stummel vorhanden. *O. apodus,* Scheltopusik: Bis 1,25 m lang. Hintergliedmaßen winzige Stummel. Ernährt sich vorwiegend von Schnecken und kleinen Wirbeltieren. Balkan (bis Istrien), Krim, Kleinasien, Syrien, Persien, Kaukasus, Transkaspien, Turkestan. *O. ventralis,* Östliche Glasschleiche: Bis 80 cm lang. Gliedmaßenlos. Autotomiert sehr leicht den sehr langen Schwanz. Südöstliche USA. *O. harti:* Bis 65 cm lang. China, Formosa. *O. buettikoferi:* Borneo. *O. koellikeri:* Algerien, Marokko. *O. gracilis:* Bis etwa 25 cm lang. Östlicher Himalaya bis Westyunnan. *Diploglossus,* Doppelzungenschleichen: Echsenähnlich. Ohne Seitenfalten. *D. fasciatus:* Brasilien. *Ophiodes,* Schlangenschleichen: Schlangenähnlich. Ohne Seitenfalten. Vordere Gliedmaßen fehlen, hintere sind kleine einzehige Anhänge. *O. striatus,* Gestreifte Schlangenschleiche: Argentinien, Uruguay, Paraguay, Brasilien. *Anguis fragilis,* Blindschleiche: Bis 54 cm lang. Gliedmaßenlos. Ohne Seitenfalten. Zähne nach hinten gekrümmt. Lebendgebärend. Frißt vorwiegend Regenwürmer und Nacktschnecken. Europa (im Norden bis Schweden und Finnland), Nordwestafrika, Kaukasien, Persien.

13. Familie: *Anniellidae* (Ringelechsen): Schlangenförmig. Gliedmaßenlos. Kopf oben mit großen, symmetrisch angeordneten Schildern. Rücken und Bauch mit geschindelten Rundschuppen. Gebiß subpleurodont. Postorbitalbogen vorhanden. Temporalbogen aufgelöst. Parietale unpaar. Zunge 2zipfelig mit einziehbarem Vorder- und scheidenartigem Hinterteil. Lebendgebärend. Im Boden wühlend. Nur 1 Gattung. *Anniella geronimensis:* Insel Geronima an der kalifornischen Westküste. *Anniella pulchra:* Bis 25 cm lang. Kalifornien.

14. Familie: *Xenosauridae* (Höckerechsen): Eidechsenähnlich mit wohlentwickelten Gliedmaßen. Kopf oben mit kleinen, unregelmäßig gestellten, verknöcherten Schildern. Rücken mit klei-

nen Körnerschuppen und größeren Tuberkelschuppen in regelmäßigen Längsreihen. Bauch mit kleinen Schildern in Querreihen. Gebiß pleurodont. Postorbital- und Temporalbogen vollständig. Schläfenfenster knöchern überdacht. Parietale unpaar. Zunge schwach gespalten, kurz mit scheidenartigem Hinterteil. *Xenosaurus grandis:* Untersetzter Körper mit kräftigen Beinen. Mexiko. *Shinisaurus crocodilurus,* Krokodilschwanz-Höckerechse: Bis 40 cm lang. Auf dem Schwanz ein doppelter Kamm. An Flußufern. Hauptnahrung Fische. China (Kwangsi).

Abb. 131. *Heloderma horridum.* — Nach Wermuth

6. Überfamilie: *Varanomorpha*

15. Familie: *Helodermatidae* (Krustenechsen): Eidechsenähnlich, plump, mit wohlentwickelten Gliedmaßen. Lider frei. Im Unterkiefer große Giftdrüsen (s. Abb. 68). Kopf oben mit höckerigen, unregelmäßig gestellten, verknöcherten Schildern. Rücken mit großen, rundlichen, verknöcherten Tuberkelschuppen und kleinen Körnerschuppen. Bauch mit kleinen Schildern in Querreihen. Gebiß pleurodont. Giftzähne mit vorderer und hinterer Rinne. Postorbitalbogen vorhanden. Temporalbogen aufgelöst. Parietale unpaar. Vorderteil der Zunge gespalten, Hinterteil scheidenartig. Fleischfresser. Trockengebiete und Wüsten. *Heloderma suspectum,* Gila-Krustenechse: Bis 50 cm lang. Rosa gefleckt. 4 bis 5 dunkele Querbinden um den Schwanz. Südwestliche USA, Nordwestmexiko. *H. horridum,* Skorpions-Krustenechse (Abb. 131): Bis 80 cm lang. Gelb gefleckt. 6 bis 7 schwarze Bänder um den Schwanz. Mexiko.

16. Familie: *Varanidae* (Warane): Eidechsenartig mit wohlentwickelten Gliedmaßen und langer Schnauze. Lider frei. Kopf oben mit kleinen, polygonalen Schildern. Rücken mit rundlichen Höckerschuppen und kleinen Körnerschuppen. Bauch mit Querreihen kleiner Schildchen. Gebiß pleurodont. Postorbitalbogen unvollständig. Temporalbogen vorhanden. Parietale unpaar. Zunge sehr lang vorstreckbar, tief gespalten, mit scheidenartigem Hinterteil. Lebhafte Raubtiere. Schlinger. Die großen Arten

werden gegessen und wegen ihrer Räubereien verfolgt. Afrika, Osteuropa, Indo-australischer Archipel, Australien, Ozeanien. Nur 1 Gattung. *Varanus griseus,* Wüstenwaran (Abb. 132): Bis 1,3 m lang. Schwanz drehrund. Trockengebiete und Wüsten. Nordafrika, Südwestasien. *V. exanthematicus,* Kapwaran: Bis 1,5 m lang. Schwanz seitlich etwas zusammengedrückt, doppelt gekielt. An Steinhügeln und Felswänden. Afrika südlich der Sahara. *V. bengalensis,* Bengalenwaran: Schwanz seitlich zusammengedrückt. Ceylon, Süd- und Südostasien, Java. *V. dumerilii:* Baumbewohner. Malakka, Borneo, Sumatra und andere Inseln. *V. rudicollis,* Rauhnackenwaran: Baumbewohner. Ameisenfresser. Sumatra, Borneo, Süden der Malaiischen Halbinsel. *V. salvator,* Bindenwaran: Bis über 2 m lang. Schwanz seitlich stark zusammengedrückt. Lebt am Wasser. Ceylon, Südostasien, Philippinen, Andamanen, Nikobaren, Indo-australischer Archipel. *V. indicus,* Pazifikwaran: Bis 1,4 m lang. Neuguinea, östlicher Indoaustralischer Archipel, Ozeanien, Nordostaustralien. *V. niloticus,* Nilwaran: Bis 1,7 m lang. Schwanz seitlich zusammengedrückt, mit erhabenem Kiel. In und am Wasser. Afrika (außer dem Nordwesten). In Ägypten fast ausgerottet. *V. varius,* Buntwaran: Bis 1,5 m lang. Australien. *V. komodensis,* Komodowaran: Bis 7 m lang (?). Größte rezente Echse. Auf der Indo-australischen Komodo-Insel, 2 benachbarten kleinen Inseln und Flores. *V. brevicauda,* Kurzschwanzwaran: Nur 20 cm lang. Westaustralien.

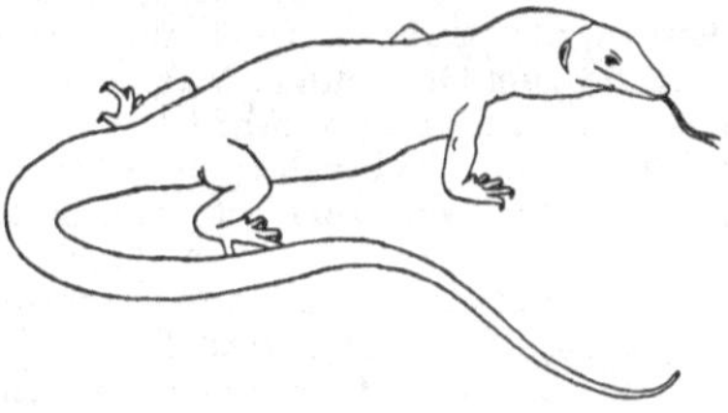

Abb. 132.
Varanus griseus. — Nach Werner

17. Familie: *Lanthanotidae* (Taubwarane): Eidechsenartig. Sehr langgestreckt und kurzbeinig. Augenlider mit „Fenster". Kopf oben mit kleinen Schuppen. Rücken mit kleinen Körnerschuppen und verknöcherten Höckerschuppen in Längsreihen. Bauch mit kleinen Schildern in Querreihen. Gebiß pleurodont. Postorbitalbogen vorhanden. Temporalbogen fehlt. Parietale unpaar. Zunge schmal, tief gespalten, vorn glatt, hinten mit war-

zigen Papillen. Nur 1 Art, von der bisher nur wenige Museumsstücke bekannt sind. *Lanthanotus borneensis:* Borneo.

2. Unterordnung: Schlangen *(Serpentes, Ophidia)*

Schläfenbrücken und -fenster aufgelöst. Unterkieferäste durch häutige Bänder miteinander verbunden. Schädelknochen meist durch zusätzliche Gelenke zu einem dehnbaren Spangenwerk verbunden. Zunge lang, zweizipfelig, in Scheide zurückziehbar. Augenlider meist zu „Brillen" verwachsen. Harnblase fehlt. Paukenhöhle fehlt. Körper lang, ohne Gliedmaßen. Nur bei einigen Formen Reste des Beckengürtels vorhanden. Warme Länder.

1. Familie: *Typhlopidae* (Blindschlangen): Augen unter der Haut. Kopf mit regelmäßig angeordneten Schildern oder (wie der Körper) mit kleinen Schuppen. Schädelknochen bilden feste Kapsel. Ectopterygoid (= Transversum) fehlt. Pterygoid reicht nicht bis zum Quadratum. Maxillare quer zur Körperachse, nicht fest mit den übrigen Schädelknochen verbunden. Unterkiefer meist zahnlos. Becken bis auf jederseits einen Knochen zurückgebildet. Schwanz kurz, oft mit Stachel. Bodenwühler. Wohl hauptsächlich Termiten- und Ameisenfresser. Afrika, Südosteuropa, Südasien, Australien, tropisches Amerika. *Typhlops dinga:* Bis 75 cm lang. Westafrika. *T. diardii:* Bis 45 cm lang. Lebendgebärend. Hinterindien, Südostasien, Indo-australischer Archipel. *T. vermicularis,* Wurmschlange: Bis 33 cm lang. Südjugoslavien, Albanien, Südbulgarien, Griechenland, Naxos, Kleinasien, Syrien, Kaukasus, Transkaspien, Persien, Afghanistan. *T. braminus,* Blumentopfschlange: Südasien (Afrikanische Inseln, Südmexiko, Hawai, eingeschleppt). *Anomalepis:* 1 Paar Unterkieferzähne. Kopfschilder besonders groß. Mexiko.

2. Familie: *Leptotyphlopidae* (Wurmschlangen): Augen unter der Haut. Kopf mit großen, symmetrisch angeordneten Schildern (s. Abb. 41 d). Rücken und Bauch gleichmäßig beschildert. Schädelknochen bilden feste Kapsel. Ectopterygoid (= Transversum) fehlt. Pterygoid reicht nicht bis zum Quadratum. Maxillare längs zur Körperachse, fest mit den übrigen Schädelknochen verbunden. Oberkiefer zahnlos. Reste der Becken- und Femurknochen erhalten. Schwanz länger als bei Typhlopiden. Bodenwühler. Afrika, Südwestasien, südliches Nord- und nördliches Südamerika. *Leptotyphlops macrolepis:* Bis 30 cm lang. Venezuela, Columbien, Brasilien. *L. dulcis:* Südliche USA, Nordwestmexiko. *L. humilis:* Südwestliche USA. *L. septemstriatus:* Amazonasgebiet, Brasilien, Guayana. *L. scutifrons:* Südafrika.

3. Familie: *Boidae* (Riesenschlangen): Kopf oben mit kleinen Schuppen oder großen, symmetrisch gestellten Schildern. Rücken mit kleinen Schuppen. Bauch mit kleinen Schuppen oder größeren Schildern. Pupillen senkrecht. Schädelknochen gelenkig miteinander verbunden. Ectopterygoid (= Transversum) vorhanden. Pterygoid berührt Quadratum. Beckenreste vorhanden. Reste der Hinterbeine als Aftersporne (s. Abb. 7) neben der Kloake sichtbar. Die Beute (vorwiegend Säuger und Vögel) wird umschlungen. Nächtliche Lebensweise. Afrika, östliches Europa, Südasien, Indo-australischer Archipel, Australien, Ozeanien, Amerika.

1. Unterfamilie: *Pythonidae* (Python-Schlangen): Supraorbitalknochen vorhanden. Intermaxillare meist mit Zähnen. Schwanzschilder 2reihig. Eierlegend. Das ♀ „bebrütet" die Eier. *Nardoana boa*, Zwergpython: Bis 1,25 m lang. Dringt in Hühnerställe ein, wo sie Ratten und Mäuse jagt. Bismarck-Archipel, Neuguinea, Australien. *Liasis amethystinus*, Amethystschlange: Bis 6,5 m lang. Mangrovenwälder. Philippinen, Neuguinea, Indonesien, Nordostaustralien. *Python reticulatus*, Netzpython: Bis etwa 9 m lang. Südostasien, Indo-australischer Archipel (besonders Sundainseln). *P. molurus*, Tigerpython (s. Abb. 64 b): Bis 6,5 m lang. Indien, Ceylon, Südostasien, Indo-australischer Archipel. *P. sebae*, Felsenpython: Bis 6,5 m lang. Afrika südlich der Sahara. *P. regius*, Königspython: Bis 1,5 m lang. Westafrika, Sudan bis Belgischer Kongo. *P. anchietae*, Angola-Python: Bis etwa 1,5 m lang. Angola, Portugisisch Westafrika, Südwestafrika. *P. curtus*, Kurzschwanzpython: Bis 3 m lang. Malaiische Halbinsel, Sumatra, Borneo. *P. timorensis*, Timor-Python: Bis etwa 3 m lang. Timor, Flores. *Morelia argus*, Rautenschlange: Bis 3,75 m lang. Australien, Neuguinea. *Chondropython viridis*, Baumpython: Körper seitlich zusammengedrückt. Baumwipfelbewohner. Neuguinea, Salomonen, Aru-Inseln. *Calabaria reinhardtii*, Erdpython: Bis 1 m lang. Körper drehrund. Kopf klein. Schwanz kurz. Bodenwühler. Westafrika. *Aspidites:* Bis 2 m lang. Schlangenfresser. Australien.

2. Unterfamilie: *Boinae* (Boa-Schlangen): Keine Supraorbitalknochen. Intermaxillare zahnlos. Schwanzschilder meist einreihig. Lebendgebärend. *Epicrates*, Schlankboas: Vorderzähne stark verlängert. Fressen meist Nager. *E. cenchria*, Regenbogenboa, Aboma: Bis 4 m lang. Mittel- und Südamerika, Trinidad. *E. angulifer*, Kubanische Schlankboa: Bis 4,5 m lang. Kuba, Isle of Pines. *Corallus caninus*, Hundskopfboa: Bis 4 m lang. Gua-

yana, Brasilien, Bolivien. *C. enydris,* Gartenboa: Bis 1,5 m lang. Mittel- und tropisches Südamerika, Westindien. *Sanzinia madagascariensis,* Madagaskar-Hundskopfschlange: Bis 2 m lang. Madagaskar. *Enygrus bibroni:* Bis über 1 m lang. Bismarck-Archipel, Salomonen, Samoa und viele andere Inseln. *E. asper:* Neuguinea, Bismarck-Archipel und andere Inseln. *Eunectes murinus,* Anakonda: Bis 11 m lang. Längstes rezentes Reptil. Vorwiegend im und am Wasser. Trinidad, Guayana, Brasilien, Paraguay. *E. notaeus,* Paraguay-Anakonda: Bis 3,25 m lang. In Flüssen. Argentinien, Paraguay, Bolivien, Südbrasilien. *Boa constrictor,* Abgottschlange: Bis 4 m lang. Mexiko bis Südbrasilien. *Acrantophis madagascariensis,* Madagaskar-Boa: Bis etwa 3 m lang. Südliches Madagaskar. *Eryx,* Sandboas: Kopf nicht abgesetzt. Augen klein. Schwanz stumpf. Im Sande von Wüsten und Steppen. *E. jaculus:* Bis 80 cm lang. Südwestasien, Nordafrika, Südosteuropa (Korfu, Südalbanien, Nordgriechenland, Bulgarien, Dobrudscha, Istanbul), Zykladen, westliches Kleinasien. *E. miliaris:* Nordküste des Kaspischen Meeres bis Mittelasien. *E. johnii,* Indische Sandboa: Bis 1 m lang. Trockengebiete. Indien, Persien, Belutschistan. *Charina bottae,* Nordamerikanische Sandboa: Bis 60 cm lang. Feuchte Biotope. Südöstliche USA, Nordmexiko.

4. Familie: *Aniliidae* (Rollschlangen): Kopf klein, nicht vom Rumpf abgesetzt, mit großen, symmetrischen Schildern. Rumpf mit relativ großen Schuppen. Augen sehr klein. Schwanz kurz und stumpf. Schädelknochen bilden eine feste Kapsel. Reste des Beckens und Aftersporne vorhanden. *Anilius scytale,* Korallenrollschlange: Bis 75 cm lang. Rot mit schwarzen Ringen. Lebendgebärend. Reptilienfresser. Guayana, Ostperu, Nordbrasilien, Columbien. *Cylindrophis rufus,* Rotschlange: Bis 82 cm lang. Rotes Halsband. Lebendgebärend. Bodenwühler. Siam, Indochina, Malaiische Halbinsel, Burma, Indo-australischer Archipel. *Anomalochilus weberi,* Sumatra-Rollschlange: Sumatra.

5. Familie: *Uropeltidae* (Schildschwanz-Schlangen): Kopf klein, nicht vom Rumpf abgesetzt. Augen klein. Kopf oben mit großen symmetrisch angeordneten Schildern. Bauchschuppen etwas verbreitert. Schwanz kurz, oft abgestutzt. Seine oberste Deckschuppe tafelförmig verbreitert, in Spitzen auslaufend oder sonstwie abweichend gestaltet (s. Abb. 41 b). Schädelknochen bilden eine feste Kapsel. Keine Beckenreste. Lebendgebärend. Bodenwühler. *Rhinophis homolepis:* Schwanz mit großem rauhen Schild. Ceylon. *Uropeltis grandis,* Rauschwanzschlange: Bis

45 cm lang. Schwanz schief abgestutzt, mit flachem feindornigem Deckschild. Gebirgswälder. Ceylon.

6. Familie: *Xenopeltidae* (Flachkopfschlangen): Kopf klein, flach, nicht vom Rumpf abgesetzt, mit großen, symmetrisch angeordneten Schildern. Rücken mit großen Rundschuppen. Bauch mit verknöcherten Schildern. Schwanz kurz. Schädelknochen bilden eine feste Kapsel. Intermaxillare mit Zähnen. Keine oder nur geringe Beckenreste. *Xenopeltis unicolor:* Bis 1 m lang. Burma, Siam, Indochina, Malaiische Halbinsel, Indo-australischer Archipel. *Loxocemus unicolor:* Reste des Beckens vorhanden. In Laub und Erde wühlend. Mexiko.

7. Familie: *Colubridae* (Nattern): Kopf und Augen groß. Schädelknochen meist beweglich miteinander verbunden. Ober- und Unterkiefer mit Zähnen. Intermaxillare zahnlos. Pterygoid reicht meist bis zum Quadratum. Keine Beckenreste.

1. Unterfamilie: *Acrochordinae* (Warzenschlangen): Kopf mit kleinen Körnerschuppen. Rücken mit kleinen, höckerigen, rauhen, nicht geschindelten Schuppen. Bauchschuppen nicht vergrößert. Postfrontale begrenzt die Orbita. Lebendgebärend. Wassertiere. Hauptnahrung Fische und Amphibien. *Acrochordus javanicus,* Javanische Warzenschlange: ♀ bis etwa 2 m lang, ♂ kürzer. Haut wird als Leder verwendet. Süßwasser. Sumatra, Borneo, Java, Neuguinea. *Chersydrus granulatus:* Bis 1 m lang. Längsfalte auf Bauchmitte. In Flußmündungen und im Küstenmeer. Indien, Ceylon, Indochina, Nicobaren, Indo-australischer Archipel, Salomonen, Nordaustralien.

2. Unterfamilie: *Colubrinae* (Echte Nattern und Trugnattern): Kopf oben mit großen, symmetrischen Schildern. Bauchschilder seitlich stark verbreitert. Zähne ungefurcht (aglyph) oder die hinteren im Oberkiefer mit Giftrinne (opisthoglyph). (Die opisthoglyphen Trugnattern als besondere Unterfamilie *[Boiginae]* den aglyphen echten Nattern *[Colubrinae]* gegenüber zu stellen, erscheint problematisch, weil es Arten gibt, bei denen die Oberkieferzähne auf einer Seite gefurcht, auf der anderen nicht gefurcht sind.)

Zunächst werden die aglyphen Arten besprochen. *Xenodermus javanicus:* 3 Reihen vergrößerter Höckerschuppen auf dem Rükken. Feuchte Biotope. Anurenfresser. Sumatra, Borneo, Java. *Fimbrios klossi:* Lippenschilder saumartig aufgebogen. Südannam, Cambodja. *Natrix,* Wassernattern: Oberkieferzähne nach hinten länger werdend. Schuppen meist gekielt. Vorwiegend an Wasser gebundene Fisch- und Amphibienfresser. *N. natrix,* Ringelnatter: Bis etwa 1,5 m lang. Meist am und im Wasser. Hauptnahrung Frösche. Ganz Europa, Nordwestafrika, Westasien. *N. tessellata,* Würfelnatter: Bis 75 cm lang. Meist im Wasser. Hauptnahrung Fische. Mittel- und Südeuropa: Mosel-, unteres Lahn-, Nahe- und Rheingebiet, Elbe bei Meißen, Österreich, Tschechoslowakei, Alpenländer, Italien, Ungarn, Balkanländer, Kreta, Südrußland. Kaukasus, Kleinasien bis zum Altai, Westchina, Nordwestindien. *N. maura,* Vipernatter: Bis etwa 90 cm lang. Im Wasser. Hauptnahrung Fische. Frankreich, Südschweiz, Ligurien, Piemont, Pyrenäenhalbinsel, Balearen, Korsika, Sardinien, Nordwestafrika. *N. cyclopion,* Zyklopennatter: Stämmiger Körper. Schildchenring um die Augen. Südliche und südöstliche USA. *N. sipedon,* Siegelringnatter: Lebendgebärend. Östliche USA, Kuba. *N. erythrogaster,* Rotbauch-Wassernatter: Südöstliche und mittlere USA. *N. septemvittata,* Streifen-Wassernatter: Bis 65 cm lang. Östliche USA. *N. taxipilota,* Braune Wassernatter: Südöstliche und südliche USA. *N. piscator,* Fischernatter: Bis 1,20 m lang. Viel im Wasser. Süd- und Südostasien, Indo-australischer Archipel. *Thamnophis,* Strumpfbandnattern: Lebendgebärend. *Th. radix:* Südöstliche USA. *Th. sirtalis:* Farbige Längsstreifen. Südkanada bis USA. *Helicops,* Scheelaugennattern: Unpaares Internasalschild. Lebendgebärend. Fischfressende Süßwasserbewohner. Südamerika, Westafrika, Indien, Ceylon. *H. carinicauda,* Keilschwanznatter: Bis 1 m lang. Mittelbrasilien, Uruguay, Argentinien. *Mehelya capensis,* Kap-Feilennatter: Bis etwa 1,5 m lang. Körperquerschnitt 3kantig. Schuppen dicht gekielt. Schlangenfresser. Afrika. *Bothrophthalmus lineatus,* Augengrubennatter: Bis 1,25 m lang. Gruben vor den Augen. West- und Zentralafrika. *Boaedon lineatus,* Afrikanische Hausnatter: Bis 1 m lang. Tropisches und südliches Afrika. *Lycophidion capense,* Kap-Wolfsnatter: Bis 1 m lang. Lange Zähne. Hauptnahrung Skinke. Ägypten bis Südafrika. *Lycodon aulicus,* Wolfszahnnatter: Bis über 50 cm lang. Zähne verlängert. Häufig in Wohnungen. Indien, Ceylon, Malaiische Halbinsel, Malediven, Indochina, Südchina, Indo-australischer Archipel, Andamanen, Nikobaren, Celebes, Philippinen, Mauritius. *Coluber gemonensis,* Balkan-Zornnatter: Bis 1 m lang. Graubraun mit dunkelen Querbinden und weißen Flecken. Istrien, adriatische Balkanküste, Peleponnes, Korfu (?), Euböa, Kreta, Kythira, *C. hippocrepis,* Hufeisennatter: Bis 1,75 m lang. Auf dem Kopf hufeisenförmige Zeichnung. Pyrenäenhalbinsel, Nordwestafrika, Sardinien, Pantelleria. *C. jugularis,* Pfeilnatter: Bis

3 m lang. Südosteuropa, Westasien. *C. najadum,* Schlanknatter: Bis 1,3 m lang. Balkanländer, Kleinasien, Kaukasus, Nordwestpersien, Syrien. *C. viridiflavus viridiflavus,* Gelbgrüne Zornnatter: Bis etwa 1,5 m lang. Gelbgrün und schwarz gezeichnet. Nordostspanien, Frankreich, Tessin, Nordwest- und Mittelitalien, Sardinien, Korsika, Elba. *C. v. carbonarius,* Karbonarschlange: Bis 2 m lang. Schwarz. Südliche Alpenländer, Nordost- und Süditalien, Sizilien, Malta, adriatische Balkanküste, Istrien, Pelagosa. *C. constrictor,* Schwarznatter: Bis 2 m lang. Rückenseite schwarz. Meist am Wasser. USA, Nordmexiko. *Spilotes pullatus,* Hühnerfresser: Bis etwa 2 m lang. Gelb und schwarz gezeichnet. Baumbewohner. Mexiko bis Südbrasilien. *Elaphe longissima,* Äskulapnatter: Bis etwa 2 m lang. Im Alter oberseits einfarbig braun. Nordwestspanien, Frankreich, Deutschland (nur Schlangenbad im Taunus, Hirschhorn am Neckar, Lörrach in Baden, Passau), Dänemark (ausgestorben), Südpolen, Tschechoslowakei, Österreich, Ungarn, Rumänien, Balkan, Südukraine, Italien, Kleinasien, Kaukasus, Nordpersien. *E. situla,* Leopardennatter: Bis 1 m lang. Oben mit rotbraunen Flecken oder 2 Längsstreifen. Süditalien, Sizilien, Malta, Balkanländer, nördliche Sporaden, Zykladen, Kreta, Kleinasien, Kaukasus, Krim. *E. quatuorlineata,* Vierstreifennatter: Bis 2 m lang. Im Alter mit 4 Längsstreifen. Südosteuropa, Westasien. *E. dione,* Dione-Natter: Südostrußland (südliche Ukraine, unteres Wolga-Gebiet), Transkaukasien bis Amur, China, Korea. *E. scalaris,* Treppennatter: Bis 2 m lang. Im Alter mit 2 braunen Längsstreifen. Französische Mittelmeerküste, Iles de Hyères, Pyrenäenhalbinsel, Menorca. *E. obsoleta,* Erdnatter: Bis 1,5 m lang. Frißt kleine Wirbeltiere und Vogeleier, deren Schalen sie im Darm durch Andrücken des Bauches gegen Steine zertrümmert. Östliche USA. *Herpetodryas carinatus,* Sipo: Bis 3 m lang. Baumbewohner. Tropisches Südamerika. *Dendrophis pictus,* Glanznatter: Bis 1,2 m lang. Braun mit gelbem Band. Baumbewohner. Südindien, Andamanen. *Chlorophis irregularis,* Grünschlange: Gras- und Strauchbewohner. Südwest- und Südafrika. *Gastropyxis smaragdina:* Grün. Baumbewohner. Uganda, Belgischer Kongo, Angola, Portugisisch Guinea, Gabun. *Leptophis,* Dünnschlangen: Baumbewohner. Z. T. mit prächtiger Färbung und Metallschimmer. Tropisches Amerika. *L. mexicanus:* Smaragdgrün. Mexiko. *Rhadinaea miliaris:* Bis 75 cm lang. Gelbbraun oder Gelbgrün. Brasilien. *Eirenis modesta,* Kopfbinden-Zwergnatter: Bodenbewohner. Insektenfresser. Westasien bis Kau-

kasus. *Calamaria linnaei,* Zwergnatter: Bis 33 cm lang. Kopf kurz, nicht abgesetzt. Augen klein. Auf und im Boden. Wohl hauptsächlich Wurmfresser. Sumatra, Borneo (?), Java, Celebes. *Coronella austriaca,* Schling- oder Glattnatter (s. Abb. 64 a): Bis 75 cm lang. Reptilienfresser. Umschlingt die Beute. Europa (nördlich bis Norwegen, südlich bis Pyrenäenhalbinsel und Süditalien), Westasien. *C. girondica,* Girondische Glattnatter: Südtirol, Italien, Südfrankreich, Pyrenäenhalbinsel, Nordwestafrika. *Lampropeltis getulus,* Kettennatter: Bis 2 m lang. Helle Kettenzeichnung auf dem Rücken. Reptilienfresser. Südliche USA, Nordmexiko. *Heterodon,* Hakennattern: Scharf gekielte, nach oben gebogene Schnauzenschilder. Anurenfresser. *H. platyrhinos,* „Schweinsnase": Bis 80 cm lang. Östliche und südliche USA. *Grayia smythii,* Afrikanische Wasserschlange: Über 1 m lang. An Urwald- und Savannenflüssen. Westafrika. *Prosymna ambigua:* Bis etwa 30 cm lang. Schneidenartig vorspringendes Schnauzenschild. Ost- und Südafrika.

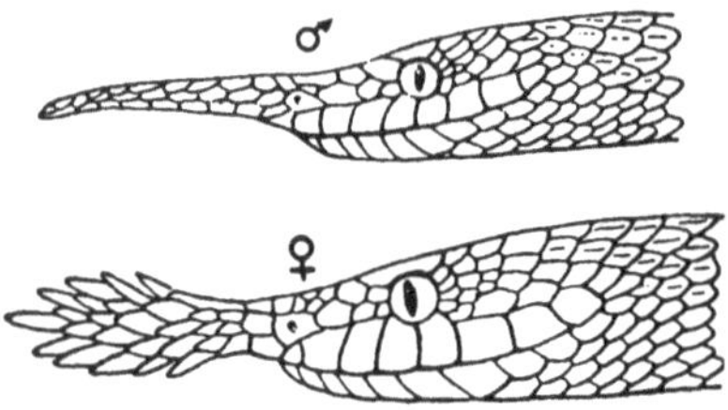

Abb. 133.
Langaha nasuta. — Nach Angel

Die folgenden Arten sind opisthoglyph (Trugnattern). *Langaha intermedia,* Blattnasennatter: Bis etwa 1 m lang. ♀ mit langem, schuppigem, weichem, blattartigem Schnauzenfortsatz. Der Schnauzenteil mit den Nasenlöchern überragt weit den Unterkiefer. Beim ♂ ist der Schnauzenfortsatz ein einfacher, rundlicher Zapfen (Abb. 133). Baumbewohner. Madagaskar. *Eteirodipsas colubrina:* Bis 90 cm lang. Augen durch Schildchenring von den Oberlippenschildern getrennt. Pupillen senkrecht. Nächtlich lebende Baumschlange. Madagaskar. *Telescopus fallax,* Europäische Katzennatter: Bis etwa 1 m lang. Zügelschild reicht bis ans Auge. Pupillen senkrecht-elliptisch. Echsenfresser. Balkan, Ägäis, Südwestasien. *Boiga dendrophila,* Mangroven-Nachtbaumnatter, Ularburong: Bis 2,5 m lang. Schwanz mit gelben Ringeln. Baumbewohner. Sundainseln, Philippinen, Penang, Malaiische Halbinsel, Siam. *Imantodes cenchoa,* Riemenschlange: Bis über 1 m lang. Körper seitlich zusammengedrückt. Baumbewohner. Mexiko bis nördliches Südamerika. *Leptodeira annulata*, Katzenaugennatter: Texas bis Nordargentinien. *L. hotamboeia*, Krötennatter: Dunkeler Schläfenfleck. Anurenfresser. Tropisches und südliches Afrika. *Oxyrhopus trigeminus*, Mondnatter: Rot mit schwarzen Ringen. Guayana, Brasilien, Paraguay, Uruguay, Argentinien. *Clelia clelia*, Mussurana: Bis über 2 m lang. Frißt Schlangen, auch große Crotaliden. Mexiko bis nördliches Südamerika. *Malpolon monspessulanus*, Europäische Eidechsennatter: Bis etwa 2 m lang. Frißt außer Echsen auch Vögel und Kleinsäuger. Mittelmeerküste von Spanien bis Ligurien, Balkanhalbinsel, Sporaden, Kleinasien, Syrien, Westarabien, Nordafrika, Kaukasus, Persien. *M. moilensis*, Arabische Eidechsennatter: Arabien. *Rhamphiophis oxyrhynchus*, Schnabelnatter: Bis etwa 1,5 m lang. Hakig gebogene Schnauze. Lebendgebärend. Tropisches Ostafrika. *Psammophis sibilans*, Zischnatter: Bis 1,5 m lang. Wüsten und Steppen. Afrika, außer dem Nordwesten. *P. schokari*, Sandrennatter: Bis 1 m lang. Nordafrika, Arabien, Persien, Vorderindien. *Macroprotodon cucullatus*, Kapuzennatter: Bis etwa 50 cm lang. Echsenfresser. Südliche Pyrenäenhalbinsel, Balearen, Nordafrika. *Ahaetulla*, Peitschennattern: Kopf lang, mit starker Schnauzenkante. Augen groß, mit horizontalen Pupillen (s. Abb. 56 a). Körper sehr lang, seitlich zusammengedrückt. Meist grün oder braun. Lebendgebärend. *A. mycterizans*, Peitschenschlange, Baumschnüffler: Bis über 1,5 m lang. Mit kleinem beweglichen Rüssel. Grün. Malaya. *A. prasinus:* Grün. Süd- und Südostasien, Indo-australischer Archipel, Philippinen. *Thelotornis kirtlandii*, Graue Baumnatter: Pupillen horizontal. Bläht in Erregung den Hals sackartig auf. Tropisches Afrika. *Oxybelis fulgidus*, Glanzspitznatter (Abb. 134): Bis etwa 1,5 m lang. Runde Pupillen. Grün mit gelben Längslinien. Spitze Schnauze. Mexiko bis Südamerika. *O. acuminatus*, Erzspitznatter: Braun oder grau. Mexiko bis Brasilien. *Dispholidus typus*, Boomslang: Bis 2 m lang. Pupillen rund. Kann Hals aufblähen. Drei große Furchenzähne. Der Biß kann den Tod von Menschen verursachen. Äquatorial- und Südafrika. *Chrysopelea ornata*, Schmuckbaumnatter, Goldschlange

Abb. 134. *Oxybelis fulgidus*. — Nach Werner

(Abb. 135): Bis etwa 1,5 m lang. Soll durch Einziehen des Bauches eine hohlkehlenartige Rinne bilden, die sie zum „Gleitflug“ befähigt (s. S. 50). Südchina, Indochina, Hinterindien, Ceylon, Indo-australischer Archipel, Philippinen. *Erythrolamprus aesculapi*, Falsche Korallennatter: Bis etwa 1 m lang. Rot und schwarz geringelt. Furche des Giftzahns kann an einer Seite fehlen. Mexiko bis Südamerika.

Abb. 135.
Chrysopelea ornata. – Nach Delsman

3. Unterfamilie: *Dasypeltinae* (Eierschlangen): Kopf oben mit großen, symmetrischen Schildern. Bauchschilder seitlich stark verbreitert. Zähne stark zurückgebildet mit *(Elachistodon)* oder ohne *(Dasypeltis)* Furchen. Hypapophysen ragen in den Vorderdarm (s. S. 33 u. 80). Eierfresser. *Dasypeltis scabra:* Bis etwa 80 cm lang. Nur wenige sehr kleine Zähne an Oberkiefer, Gaumenbein und Unterkiefer. Frißt Vogeleier (in Gefangenschaft angeblich auch Gehäuseschnecken). Afrika, Südarabien. *Elachistodon westermanni:* Bis 80 cm lang. 2 kleine Furchenzähne im Oberkiefer. Frißt Vogeleier. Bengalen, Bihar.

4. Unterfamilie: *Dipsadinae* (Schneckennattern): Kopf sehr breit, oben mit großen, symmetrischen Schildern. Bauchschilder seitlich stark verbreitert. Aglyphodont. Fressen Gehäuse- und Nacktschnecken. *Aplopeltura boa:* Im kurzen Oberkiefer nur 5 bis 6 Zähne. Malaya, Siam, Indo-australischer Archipel, Philippinen. *Dipsas carinatus:* Südostasien, Indo-

australischer Archipel. *Leptognathus catesbyi:* Oberkiefer mit 11 bis 18 Zähnen. Tropisches Südamerika.

5. Unterfamilie: *Homalopsinae* (Wassertrugnattern): Kopf breit. Nasenlöcher nach oben gerichtet, verschließbar. Opistoglyphodont. Kopf oben mit großen, symmetrischen Schildern. Bauchschienen verbreitert. Lebendgebärend. Wasserbewohner. *Homalopsis buccata,* Boatrugnatter: Bis etwa 1 m lang. Mit breiten, schwarzen Querbinden. Küsten Südostasiens, außer Vorderindiens, Indo-australischer Archipel, Sundainseln. *Enhydris bocourti:* Bis etwa 1 m lang. Fischfresser. Südostasien. *Cerberus rhynchops,* Hundskopf-Wassertrugnatter: Im Süß- und im Salzwasser. Fischfresser. Ceylon bis Nordaustralien und Philippinen. *Fordonia leucobalia:* Frißt vorwiegend Krebse. Auch im Meer fern der Küste. Südostasien, Nikobaren, Indo-australischer Archipel, Nordaustralien. *Erpeton tentaculatum,* Fühlerschlange (Abb. 136): An der Schnauzenspitze ein Paar beschuppter, beweglicher, fühlerartiger Fortsätze. Südsiam, Cambodja, Cochinchina. *Bistia hydroides,* Wasserschuppenkopf: Körper und Schwanz seitlich zusammengedrückt. Im Meer. Fischfresser. Südburma, Siam, Malaiische Halbinsel.

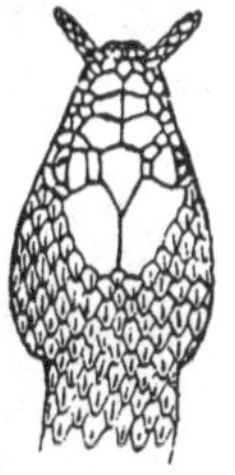

Abb. 136. *Erpeton tentaculatum.* — Nach Werner

8. Familie: *Elapidae* (Giftnattern): Kopf oben mit großen, symmetrischen Schildern. Bauchschilder seitlich stark verbreitert. Vordere Oberkieferzähne sehr lang, mit tiefer Giftrinne (proteroglyph). Wirbeltierfresser. In allen Erdteilen, außer Europa. *Aspidomorplus muelleri:* Bis etwa 52 cm lang. Hinter den Giftzähnen 8 bis 12 kleine Furchenzähne. Braun mit hellen Kopfzeichnungen. Indo-australischer Archipel, Neuguinea, Bismarckarchipel. *Demansia textilis:* Bis etwa 1,75 m lang. Hinter den Giftzähnen 7 bis 15 kleine Furchenzähne. Schnauzenkante deutlich. Australien. *Pseudechis porphyriacus,* Schwarzotter: Bis 2,5 m lang. Hinter den Giftzähnen 2 bis 5 nicht gefurchte kleine Zähne. Schnauzenkante deutlich. Oben schwarz, unten rot. Häufig und gefährlich. Ostaustralien. *Denisonia superba:* Bis über 1 m lang. Australien, Tasmanien. *Acanthophis antarcticus,* Todesotter: Bis 75 cm lang. Kopf deutlich abgesetzt. Augen klein mit senkrechten Pupillen. Schwanzende mit langem Stachel. Eine der gefährlichsten Giftschlangen. Neuguinea, Australien, Indoaustralischer Archipel. *Oxyuranus scutellatus,* Taipan: Bis fast

4 m lang. Wohl die gefährlichste und giftigste Schlange. Australien. *Notechis scutatus,* Tigerotter: Lebendgebärend. Australien. *Bungarus:* Kopf klein. Oberkiefer länger als Unterkiefer. 1 bis 3 kleine Zähne hinter den relativ kurzen Giftzähnen. Sehr gefährliche Giftschlangen. *B. fasciatus,* Krait: Bis 1,75 m lang. Rückenkiel. Süd- und Südostasien, Indo-australischer Archipel, Sumatra, Java, Borneo. *B. caeruleus:* Bis 1,4 m lang. Vorderindien, Ceylon. *Naja,* Hutschlangen oder Schildottern: Augen groß mit runden Pupillen. Durch Auseinanderspreizen der verlängerten Halsrippen kann die Nackenregion scheibenförmig ausgebreitet werden. Sehr gefürchtete Giftschlangen. *N. haje,* Uräusschlange: Bis 2,25 m lang. Augen durch Schildchenreihe von den Oberlippenschildern getrennt. Hellbraun bis schwarz. Afrika, Arabien. *N. melanoleuca,* Schwarzweiße Brillenschlange: Bis 2,5 m lang. Schwarz, in der Jugend mit weißen Zeichnungen. Tropisches Afrika. *N. nigricollis,* Speischlange: Bis 2 m lang. Kehle und Hals schwarz. Speit besonders häufig Speichel gegen den Angreifer. Tropisches Afrika. *N. naja,* Kobra oder Brillenschlange (Abb. 137): Bis 1,8 m lang. „Brillenzeichnung" auf dem Nacken. Tiere von den Sundainseln sind ganz schwarz. Gefährlichste Giftschlange Indiens. Süd- und Südostasien, Indo-australischer Archipel. *N. hannah,* Königskobra: Bis 4,5 m lang. Größte Giftschlange. Frißt Schlangen. Süd- und Südostasien, Andamanen, Philippinen, Indo-australischer Archipel. *Haemachatus haemachates,* Ringhals: Keine Zähne hinter den Giftzähnen. Speit häufig gegen den Angreifer. Süd- und Südwestafrika. *Aspidelaps scutatus:* Bis etwa 1 m lang. Großes Schnauzenschild mit aufgebogenen Seitenrändern. Wüstengebiete. Südwestafrika, Natal. *Boulengerina annulata,* Wasserkobra: Bis 1,8 m lang. Hintere Oberkieferzähne nicht gefurcht. Frißt Fische. Tropisches Westafrika. *Maticora,* Giftdrüsennattern: Giftdrüsen reichen bis an das Ende des ersten Körperdrittels (s. Abb. 67 a). Erdbewohnende Schlangenfresser. *M. bivirgata:* Bis über 1,5 m

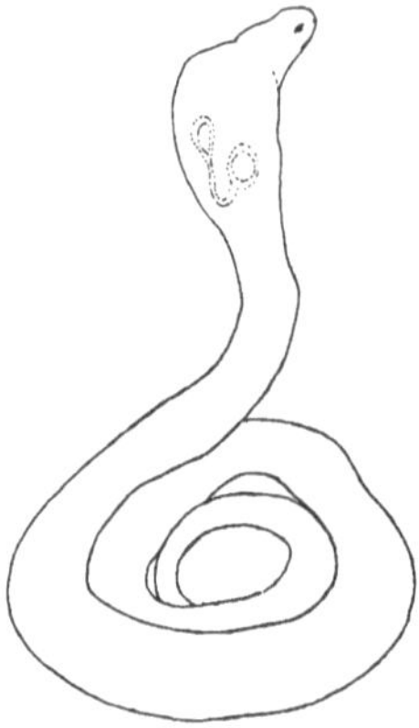

Abb. 137. *Naja naja.* — Nach Schmidt und Inger

lang. Kopf, Schwanz und Unterseite rot. Südostasien, Indoaustralischer Archipel. *M. intestinalis:* Bis 57 cm lang. 3 hellgelbe Längsstreifen auf dem Rücken und schwarze Querbinden auf dem roten Bauch. Südostasien, Indo-australischer Archipel. *Elaps lacteus,* Afrikanische Korallenotter: Südafrika. *Micrurus,* Amerikanische Korallenottern: Giftzähne groß, sonst keine Zähne im Oberkiefer. Kopf nicht abgesetzt. Augen klein mit senkrechten Pupillen. Meist prächtig rot, gelb, weiß und schwarz geringelt. *M. fulvius,* Harlekin-Korallenotter: Bis 1 m lang. Gefährlich. Südöstliche USA, Nordmexiko. *M. spixii,* Riesenkorallenotter: Bis 1,55 m lang. Nördliches Südamerika. *Dendroaspis,* Mambaschlangen: Über 2 m — die größten fast 4,5 m — lang. Keine Zähne hinter den Giftzähnen im Oberkiefer. 1 Paar sehr großer Zähne vorn im Unterkiefer. Sehr gefährlich. *D. polylepis,* Schwarze Mamba: Tropisches und südliches Afrika. *D. viridis,* Grüne Mamba: Oben grün, Schwanz und Bauch gelb. Baumbewohner. Westafrika, vom Senegal bis zum Niger.

9. Familie: *Hydrophiidae* (Seeschlangen): Kopf mit großen, symmetrischen Schildern. Körper meist seitlich zusammengedrückt. Rücken mit vielen kleinen Schuppen. Vorderzähne im Oberkiefer mit Giftrinnen. Meistens lebendgebärend. Fischfresser. Im Meer. Indischer und Pazifischer Ozean. *Pelamis platurus,* Plättchenschlange (Abb. 138): Bis etwa 85 cm lang. Im Oberkiefer 7 bis 8 Zähne hinter den Giftzähnen. Sehr häufig. Nur in der Hochsee. *Hydrophis fasciatus,* Gebänderte Ruderschlange: Hinterleib 4 bis 5 mal so breit wie der Vorderkörper. Vorn mit hellen, hinten mit dunklen Querbinden. *H. cyanocinctus,* Streifenruderschlange: Bis 1,5 m lang. Grünlich mit dunklen Querbinden. *Laticauda,* Plattschwänze: Körper drehrund. Schwanz seitlich zusammengedrückt. Leben auch an Land und legen Eier. *L. laticauda,* Zeilenschlange: Bis 1 m lang. Schwarz geringelt.

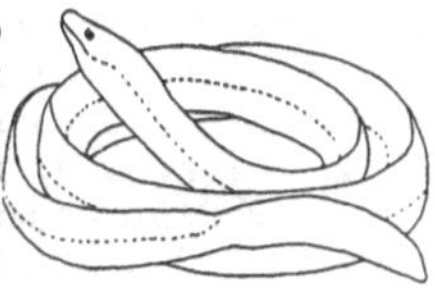

Abb. 138. *Pelamis platurus.* — Nach Werner

10. Familie: *Viperidae* (Vipern oder Ottern): Kopf meistens mit wenigen oder keinen großen, symmetrischen Schildern. Bauch mit verbreiterten Schildern. Maxillare sehr kurz, vorn mit großen Röhrenzähnen (solenoglyph). Meistens lebendgebärend. Europa, Asien, Afrika (außer Madagaskar). *Causus,* Krötenvipern: Kopf oben mit großen, symmetrischen Schildern. Augen mit runden Pupillen. Eierlegend. Anurenfresser. Mittel- und

Südafrika. *C. rhombeatus*, Pfeilotter: Bis etwa 50 cm lang. Sehr große Giftdrüsen (s. Abb. 67 b). *C. lichtensteinii. Vipera:* Kopfschilder ganz oder z. T. in kleine Schilder oder Schuppen aufgelöst. Augen mit senkrechten Pupillen. *V. ursinii,* Wiesenotter (Abb. 139 a): Bis 50 cm lang. Südostfrankreich, Mittelitalien, Niederösterreich, Ungarn, Jugoslavien, Rumänien, Bulgarien, Mazedonien, Donau-Delta, Bessarabien, Ukraine bis Kaukasus, Kirgisensteppe, Turkestan bis Altai. *V. berus,* Kreuzotter (Abb. 139 b): Bis 80 cm lang. Zickzackband auf dem Rücken, das meist nur bei ganz schwarzen Stücken („Höllenottern") fehlt. Europa (nördlich bis 67° n. Br., südlich bis zum Norden der Pyrenäenhalbinsel, Italiens und des Balkans). Nord- und Mittelasien bis Sachalin. *V. aspis,* Aspisviper (Abbildung 139 c): Bis 60 cm lang. Schnauze etwas aufgestülpt. Zickzackband meist in dunkele Querbinden aufgelöst. Pyrenäenhalbinsel, Frankreich, Deutschland (nur im Schwarzwald), Alpenländer, Italien, Sizilien, Elba, Jugoslawien (vereinzelt). *V. latasti,* Stülpnasenotter: Kleines Schnauzenhorn. Pyrenäenhalbinsel, Nordwestafrika. *V. ammodytes,* Sandviper (Abb. 139 d): Bis 90 cm lang. Langes, aufwärts gerichtetes, beschupptes, weiches Schnauzenhorn. Rükken mit Zickzack- oder Rautenbinde. Venetien, Südtirol, Istrien, Steiermark, Kärnten, Jugoslawien, Rumänien, Bulgarien, Albanien, Griechenland, Zykladen, Westasien. *V. lebetina,* Levanteviper: Bis 1,5 m lang. Nordafrika, West- und Mittelasien, Zykladen. *V. xanthina,* Bergotter: Europäische Türkei, Westasien. *V. palaestinae,* Palästina-Viper: Südwestasien. *V. hindii:* Kenya. *V. russellii,* Kettenviper: Bis 1,75 m lang. Lebhafte Fleckenzeichnung. Indien, Ceylon, Indo-australischer Archipel. *Bitis:* Nasenschild vom Schnauzenschild durch kleine Schuppen getrennt. Körper untersetzt. Kopf sehr breit. Sehr gefährliche Giftschlange. *B. arietans,* Puffotter (Abb. 140 a): Bis etwa 1,5 m lang. Aufwärts gerichtete Nasenlöcher. Afrika. *B. cornuta,* Büschelbrauenviper: Bis etwa 50 cm lang. Mehrere hornartige Schuppen über

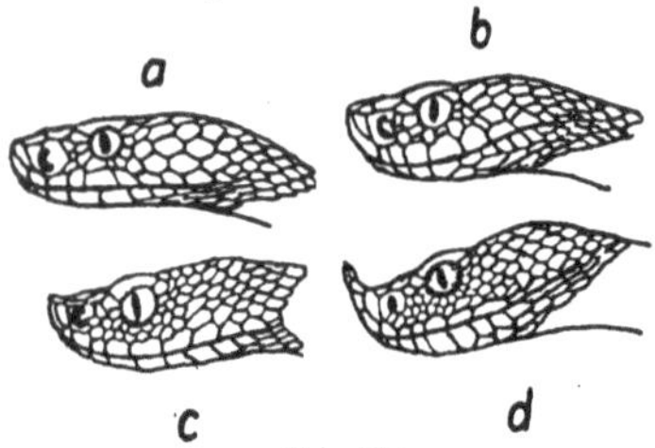

Abb. 139.
Köpfe europäischer Viperarten.
a) *V. ursinii.* b) *V. berus.* c) *V. aspis.* d) *V. ammodytes.* — Nach Werner und Herter

den Augen. Süd- und Südwestafrika. *B. caudalis*, Südafrikanische Hornviper: Bis etwa 50 cm lang. Ein Horn über jedem Auge. Südwest- und Südafrika. *B. peringueyi:* Bis 30 cm lang. Südwestafrika, Angola. *B. gabonica*, Gabunviper: Bis über 1,75 m lang. 2 kurze Hörner auf der Schnauzenspitze. Südliches tropisches Afrika. *B. nasicornis*, Nashornviper (Abb. 140 b): Bis

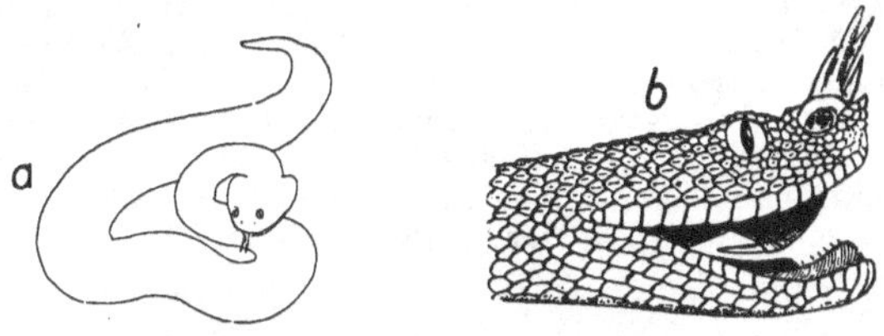

Abb. 140.
a) *Bitis arietans.* — Nach Werner.
b) *B. nasicornis.* — Nach Angel

etwa 1,5 m lang. 6 lange, hornartige Schuppen in 2 Reihen auf der Schnauze. Tropisches Afrika. *Cerastes cerastes*, Nordafrikanische Hornviper: Bis 75 cm lang. Je eine lange, hornartige Schuppe über den Augen. Eierlegend. In Wüsten. Nordwestafrika, Südwestasien. *C. vipera*, Avicenna-Viper: Bis etwa 50 cm lang. Ohne Hörner. Eierlegend. Auf Sanddünen. Algerien bis Ägypten. *Echis carinatus*, Sandrasselotter: Bis etwa 60 cm lang. Erzeugt durch Aneinanderreiben der Körperschuppen ein rasselndes Geräusch. Sehr gefährlich. In Wüsten. Nordafrika, Vorderindien, Ceylon. *Atheris*, Baumvipern: Schwanz einrollbar. Dickköpfig. Großäugig. Meist grün. Baumbewohner. Nicht länger als 75 cm. *A. ceratophorus*, Gehörnte Baumviper: Augenbrauenschuppen hornartig verlängert. Usambara. *A. squamiger:* Westkenya, Uganda, Belgischer und Französischer Kongo, Kamerun, Fernando Po, Angola. *A. nitschei:* Östliches Zentralafrika. *Atractaspis*, Erdvipern: Sehr große Giftzähne. Kopf nicht abgesetzt, oben mit großen, symmetrischen Schildern. Augen klein mit runden Pupillen. Erdwühler. *A. irregularis:* West- und Zentralafrika. *A. corpulenta:* Westafrika. *A. reticulata:* Über 1 m lang. Kamerun.

11. Familie: *Crotalidae* (Grubenottern): Kopf mit großen, symmetrischen Schildern oder mit kleinen Schuppen. Bauch mit verbreiterten Schildern. Maxillare sehr kurz, vorn mit großen

Röhrenzähnen (solenoglyph). Zwischen Nasenlöchern und Augen beiderseits eine tiefe Grube (Thermorezeptor, s. S. 61). Meistens lebendgebärend. Sehr gefährliche Giftschlangen. Osteurapa, mittleres und südliches Asien, Amerika. *Agkistrodon,* Dreieckskӧpfe: Kopf oben mit 9 großen Schildern, oder die vordersten in kleine zerspalten. *A. piscivorus,* Wassermokassinschlange: Bis 1,6 m lang. An und im Wasser. Frißt vorwiegend Fische und Amphibien. Südöstliche USA. *A. contortrix,* Kupferkopf: Bis 1 m lang. Östliche und südöstliche USA. *A. rhodostoma,* Malaien-Mokassinschlange: Eierlegend. Java, Sumatra. *A. hypnale:* Schnauze stark aufgestülpt. Vorderindien, Ceylon. *A. acutus:* Kleines Schnauzenhorn. China, Tonking, Formosa. *A. halys,* Halys-Grubenotter: Bis 75 cm lang. Schnauze aufgestülpt. Äußerster

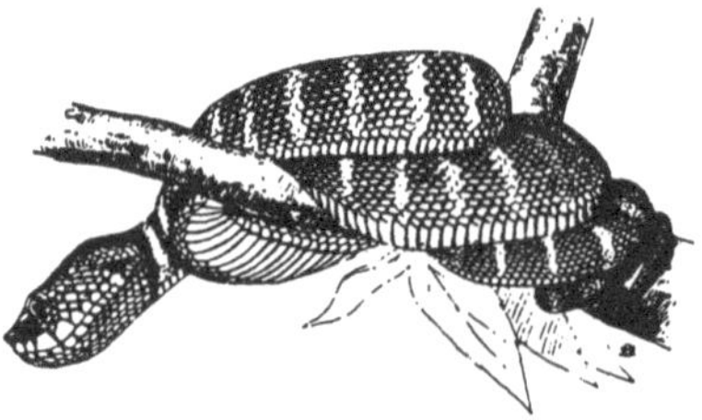

Abb. 141.
Trimeresurus wagleri. — Nach Delsman

europäischer Südosten bis Ostasien. *Lachesis muta,* Buschmeister: Bis 3,75 m lang. Eierlegend. Eine der gefährlichsten Giftschlangen. Panama bis tropisches Brasilien, Bolivien. *Bothrops atrox,* Lanzenschlange, Jararaca: Bis 2,5 m lang. Mexiko bis tropisches Brasilien und Bolivien. *B. jararacussu,* Schararakussu: Bis 1,6 m lang. Brasilien, Bolivien, Paraguay, Argentinien. *B. schlegelii:* Greifschwanz. Grün mit rotem Schwanz. Baumbewohner. Ekuador, Columbien, Mittelamerika. *Trimeresurus flavoviridis,* Habu-Schlange: Bis mehr als 1,6 m lang. Riu-Kiu-Inseln. *T. wagleri* (Abb. 141): Bis etwa 50 cm lang. Schwarz und grün gezeichnet. Baumbewohner. Südostasien, namentlich Sundainseln, Philippinen. *Sistrurus,* Zwergklapperschlangen: Große Kopfschilder. Am Schwanzende „Klappern". *S. miliarius:* Bis 60 cm lang. Südöstliche USA. *S. catenatus,* Kettenklapperschlange,

Massasauga: Bis 75 cm lang. Vorwiegend auf Prärien. Mittlere USA, Nordmexiko. *Crotalus*, Klapperschlangen: Kleine Kopfschilder oder -schuppen. Am Schwanzende „Klappern" (s. S. 20). Lebendgebärend. Sehr gefährliche Giftschlangen. Amerika. *C. viridis*, Prärieklapperschlange: Südkanada, westliche USA, Nordmexiko. *C. terrificus*, Schreckensklapperschlange: Bis etwa 1,9 m lang. Südmexiko bis Venezuela. *C. horridus*, Waldklapperschlange (Abb. 142): Bis etwa 2 m lang. Südöstliche USA, Nordmexiko. *C. adamanteus*, Diamantklapperschlange: Bis 2,58 m lang. Südöstliche USA. *C. atrox*, Texasklapperschlange: Bis 2,2 m lang. Südliche USA, Nordmexiko. *C. cerastes*, Gehörnte Klapperschlange oder Seitenwinder: Bis etwa 75 cm lang. Hornartige Schuppen über den Augen. In Wüsten. Colorado.

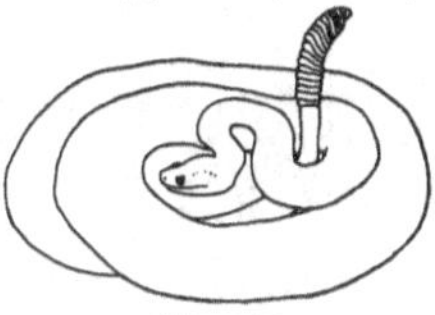

Abb. 142. *Crotalus horridus*. — Nach Werner

LITERATUR

Angel, F.: Petit Atlas des Amphibiens et Reptiles. 1 u. 2. Paris 1949.

Angel, F.: Vie et Moeurs des Serpents. Paris 1950.

Bellairs, A.: Reptiles. London 1957.

Boulenger, G. A.: Catalogue od the Lizards in the British Museum (Natural History). 1—3. London 1885—1887.

Boulenger, G. A.: Catalogue of the Chelonians, Rhynchocephalians, and Crocodiles in the British Museum (Natural History). London 1889.

Boulenger, G. A.: Catalogue of the Snakes in the British Museum (Natural History). 1—3. London 1893—1896.

Carr, A.: Handbook of Turtles. — The Turtles of the United States, Canada, and Baja California. Ithaca/New York 1952.

Ditmars, R. L.: Reptiles of the World. New York 1926.

Dürigen, B.: Deutschlands Amphibien und Reptilien. Magdeburg 1897.

Gadow, H.: Amphibians and Reptiles. London 1909.

Hilzheimer, M.: Handb. d. Biolog. d. Wirbeltiere. Stuttgart 1913.

Klingelhöfer, W.: Terrarienkunde. Braunschweig 1931.

Loveridge, A.: Reptiles of the Pacific World. New York 1945.

Mertens, R.: Die Lurche u. Kriechtiere des Rhein-Main-Gebietes. Frankfurt a. M. 1947.

Mertens, R. u. L. Müller: Die Amphibien u. Reptilien Europas. 2. Liste nach dem Stand vom 1. 1. 1940. Abh. Senckenberg. naturf. Ges. Frankf. a. M. 451. 1940. (3. Aufl. im Druck.)

Mertens, R. u. H. Wermuth: Die rezenten Schildkröten, Krokodile u. Brückenechsen. Zool. Jb. Syst. 83. 1955.

Popé, C. H.: The Reptile World. New York 1955.

Remane, A.: Reptilia, Kriechtiere. Biolog. d. Tiere Deutschlands. T. 50. Berlin 1923.
Romer, A. S.: Vertebrate Paleontology. 4. Chicago 1950.
Romer, A. S.: Osteology of Reptiles. Chicago 1956.
Schmidt, K. P. u. R. F. Inger: Reptilien. Übersetzt u. bearbeitet v. H. Wermuth. Das Tierbuch in Farben. Berlin u. Darmstadt 1957.
Schreiber, E.: Herpetologia europaea. 2. Aufl. Jena 1912.
Smith, H. M.: Handbook of Lizards. — Lizards of the United States and Canada. Ithaca/New York 1946.
Sternfeld, R.: Die Reptilien u. Amphibien Mitteleuropas. 2. Aufl. von Steiner. Heidelberg 1952.
Verrill, A. H.: Moeurs étranges des Reptiles. Paris 1943.
Werner, F.: Die Lurche u. Kriechtiere. 1 u. 2. Brehms Tierleben 4. 4. Aufl. Leipzig u. Wien 1912/13.
Werner, F.: Reptilien, Das Tierreich. 2. Aufl. Sammlg. Göschen Nr. 383. Berlin u. Leipzig 1922.
Wettstein, O. v.: Rhynchocephalia/Crocodilia. Kükenthal: Handb. d. Zoolog. 7. 1931—1955.
Wright, A. H. u. A. A. Wright: Handbook of Snakes of the United States and Canada. 1 u. 2. Ithaca/New York 1957.

REGISTER

Abgottschlange s. *Boa constrictor*
Ablepharus 69, 70, 164
Ablepharus boutonii 164
Ablepharus kitaibelii 164
Acanthodactylus 17, 50, 160
Acanthodactylus boskianus 160
Acanthodactylus erythrurus 160
Acanthodactylus pardalis 160
Acanthodactylus scutellatus 160
Acanthophis antarticus 179
Acontias 165
Acontias meleagris 165
Acrantophis madagascariensis 172
Acrochordinae 173
Acrochordus jaranicus 173
Adria-Eidechse s. *Lacerta melisellensis*
Ägäischer Nacktfingergecko s. *Gymnodactylus kotschyi*
Äskulapnatter s. *Elaphe longissima*
Afrikanische Hausnatter s. *Boaedon lineatus*
Afrikanische Korallenotter s. *Elaps lacteus*
Afrikanische Wasserschlange s. *Grayia smythii*
Afrikanischer Dreiklauer s. *Trionyx triunguis*
Afrikanischer Hausgecko s. *Hemidactylus mabouia*
Afrikanischer Winkelfinger s. *Cnemaspis africanus*
Agama 151
Agama agama 151
Agama atricollis 151
Agama mutabilis 151
Agama pallida 151
Agama ruderata 151
Agama sanguinolenta 151
Agama stellio 17, 63, 96, 151
Agamen s. *Agamidae*
Agamidae 56, 114, 115, 128, 149, 154
Agkistrodon 184
Agkistrodon acutus 184
Agkistrodon contortrix 184
Agkistrodon halys 184
Agkistrodon hypnale 184
Agkistrodon piscivorus 184
Agkistrodon rhodostoma 184
Ahaetulla 30, 54, 69, 82, 177
Ahaetulla mycterizans 129, 177
Ahaetulla prasinus 177
Algerischer Sandläufer s. *Tsammodromus algirus*
Algyroides 160
Algyroides fitzingeri 160
Algyroides moreoticus 160
Algyroides nigropunctatus 160
Alligator 68, 90
Alligator mississipiensis 37, 38, 39, 45, 58, 65, 74, 91, 102, 142, 143

Alligator sinensis 142
Alligatoridae 142
Alligatorschildkröte s. *Chelydra serpentina*
Amblyrhynchus cristatus 52, 53, 76, 156
Ameiva 162
Ameiva ameiva 162
Ameiva dorsalis 162
Amerikanische Korallenottern s. *Micrurus*
Amerikanische Sumpfschildkröte s. *Emys blandingii*
Amethystschlange s. *Liasis amethystinus*
Amphibolorus 48
Amphibolurus barbatus 152
Amphibolurus muricatus 152
Amphisbaena 11, 52, 59, 166
Amphisbaena alba 166
Amphisbaena fuliginosa 166
Amphisbaenia 132, 166
Amphisbaenidae 166
Anakonda s. *Eunectes murinus*
Anelytropsidae 166
Anelytropsis 166
Angola-Python s. *Python anchietae*
Anguidae 52, 128, 166
Anguimorpha 132, 166
Anguis 16, 18, 28, 35, 59, 63, 68, 71, 95, 130
Anguis fragilis 37, 106, 113, 121, 128, 129, 167
Aniliidae 20, 37, 52, 172
Anilius scytale 172
Anniella geronimensis 167
Anniella pulchra 129, 167
Anniellidae 128, 167
Anolis 48, 108, 112, 155
Anolis carolinensis 63, 108, 155
Anolis cristatellus 128, 155
Anolis equestris 155
Anolis sagrei 155
Anomalepis 170
Anomalochilus weberi 172
Anopsibaena kingii 166
Anzahl der Reptilienarten S. 11
Aperema s. *Geomyda punctularia*
Aplopeltura boa 178
Aporosaurus anchieta 160
Apothekerskink s. *Scincus scincus*
Aprasia pulchella 149
Arabische Eidechsennatter s. *Molpolon moilensis*
Argentinische Schlangenhalsschildkröte s. *Hydromedusa tectifera*
Arizona Nachtechse s. *Xantusia arizonae*
Arrauschildkröte s. *Podocnemis expansa*
Aspidelaps scutatus 180
Aspidites 171
Aspidomorplus muelleri 179
Aspisviper s. *Vipera aspis*
Atheris 183
Atheris ceratophorus 183
Atheris nitschei 183
Atheris squamiger 183
Atractaspis 183
Atractaspis corpulenta 183
Atractaspis irregularis 183
Atractaspis reticulata 183
Augengrubennatter s. *Bothrophthalmus lineatus*
Australien-Krokodil s. *Crocodylus johnsoni*
Australische Schlangenhalsschildkröte s. *Chelodina longicollis*
Avicenna-Viper s. *Cerastes vipera*

Balearen-Eidechse s. *Lacerta lilfordi*
Balkan-Zornnatter s. *Coluber gemonensis*
Bartagame s. *Amphibolurus barbatus*
Basiliscus 48
Basiliscus basiliscus 155, 156
Basiliscus plumifrons 155
Basiliscus vittatus 156
Bastarde 124 ff.
Batagur baska 134
Bauchdrüsennattern s. *Maticora*
Baumpython s. *Chondropython viridis*
Baumvipern s. *Atheris*
Beisschildkröte s. *Trionyx ferox*
Bengalenwaran s. *Varanus bengalensis*
Berberskink s. *Eumeces algeriensis*
Bergchamäleon s. *Chamaeleo montium*
Bergeidechse s. *Lacerta vivipara*
Bergotter s. *Vipera xanthina*
Bindenwaran s. *Varanus salvator*
Bipes canaliculatus 166
Bistia hydroides 179
Bitis 182
Bitis arietans 182, 183
Bitis caudalis 183
Bitis cornuta 182
Bitis gabonica 85, 183
Bitis lachesis 85
Bitis nasicornis 183
Bitis peringueyi 183
Blanus 166
Blanus cinereus 166
Blanus strauchii 166
Blattnasennatter s. *Langaha intermedia*
Blattschwanzgecko s. *Phyllurus platurus*
Blaukehlagame s. *Agama atricollis*
Blauschwanzskink s. *Lygosoma cyanurum*
Blauzunge s. *Tiliqua scincoides*
Blauzungenskinke s. *Tiliqua*
Blindschlangen s. *Typhlopidae*
Blindschleiche s. *Anguis fragilis*
Blindskink s. *Typhlosaurus lineatus*
Blumentopfschlange s. *Typhlops braminus*
Blutsauger s. *Calotes versicolor*
Boa constrictor 37, 172
Boaedon lineatus 174

Boa-Schlangen s. *Boinae*
Boatrugnatter s. *Homalopsis buccata*
Boidae 12, 20, 38, 124, 128, 171
Boiga dendrophila 176
Boiginae 173
Boinae 171
Boomslang s. *Dispholidus typus*
Bothrophthalmus lineatus 174
Bothrops atrox 184
Bothrops jararacussu 184
Bothrops schlegelii 184
Boulengerina annulata 180
Brachiosaurus brancai 9
Brauen-Glattstirnkaiman s. *Paleosuchus palpebrosus*
Braune Wassernatter s. *Natrix taxipilota*
Braunes Zwergchamäleon s. *Chamaeleo melanocephalus*
Braunskink s. *Lygosoma laterale*
Breitrandschildkröte s. *Testudo marginata*
Breitstirniger Kaiman s. *Caiman latirostris*
Breitzeher s. *Tarentola*
Brilleneidechse s. *Lacerta perspicillata*
Brillenkaiman s. *Caiman crocodilus*
Brillenschlange s. *Naja naja*
Brillentejus s. *Gymnophthalmus*
Brontosaurus 8, 9
Brookesia 154
Brookesia kerstensii 154
Brookesia spectrum 154
Brookesia stumpffii 154
Brookesia superciliaris 154
Brückenechse s. *Sphenodon* bzw. *Rhynchocephalia*
Buchstabenschildkröte s. *Pseudemys scripta*
Büschelbrauenviper s. *Bitis cornuta*
Bungarus 180
Bungarus caeruleus 180
Bungarus fasciatus 180
Buntes Zwergchamäleon s. *Chamaeleo pumilis*
Buntwaran s. *Varanus varius*
Buschmeister s. *Lachesis muta*

Caiman crocodilus 102, 142
Caiman latirostris 142
Calabaria reinhardtii 171
Calamaria linnaei 176
Callagur borneoensis 134
Callopistes maculatus 162
Calotes 56, 114, 150
Calotes calotes 151
Calotes cristatellus 151
Calotes jubatus 151
Calotes versicolor 151
Camptosaurus 9
Caretta 38, 39, 60, 74, 95
Caretta caretta 138
Carettochelydidae 140
Carettochelys 53
Carettochelys insculpta 140
Causus 84, 85, 181
Causus lichtensteinii 182
Causus rhombeatus 182
Cerastes 55
Cerastes cerastes 183
Cerastes vipera 183
Ceratophora stoddartii 114, 116, 150
Cerberus rhynchops 179
Cetiosaurus 9
Ceylonische Hornagame s. *Ceratophora stoddartii*
Chalcides 129, 164, 165
Chalcides bedriagai 165
Chalcides chalcides 165
Chalcides guentheri 165
Chalcides ocellatus 17, 37, 64, 164, 165
Chalcides ocellatus ocellatus 125
Chalcides ocellatus tiligugu 125
Chalcides sepsoides 64, 165
Chalcides viridanus 165
Chamaeleo 97, 115
Chamaeleo basiliscus 115, 153
Chamaeleo bifidus 154
Chamaeleo bifurcus 115, 116
Chamaeleo bitaeniatus 128
Chamaeleo brevicornis 154
Chamaeleo chamaeleon 64, 94, 120, 153
Chamaeleo cristatus 154
Chamaeleo deremensis 116, 154
Chamaeleo dilepis 153
Chamaeleo fischeri 116, 154
Chamaeleo fuelleborni 128
Chamaeleo gallus 115, 116, 154
Chamaeleo gracilis 153
Chamaeleo jacksoni 128
Chamaeleo melanocephalus 153
Chamaeleo melleri 50, 154
Chamaeleo montium 116, 154
Chamaeleo oustaletti 153
Chamaeleo oweni 115, 116, 154
Chamaeleo pardalis 154
Chamaeleo pumilus 128, 153
Chamaeleo quadricornis 116
Chamaeleo senegalensis 153
Chamaeleolis chamaeleonides 155
Chamäleons s. *Chamaeleontidae*
Chamaeleontidae 128, 153
Chamaesaurus 128, 161
Chamaesaurus aenea 161
Chamaesaurus anguina 161
Chamaesaurus macrolepis 161
Charina bottae 172
Chelidae 140
Chelodina longicollis 140
Chelonia 88, 132
Chelonia mydas 13, 23, 35, 41, 138
Cheloniidae 23, 137
Chelonioidea 12, 132, 137
Chelus 12
Chelus fimbriatus 45, 140

Chelydra serpentina **58**, 133
Chelydridae 133
Chersydrus granulatus 173
China-Alligator s. *Alligator sinensis*
Chinemys reevesii **134**
Chinesischer Dreiklauer s. *Trionyx sinensis*
Chitra indica 139
Chlamydosaurus kingii 48, 152
Chlorophis irregularis 175
Chondropython viridis 171
Chromatophoren **29**, **30**
Chrysemys picta **134**
Chrysopelea 50
Chrysopelea ornata **50**, 177, 178
Claudius angustatus **133**
Clelia clelia 177
Clemmys caspica **73**, **134**
Clemmys caspica rivulata 134
Clemmys guttata **134**
Clemmys japonica **134**
Clemmys insculpta **134**
Clemmys leprosa **134**
Clemmys muhlenbergii 134
Cnemaspis africanus **146**
Cnemidophorus 162
Cnemidophorus inornatus 162
Cnemidophorus lemniscatus 162
Cnemidophorus sexlineatus 162
Coleonyx variegatus **148**
Coluber 54, 128
Coluber constrictor **175**
Coluber gemonensis **174**
Coluber hippocrepis **174**
Coluber jugularis **174**
Coluber najadum **175**
Coluber viridiflavus carbonarius 118, 175
Coluber viridiflavus viridiflavus 175
Colubridae 128, **173**
Colubrinae 173
Conolophus 77
Conolophus subcristatus 156
Cophotis 49, 129
Cophotis ceylanica 150
Corallus 128
Corallus caninus 171
Corallus enydris 172
Cordylidae 128, 160
Cordylinae 161
Cordylosaurus subtessellatus 162
Cordylus 161
Cordylus cataphractus 161
Cordylus cordylus 161
Cordylus giganteus 161
Cordylus polyzonus 18, 63, 161
Coronella austriaca 81, 113, 121, 129, 176
Coronella girondica 176
Corucia 50
Corucia zebrata 163
Corythophanes 48
Corythophanes hernandezii 155
Cotylosauria 7, 9
Cricosaura typica 149
Crocodilurus lacertinus 162
Crocodylia 13, 43, 132, 142
Crocodylidae 143
Crocodylus acutus 41, 143
Crocodylus cataphractus 143
Crocodylus intermedius 143
Crocodylus johnsoni 143
Crocodylus niloticus 12, 15, 27, 111, 130, 143
Crocodylus novae-guineae 143
Crocodylus palustris 61, 144
Crocodylus porosus 12, 15, 123, 130, 144
Crocodylus rhombifer 143, 144
Crocodylus siamensis 144
Crotalidae 20, 61, 84, 112, 129, 183
Crotalus 20, 21, 55, 61, 62, 185
Crotalus adamanteus 185
Crotalus atrox 185
Crotalus cerastes 185
Crotalus durissus unicolor 126
Crotalus horridus 112, 185
Crotalus rubra rubra 126
Crotalus scutulatus scutulatus 126
Crotalus terrificus 185
Crotalus viridis 185
Crotalus viridis helleri 126
Crotalus viridis oreganus 126
Cryptodira 132
Ctenosaura acanthura 157
Cuora 24, 134
Cuora amboinensis 135
Cuora trifasciata 135
Cyclanorbis oligotylus 139
Cyclanorbis senegalensis 139
Cycloderma frenatum 139
Cyclura 77
Cyclura carinata 157
Cyclura cornuta 157
Cylindrophis rufus 172

Dabb s. *Uromastyx aegyptius*
Dachschildkröte, indische s. *Kachuga tecta*
Dalmatinische Spitzkopfeidechse s. *Lacerta oxycephala*
Dasypeltinae 178
Dasypeltis 33, **77**, **79** ff., 178
Dasypeltis scabra **34**, 80, 178
Deirochelys reticularia 135
Dendroaspis **181**
Dendroaspis polylepis 181
Dendroaspis viridis 181
Dendrophis **50**
Dendrophis pictus **82**, 175
Denisonia superba **179**
Dermatemydidae 134
Dermatemys mawii 134
Dermochelis coriacea 12, 20, 24, 138
Dermochelydidae 138
Diademschildkröte s. *Hardella thurjii*

Diamantklapperschlange s. *Crotalus adamanteus*
Dibamidae 165
Dibamus 113
Dibamus novaeguineae 165
Dickfinger s. *Pachydactylus bibronii*
Dione-Natter s. *Elaphe dione*
Diplodactylus vittatus 146
Diplodocus 9
Diploglossus 167
Diploglossus fasciatus 167
Dipsadidae 77
Dipsadinae 178
Dipsas carinatus 178
Dispholidus typus 177
Dogania subplana 139
Doppelschleichen s. *Amphisbaenidae*
Doppelzungenschleichen s. *Diploglossus*
Dornschwänze s. *Uromastyx*
Dornschwanzskink s. *Egernia stokesii*
Dornteufel s. *Moloch horridus*
Dornschwanzleguan s. *Urocentron*
Doryphorus 112
Dosenschildkröte, chinesische s. *Cuora trifasciata*
Dosenschildkröte, gemeine s. *Terrapene carolina*
Dosenschildkröten, amerikanische s. *Terrapene*
Dosenschildkröten, asiatische s. *Cuora*
Dracaena 53
Dracaena guianensis 89, 162
Draco 11, 50, 59
Draco volans 115, 149, 150
Dreieckskopfe s. *Agkistrodon*
Dreihornchamäleon s. *Chamaeleo owenii*
Dreikielschildkröte, chinesische s. *Chinemys reevesii*
Dreikielschildkröte, indische s. *Geomyda trijuga*
Drusenkopf s. *Conolophus subcristatus*
Dünnfinger s. *Stenodactylus*
Dünnschlangen s. *Leptophis*

Echis carinatus 85, 183
Echsen s. *Sauria*
Echte Geckos s. *Gekkoninae*
Echte Nattern s. *Colubrinae*
Egernia 163
Egernia cunninghami 163
Egernia kingii 163
Egernia stokesii 163
Egernia whitei 163
Eiablage 122
Eidechsen s. *Lacertidae*
Eier 121
Eierschlangen s. *Dasypeltinae*
Eirenis modesta 175
Elachistodon 33, 77, 79, 178
Elachistodon westermanni 178
Elaphe dione 175
Elaphe guttata guttata 126
Elaphe longissima 19, 107, 175
Elaphe obsoleta 175
Elaphe obsoleta deckerti 126
Elaphe quatuorlineata 30, 175
Elaphe scalaris **175**
Elaphe situla 175
Elapidae 129, 179
Elaps lacteus 181
Elasmosaurus 8, 9
Elefantenschildkröte s. *Testudo elephantropus*
Emydidae 134
Emydosauria 142
Emydura 22
Emydura macquarrii 141
Emys 22, 24, 101, 102
Emys blandingii 135
Emys orbicularis 23, 60, 73, 90, 93, 102, 106, 117, 121, 122, 123, 135
Enhydris bocourti 179
Enygrus asper 172
Enygrus bibroni 172
Epicrates 128, 171
Epicrates angulifer 171
Epicrates cenchria 171
Erdleguane s. *Liolaemus*
Erdnatter s. *Elaphe obsoleta*
Erdpython s. *Calabaria reinhardtii*
Erdvipern s. *Atractaspis*
Eremias 160
Eremias arguta 160
Eremias guttulata 160
Eremias velox 160
Erpeton tentaculatum 179
Eretmochelys imbricata 14, 138
Erythrolamprus aesculapi 178
Eryx 172
Eryx jaculus 27, 64, 172
Eryx johnii 172
Eryx miliaris 172
Erzschleiche s. *Chalcides chalcides*
Erzspitznatter s. *Oxybelis acuminatus*
Eteirodipsas colubrina 176
Eublepharinae 148
Eublepharis macularius 148
Eumeces 164
Eumeces algeriensis 164
Eumeces fasciatus 164
Eumeces latiscutatus 164
Eumeces schneiderii 164
Eunectes 128
Eunectes murinus 12, 172
Eunectes notaeus 172
Europäische Eidechsennatter s. *Malpolon monspessulanus*
Europäische Katzennatter s. *Telescopus fallax*
Europäische Sumpfschildkröte s. *Emys orbicularis*
Europäischer Blattfingergecko s. *Phyllodactylus europaeus*
Europäischer Fransenfinger s. *Acanthodactylus erythrurus*

Europäisches Chamäleon s. *Chamaeleo chamaeleon*
Europäisches Schlangenauge s. *Ophisops*
Evoluticauda minima 154

Fächerzeher s. *Ptyodactylus hasselquisti*
Färbung (der Haut) 29
Falsche Korallennatter s. *Erythrolamprus aesculapi*
Faltengecko s. *Ptychozoon kuhli*
Farbwechsel 30
Felseneidechse s. *Lacerta saxicola*
Felsenpython s. *Python sebae*
Feylinia curroi 166
Feyliniidae 165
Fimbrios klossi 173
Fischernatter s. *Natrix piscator*
Flachkopfschlangen s. *Xenopeltidae*
Fleckenskink s. *Eumeces schneiderii*
Flossenfüßer s. *Pygopodidae*
Flugdrache s. *Draco volans*
Fordonia leucobalia 179
Fossile Reptilien 8 ff.
Fransenfinger s. *Acanthodactylus*
Fühlerschlange s. *Erpeton tentaculatum*

Gabunviper s. *Bitis gabonica*
Gangesgavial s. *Gavialis gangeticus*
Gartenboa s. *Corallus enydris*
Gastropyxis smaragdina 175
Gaviale s. *Gavialidae*
Gavialidae 144
Gavialis gangeticus 33, 143, 144
Gebänderte Ruderschlange s. *Hydrophis fasciatus*
Gebänderter Krallengecko s. *Coleonyx variegatus*
Geckonidae 48, 56
Geckos s. *Gekkota*
Gefleckter Walzenskink s. *Chalcides ocellatus*
Gehörnte Baumviper s. *Atheris ceratophorus*
Gehörnte Klapperschlange s. *Crotalus cerastes*
Gehyra mutilata 146
Gehyra oceanica 146
Geierschildkröte s. *Macroclemys temminckii*
Geißel-Schildechsen s. *Tetradactylus*
Gekko 147
Gekko gecko 69, 130, 147
Gekko stentor 147
Gekko vittatus 147
Gekkonidae 144
Gekkoninae 145
Gekkota 132, 144
Gelbgrüne Zornnatter s. *Coluber viridiflavus viridiflavus*
Gelbkehlige Schildechse s. *Gerrhosaurus flavigularis*
Geoclemys hamiltonii 135
geographische Verbreitung 12
Geomydae punctularia 135
Geomyda spinosa 135
Geomyda trijuga 135
Gerrhonotus 128, 167
Gerrhonotus coeruleus 167
Gerrhonotus liocephalus 167
Gerrhonotus multicarinatus 167
Gerrhosaurinae 161
Gerrhosaurus flavigularis 161
Geruchssinn 66
Geschlechtsdimorphismus 113
Geschmacksorgane 67
Gesprenkelter Schlangenskink s. *Ophiomorus punctatissimus*
Gestreifte Rennechse s. *Cnemidophorus sexlineatus*
Gestreifte Schlangenschleiche s. *Ophiodes striatus*
Getüpfelte Rennechse s. *Cnemidophorus lemniscatus*
Gewöhnlicher Gürtelschweif s. *Cordylus cordylus*
Giftdrüsennattern s. *Maticora*
Giftnattern s. *Elapidae*
Giftschlangen 82
Giftzähne 83
Gila-Krustenechse s. *Heloderma suspectrum*
Girondische Glattnatter s. *Coronella girondica*
Glanznatter s. *Dendrophis pictus*
Glanzspitznatter s. *Oxybelis fulgidus*
Glattnatter s. *Coronella austriaca*
Goldschlange s. *Chrysopelea ornata*
Gonatodes 145
Gonatodes albogularis 145
Gonatodes concinnatus 146
Gonatodes humeralis 145
Gonocephalus 150
Gonocephalus chamaeleontinus 150
Gonocephalus geodeffroyi 150
Gonocephalus kuhli 150
Gonocephalus liogaster 150
Gopherus polyphemus 136
Gopherus polyphemus agassizii 125
Gopherus polyphemus berlandieri 125
Graptemys geographica 135
Graptemys pseudogeographica 135
Graue Baumnatter s. *Thelotornis kirtlandii*
Grayia smythii 176
Greifschwanz s. *Bothrops schlegelii*
Griechische Landschildkröte s. *Testudo hermanni*
Griechische Spitzkopfeidechse s. *Lacerta graeca*

Größte Kriechtierformen 12
Großer Teju s. *Tupinambis nigropunctatus*
Großkopfschildkröten s. *Platysternidae*
Grubenottern s. *Crotalidae*
Grüne Mamba s. *Dendroaspis viridis*
Grüner Leguan s. *Iguana iguana*
Grünschlange s. *Chlorophis irregularis*
Gürtelschweife s. *Cordylinae*
Gymnodactylus 145
Gymnodactylus kotschyi 63, 145
Gymnodactylus pelagicus 145
Gymnophthalmus 163

Habu-Schlange s. *Trimeresurus flavoviridis*
Haemachatus haemachates 85, 180
Häutung 26
Hahnenkammchamäleon s. *Chamaeleo gallus*
Hakennattern s. *Heterodon*
Halbzeher s. *Hemidactylus*
Halsbandeidechsen s. *Lacerta*
Halsbandkeilschwanz s. *Tropidurus torquatus*
Halsberger s. *Cryptodira*
Halswender s. *Pleurodira*
Halys-Grubenotter s. *Agkistrodon halys*
Handwühle s. *Bipes canaliculatus*
Hardella thurjii 135
Hardun s. *Agama stellio*
Harlekin-Korallenotter s. *Micrurus fulvius*
Hechtalligator s. *Alligator mississipiensis*
Helicops 128, 174
Helicops carinicauda 174
Hellrandige Schlangenhalsschildkröte s. *Phrynops geoffreana*
Helmbasilisk s. *Basiliscus basiliscus*
Helmkopfskinke s. *Tribolonotus*
Helmleguan s. *Corythophanes hernandezii*
Heloderma horridum 87, 168
Heloderma suspectum 86, 87, 168
Helodermatidae 168
Hemidactylus 108, 146
Hemidactylus fasciatus 146
Hemidactylus frenatus 146
Hemidactylus mabouia 146
Hemidactylus platyurus 146
Hemidactylus turcicus 146
Hemitheconyx caudicinctus 148
Hemmschwänze s. *Lygodactylus*
Herpetodryas carinatus 175
Heterodon 176
Heterodon platyrhinos 176
Höckerechsen s. *Xenosauridae*
Höckerleguan s. *Iguana iguana*
Höckerschildkröte s. *Graptemys pseudogeographica*
Höhlenschildkröte s. *Gopherus polyphemus*
„Höllenottern" 182
Hörvermögen 60
Holaspis guentheri 160
Homalopsidae 77, 129
Homalopsinae 179
Homalopsis buccata 179
Hornviper s. *Cerastes* u. *Crotalus cerastes*
Huau s. *Staurotypus triporcatus*
Hühnerfresser s. *Spilotes pullatus*
Hufeisennatter s. *Coluber hippocrepis*
Hundskopfboa s. *Corallus caninus*
Hundskopf-Wassertrugnatter s. *Cerberus rhynchops*
Hutschlangen s. *Naja*
Hydromedusa tectifera 27, 141
Hydrophiidae 12, 54, 129, 181
Hydrophiinae 102
Hydrophis 52, 102
Hydrophis cyanocinctus 181
Hydrophis fasciatus 181
Hydrosaurus 116
Hydrosaurus amboinensis 52, 77, 152

Iberische Gebirgseidechse s. *Lacerta monticola*
Ichthyosaurus 8, 9
Iguana iguana 12, 19, 33, 35, 43, 77, 87, 89, 95, 114, 116, 157
Iguania 132, 149
Iguanidae 49, 56, 116, 128, 155
Iguanodon 8, 9
Imantodes cenchoa 176
Indische Klappen-Weichschildkröte s. *Lissemys punctata*
Indische Wasserschildkröte s. *Geoclemys hamiltonii*
Indischer Dornschwanz s. *Uromastyx hardwickii*
Insel-Nachtechse s. *Xantusia riversiana*

Jacobsonsches Organ 66 ff.
Jararaca s. *Bothrops atrox*
Javanische Warzenschlange s. *Acrochordus javanicus*
Johannisechse s. *Ablepharus kitaibelii*

Kachuga 12, 77
Kachuga tecta 135
Kammanolis s. *Anolis cristatellus*
Kammchamäleon s. *Chamaeleo cristatus*
Kap-Feilennatter s. *Mehelya capensis*
Kapuzennatter s. *Macroprotodon cucullatus*
Kapverde-Skink s. *Macroscincus coctai*

Kapwaran s. *Varanus exanthematicus*
Kap-Wolfsnatter s. *Lycophidion capense*
Karbonarschlange s. *Coluber viridiflavus carbonarius*
Karettschildkröte s. *Eretmochelys imbricata*
Karettschildkröte, unechte s. *Caretta caretta*
Kaspische Smaragdeidechse s. *Lacerta strigata*
Kaspische Wasserschildkröte s. *Clemmys caspica*
Katzenaugennatter s. *Leptodeira annulata*
Keilkopf-Glattstirnkaiman s. *Paleosuchus trigonatus*
Keilschleiche s. *Chalcides sepsoides*
Keilschwänze s. *Tropidurus*
Keilschwanznatter s. *Helicops carinicauda*
Kentropyx calcaratus 114, 116
Kettenklapperschlange s. *Sistrurus catenatus*
Kettennatter s. *Lampropeltis getulus*
Kettenviper s. *Vipera russellii*
Kielechsen s. *Algyroides*
Kiel-Schildechse s. *Tracheloptychus madagascariensis*
Kinixys 23, 136
Kinixys belliana 136
Kinixys erosa 96, 136
Kinixys homeana 136
Kinosternidae 133
Kinosternon 22, 23, 116, 133
Kinosternon baurii 133
Kinosternon flavescens 133
Kinosternon odoratum 116
Kinosternon subrubrum 133
Klapper (der Klapperschlangen) 20
Klapperschlangen s. *Crotalus*
Klappschildkröte s. *Kinosternon subrubrum*
Kobra s. *Naja naja*
Königskobra s. *Naja hannah*
Königspython s. *Python regius*
Komodowaran s. *Varanus komodensis*
Kopfbinden-Zwergnatter s. *Eirenis modesta*
Korallenrollschlange s. *Anilius scytale*
Kragenechse s. *Chlamydosaurus kingii*
Krait s. *Bungarus fasciatus*
Kreuzotter s. *Vipera berus*
Kroatische Gebirgseidechse s. *Lacerta horvathii*
Krötenechsen s. *Phrynosoma*
Krötenköpfe s. *Phrynocephalus*
Krötennatter s. *Leptodeira hotamboeia*
Krötenottern u. -vipern s. *Causus*
Krokodile s. *Crocodylia*
Krokodilschleichen s. *Gerrhonotus*
Krokodilschwanzechse s. *Crocodilurus lacertinus*
Krokodilschwanz-Höckerechse s. *Shinisaurus crocodilurus*
Krokodilteju s. *Dracaena guianensis*
Krustenechsen s. *Helodermatidae*
Kubanische Nachtechse s. *Cricosaura typica*
Kubanische Schlankboa s. *Epicrates angulifer*
Kugelfinger s. *Sphaerodactylus*
Kupferkopf s. *Agkistrodon contortrix*
Kurzhornchamäleon s. *Chamaeleo brevicornis*
Kurzhornkrötenechse s. *Phrynosoma douglassii*
Kurzschwanzpython s. *Python curtus*
Kurzschwanzwaran s. *Varanus brevicauda*

Labyrinthodontier 9
Lacerta 43, 46, 65, 90, 104, 110, 118, 121, 131, 158, 159, 160, 162, 163
Lacerta agilis 26, 29, 60, 63, 72, 92, 106, 108, 109, 113, 119, 121, 127, 158
Lacerta agilis agilis 125
Lacerta agilis agilis („erythronotus") 125
Lacerta atlantica 160
Lacerta bedriagae 159
Lacerta bocagei 159
Lacerta dugesi 160
Lacerta erhardii 159
Lacerta filfolensis 159
Lacerta galloti 160
Lacerta graeca 125, 159
Lacerta horvathii 159
Lacerta lepida 158
Lacerta lepida lepida 125
Lacerta lepida pater 125
Lacerta lilfordi 127, 159
Lacerta melisellensis 159
Lacerta melisellensis fiumana 125
Lacerta melisellensis lissana 125
Lacerta monticola 159
Lacerta mosorensis 159
Lacerta muralis 17, 33, 106, 113, 158
Lacerta muralis maculiventris 125
Lacerta muralis muralis 125
Lacerta muralis tiliguerta 125
Lacerta oxycephala 125, 159
Lacerta peleponnesica 159
Lacerta perspicillata 159
Lacerta pityusensis 159
Lacerta praticola 158
Lacerta saxicola 159
Lacerta schreiberi 125, 158
Lacerta sicula 99, 159
Lacerta sicula campestris 125
Lacerta sicula cettii 125

Lacerta sicula coerulea 63, 125
Lacerta sicula sicula 63, 125
Lacerta simonyi 160
Lacerta strigata 158
Lacerta taurica 159
Lacerta trilineata 158
Lacerta viridis 17, 45, 63, 70, 106, 113, 118, 121, 158
Lacerta viridis viridis 125
Lacerta vivipara 13, 60, 63, 99, 113, 121, 128, 130, 158
Lacerta wagleriana 159
Lacertidae 128, 157
Lachesis muta 184
Lampropeltis getulus 176
Landkartenschildkröte s. *Graptemys geographica*
Landschildkröten s. *Testudinidae*
Langaha intermedia 176
Langaha nasuta 176
Langbeinleguan s. *Polychrus marmoratus*
Langhals-Schmuckschildkröte s. *Deirochelys reticularia*
Lanthanotidae 169
Lanthanotus borneensis 170
Lanzenschlange s. *Bothrops atrox*
Lanzenskinke s. *Akontias*
Lappenchamäleon s. *Chamaeleon dilepis*
Laticauda 181
Laticauda laticauda 181
Leandria perarmata 154
Lederschildkröte s. *Dermochelys coriacea*
Leguane s. *Iguanidae*
Leiocephalus 156
Leiocephalus personatus 156
Leiocephalus vittatus 156
Leistenkrokodil s. *Crocodylus porosus*
Leopardennatter s. *Elaphe situla*
Lepidochelys olivacea 102
Lepidodactylus lugubris 146
Lepidophyma flavimaculata 149
Leposternon microcephalum 166
Leptodeira annulata 177
Leptodeira hotamboeia 177
Leptognathus catesbyi 179
Leptophis 175
Leptophis mexicanus 175
Leptotyphlopidae 37, 44, 52, 170
Leptotyphlops 51
Leptotyphlops dulcis 170
Leptotyphlops humilis **170**
Leptotyphlops macrolepis 170
Leptotyphlops scutifrons 170
Leptotyphlops septemstriatus 170
Levanteviper s. *Vipera lebetina*
Lialis burtonii 149
Lialis jicari 149
Liasis amethystinus 171
Lidgeckos s. *Eublepharinae*
Liolaemus 156
Liolaemus cyanogaster 156
Liolaemus nigromaculatus 156
Liolaemus pictus 156
Liolepis belliana 152
Lippen-Weichschildkröten s. *Trionychidae*
Lissemys punctata 139
Loxocemus unicolor 173
Lycodon aulicus 82, 174
Lycophidion capense 174
Lygodactylus 49, 146
Lygodactylus capensis 146
Lygodactylus picturatus 146
Lygosoma 70, 164
Lygosoma cyanurum 164
Lygosoma fernandi 164
Lygosoma laterale 164
Lygosoma ophioscincus 164
Lygosoma quadripes 164
Lygosoma smaragdinum 164
Lygosoma taeniolatum 164
Lyrakopf s. *Lyriocephalus scutatus*
Lyriocephalus scutatus 150, 151
Lytorrhynchus 51

Mabuya 70, 163
Mabuya aurata 164
Mabuya carinata 164
Mabuya mabouya 164
Mabuya occidentalis 164
Mabuya quinquetaeniata 164
Mabuya striata 164
Mabuya vittata 164
Macroclemys temminckii 133
Macroprotodon cucullatus 177
Macroscincus coctai 163
Madagaskar-Boa s. *Acrantophis madagscariensis*
Madagaskar-Hundskopfschlange s. *Sanzinia madagascariensis*
Madagassischer Taggecko s. *Phelsuma madagascariensis*
Malaclemys terrapin 14, 136
Malaclemys terrapin centrata 125
Malaclemys terrapin littoralis 125
Malacochersus tornieri 136
Malaien-Mokassinschlange s. *Agkistrodon rhodostoma*
Malpolon moilensis 177
Malpolon monspessulanus 177
Maltesische Mauereidechse s. *Lacerta filfolensis*
Mambaschlangen s. *Dendroaspis*
Mangroven-Nachtbaumnatter s. *Boiga dendrophila*
Maskenleguan s. *Leiocephalus*
Massasauga s. *Sistrurus catenatus*
Matamata 78, 140

Maticora 85, 180
Maticora bivirgata 180
Maticora intestinalis 84, 181
Mauereidechse s. *Lacerta muralis*
Mauergecko s. *Tarentola mauretanica*
Maurische Landschildkröte s. *Testudo graeca*
Maurische Mauereidechse s. *Lacerta bocagei*
Maurische Wasserschildkröte s. *Clemmys leprosa*
Meerechse s. *Amblyrhynchus cristatus*
Meeresschildkröten s. *Chelonioidea*
Mehelya capensis 174
Melanosuchus niger 142
Micrurus 181
Micrurus fulvius 181
Micrurus spixii 181
Mimetozoon 50
Mimetozoon craspedotum 146
Mohrenkaiman s. *Melanosuchus niger*
Moloch 19, 51
Moloch horridus 153
Mondnatter s. *Oxyrhopus trigeminus*
Monopeltis capensis 166
Mooreidechse s. *Lacerta vivipara*
Morelia argus 171
Mosasaurus 9
Moschusdrüse 29
Moschusschildkröte s. *Sternotherus odoratus*
Mosor-Eidechse s. *Lacerta mosorensis*
Mussurana s. *Clelia clelia*

Nachtechsen s. *Xantusiidae*
Nacktfinger s. *Gymnodactylus*
Naja 180
Naja anchieta 85
Naja goldii 85
Naja haje 180
Naja hannah 180
Naja melanoleuca 85, 180
Naja naja 86, 180
Naja nigricollis 85, 180
Naja nivea 85
Nardoana boa 171
Nashornleguan s. *Cyclura cornuta*
Nashornviper s. *Bitis nasicornis*
Natrix 113, 173
Natrix cyclopion 174
Natrix erythrogaster 174
Natrix maura 19, 126, 174
Natrix natrix 54, 64, 71, 82, 91, 106, 121, 123, 128, 173
Natrix natrix astreptophora 125
Natrix natrix helvetica 125
Natrix natrix natrix 125
Natrix natrix persa 125
Natrix natrix schweizeri 125
Natrix piscator 174
Natrix septemvittata 174
Natrix sipedon 174
Natrix sipedon confluens 126
Natrix sipedon fasciata 126
Natrix taxipilota 174
Natrix tesselata 64, 121, 126, 174
Nattern s. *Colubridae*
Natternaugen-Skinke s. *Ablepharus*
Naultinus elegans 147
Nephrurus asper 145
Netzpython s. *Python reticulatus*
Netzwühlen s. *Blanus*
Neuguinea-Krokodil s. *Crocodylus novaeguineae*
Neusticurus rudis 162
Nilkrokodil s. *Crocodylus niloticus*
Nilwaran s. *Varanus niloticus*
Neuguinea-Weichschildkröten s. *Carettochelydidae*
Nördliche Krokodilschleiche s. *Gerrhonotus coeruleus*
Nordafrikanische Hornviper s. *Cerastes cerastes*
Nordamerikanische Sandboa s. *Charina bottae*
Notechis scutatus 180

Östliche Glasschleiche s. *Ophisaurus ventralis*
Ophiodes 167
Ophiodes striatus 167
Ophiognomon 163
Ophiomorus punctatissimus 164
Ophiotoxine 85
Ophisaurus 167
Ophisaurus apodus 18, 20, 59, 76, 95, 167
Ophisaurus buettikoferi 167
Ophisaurus gracilis 167
Ophisaurus harti 167
Ophisaurus koellikeri 167
Ophisaurus ventralis 167
Ophisops 70, 160
Ophisops elegans 131, 160
Ophisops occidentalis 160
Opistoglyphen 83
Orinoko-Krokodil s. *Crocodylus intermedius*
Osteolaemus tetraspis 144
Otocryptis bivittata 57
Otocryptis wiegmanni 150
Oxybelis acuminatus 177
Oxybelis fulgidus 82, 177
Oxyrhopus trigeminus 177
Oxyuranus scutellatus 179

Pachydactylus bibronii 147
Palästina-Viper s. *Vipera palaestinae*
Paleosuchus palpebrosus 143
Paleosuchus trigonatus 143
Palmatogecko rangei 51, 145
Pantherchamäleon s. *Chamaeleo pardalis*
Pantherschildkröte s. *Testudo pardalis*
Panzer (der Schildkröten) 21

Panzerchamäleon s. *Leandria perarmata*
Panzerechsen s. *Crocodylia*
Panzergürtelschweif s. *Cordylus cataphractus*
Panzerkrokodil s. *Crocodylus cataphractus*
Panzerschleichen s. *Ophisaurus*
Panzerteju s. *Dracaena guianensis*
Paraguay-Anakonda s. *Eunectes notaeus*
Parietalorgan 71
Pazifikwaran s. *Varanus indicus*
Peitschennattern s. *Ahaetulla*
Peitschenschlange s. *Ahaetulla mycterizans*
Pelamis platurus 102, 181
Peleponnesische Eidechse s. *Lacerta peleponnesica*
Peleponnesische Kielechse s. *Algyroides moreoticus*
Pelochelys bibroni 139
Pelomedusa subrufa 140
Pelomedusa-Schildkröten s. *Pelomedusidae*
Pelomedusidae 140
Pelusios 140
Pelusios adansonii 140
Pelusios niger 140
Pelusios sinuatus 140
Pelusios subniger 140
Perleidechse s. *Lacerta lepida*
Pfauenaugenschildkröte s. *Pseudemys picta*
Pfeilnatter s. *Coluber jugularis*
Pfeilotter s. *Causus rhombeatus*
Phelsuma 49, 148
Phelsuma laticauda 148
Phelsuma madagascariensis 148
Phrynocephalus 50, 128, 151
Phrynocephalus guttatus 152
Phrynocephalus helioscopus 152
Phrynocephalus interscapulans 152
Phrynocephalus mystaceus 151
Phrynops geoffroana 141
Phrynosoma 51, 63, 108, 157
Phrynosoma cornutum 157
Phrynosoma douglassii 157
Phyllodactylus 49, 59
Phyllodactylus europaeus 146
Phyllodactylus tuberculosus 146
Phyllurus platurus 145, 146
Physignatus 48, 52,
Physignatus lesueurii 152
Pityusen-Eidechse s. *Lacerta pityusensis*
Plättchenschlange s. *Pelamis platurus*
Platemys 22
Platemys radiolata 141
Platemys spixii 141
Plattschwänze s. *Laticauda*
Plattschwänziger Taggecko s. *Phelsuma laticauda*
Plattschwanzgecko s. *Uroplatus fimbriatus*
Platysaurus capensis 161
Platysternidae 134
Platysternon megalocephalum 134
Plesiosaurier 8
Pleurodira 132, 140
Podocnemis expansa 140
Podocnemis unifilis 140
Polychrus marmoratus 49, 156
Portugiesische Smaragdeidechse s. *Lacerta schreiberi*
Pracht-Kielechse s. *Algyroides nigropunctatus*
Prärieklapperschlange s. *Crotalus viridis*
Prosymna ambigua 176
Proteroglyphen 83
Psammodromus 160
Psammodromus algirus 17, 160
Psammodromus hispanicus 160
Psammophis schokari 177
Psammophis sibilans 82, 177
Pseudechis porphyriacus 179
Pseudemys floridana 136
Pseudemys ornata 136
Pseudemys picta 60
Pseudemys rubriventris 136
Pseudemys scripta 136
Pseudemys terrapin 37
Pseudocordylus microlepidotus 161
Ptenopus garrulus 145
Pteranodon 9
Pterodactylus 8
Pterosaurier s. *Pterodactylus*
Ptychozoon 11, 50
Ptychozoon kuhli 147
Ptyodactylus 49
Ptyodactylus hasselquisti 146
Puffinidae 142
Puffotter s. *Bitis arietans*
Pygopodidae 52, 148
Pygopus 68, 70, 112
Pygopus lepidopodus 148
Python 33, 41, 44, 47, 96, 112
Python anchietae 171
Python curtus 171
Python molurus 20, 81, 171
Python regius 171
Python reticulatus 12, 171
Python sebae 171
Python timorensis 171
Pythonidae 171
Python-Schlangen s. *Pythonidae*

Rauhnackenwaran s. *Varanus rudicollis*
Rauhschwanzschlange s. *Uropeltis grandis*
Rautenkrokodil s. *Crocodylus rhombifer*
Rautenschlange s. *Morelia argus*
Regenbogenboa s. *Epicrates cenchria*

Rennechse s. *Cnemidophorus*
Rhacodactylus leachianus 147
Rhadinaea miliaris 175
Rhamphiophis oxyrhynchus 177
Rhampholeon brevicaudatus 154
Rhineura floridana 166
Rhinophis homolepis 56, 172
Rhiptoglossa 43
Rhoptropus afer 145
Rhynchocephalia 9, 40, 132, 141
Riemenschlange s. *Imantodes cenchoa*
Riesenchamäleon s. *Chamaeleo oustaletti*
Riesenglattechse s. *Tiliqua gigas*
Riesengürtelschweif s. *Cordylus giganteus*
Riesenkorallenotter s. *Micrurus spixii*
Riesenschildkröte s. *Testudo gigantea*
Riesenschlangen s. *Boidae*
Riesenskink s. *Corucia zebrata*
Riesensmaragdeidechse s. *Lacerta trilineata*
Riffgecko s. *Sphaerodactylus notatus*
Ringelechsen s. *Anniellidae*
Ringelnatter s. *Natrix natrix*
Ringelschleiche s. *Blanus cinereus*
Ringgecko s. *Tarentola annularis*
Ringhals s. *Haemachatus haemachates*
Ritteranolis s. *Anolis equestris*
Rollschlangen s. *Aniliidae*
Rotbauchschildkröte s. *Pseudemys rubiventris*
Rotbauch-Wassernatter s. *Natrix erythrogaster*
Rote Doppelschleiche s. *Amphisbaena alba*
Rotkehlanolis s. *Anolis carolinensis*
Rotschlange s. *Cylindrophis rufus*
Ruineneidechse s. *Lacerta sicula*

Salompeter s. *Tupinambis teguixin*
Salzausscheidung 66, 71
Salzdrüsen 65
Salzsumpfschildkröte s. *Malaclemys terrapin*
Sandboas. s. *Eryx*
Sandfisch s. *Scincus scincus*
Sandgecko s. *Ptenopus garrulus*
Sandläufer s. *Psammodromus*
Sandrasselotter s. *Echis carinatus*
Sandrennatter s. *Psammophis schokari*
Sandviper s. *Vipera ammodytes*
Sanzinia madagascariensis 172
Sattelgecko s. *Tarentola delalandii*
Saumgecko s. *Mimetozoon craspedotum*
Sauria 13, 43, 132, 144
Scapteira depressa 160
Sceloporus 28
Sceloporus undulatus 157
Schararakussu s. *Bothrops jararacussu*
Scheelaugennattern s. *Helicops*
Scheltopusik s. *Ophisaurus apodus*
Schienenechsen s. *Teiidae*
Schildechsen s. *Gerrhosaurinae*
Schildkröten s. *Testudines*
Schildottern s. *Naja*
Schildschwanz-Schlangen s. *Uropeltidae*
Schlammschildkröten s. *Kinosternidae*
Schlangen s. *Serpentes*
Schlangenaugen s. *Ophisops*
Schlangengifte 85
Schlangen-Gürtelechsen s. *Chamaesaurus*
Schlangenhalsschildkröten s. *Chelidae*
Schlangenschleichen s. *Ophiodes*
Schlangentejus s. *Ophiognomon*
Schlankboas s. *Epicrates*
Schlanknatter s. *Coluber najadum*
Schlankskinke s. *Lygosoma*
Schleichen s. *Anguidae*
Schlingnatter s. *Coronella austriaca*
Schmetterlingsagame s. *Liolepis belliana*
Schmuckbaumnatter s. *Chrysopelea ornata*
Schmuckdosenschildkröte s. *Terrapene ornata*
Schmuckflossenfuß s. *Aprasia pulchella*
Schmuckschildkröte, gemalte s. *Crysemys picta*
Schnabelköpfe s. *Rhynchocephalia*
Schnabelnatter s. *Rhamphiophis oxyrhynchus*
Schnappschildkröten s. *Chelydridae*
Schneckennattern s. *Dipsadinae*
Schnelläufer-Eidechsen s., *Takydromus*
Schneller Wüstenrenner s. *Eremias velox*
Schönechsen s. *Calotes*
Schreckensklapperschlange s. *Crotalus terrificus*
Schuppenfinger s. *Lepidodactylus lugubris*
Schuppenkriechtiere s. *Squamata*
Schwanzroller s. *Phrynocephalus guttatus*
Schwanzsaum-Eidechse s. *Holaspis guentheri*
Schwarze Mamba s. *Dendroaspis polylepis*
Schwarzer Leguan s. *Ctenosaura acanthura*
Schwarzgelbe Glattechse s. *Tiliqua nigrolutea*
Schwarznatter s. *Coluber constrictor*
Schwarzotter s. *Pseudechis porphyriacus*

Schwarzweiße Brillenschlange s. *Naja melanoleuca*
„Schweinsnase“ s. *Heterodon platyrhinus*
Scincidae 52, 121, 128, 163
Scincomorpha 132, 157
Scincus scincus 51, 64, 164
Scolecosaurus 163
Seeschildkröten s. *Cheloniidae*
Seeschlangen s. *Hydrophiidae*
Segelechsen s. *Hydrosaurus*
Sehorgane 68
Sehvermögen 72
Seitenwinder s. *Crotalus cerastes*
Serpentes 13, 43, 132, 170
Seymouriamorpha 9
Shinisaurus crocodilurus 168
Siam-Krokodil s. *Crocodylus siamensis*
Siedleragame s. *Agama agama*
Siegelringnatter s. *Natrix sipedon*
Sipo s. *Herpetodryas carinatus*
Sistrurus 20, 184
Sistrurus catenatus 184
Sistrurus miliarius 184
Sita-Agame s. *Sitana ponticeriana*
Sitana ponticeriana 150
Sizilianische Eidechse s. *Lacerta wagleriana*
Skinke s. *Scincidae*
Skorpions-Krustenechse s. *Heloderma horridum*
Smaragdeidechse s. *Lacerta viridis*
Smaragdskink s. *Lygosoma smaragdinum*
Solenoglyphen 84
Sonnengucker s. *Phrynocephalus helioscopus*
Spaltenschildkröte s. *Malacochersus tornieri*
Spanischer Sandläufer s. *Psammodromus hispanicus*
Spanischer Walzenskink s. *Chalcides bedriagai*
„Speischlangen“ 85, 180
Sphaerodactylus 148
Sphaerodactylus cinereus 148
Sphaerodactylus elegans 148
Sphaerodactylus notatus 148
Sphenodon punctatus 13, 18, 34, 35, 37, 38, 41, 52, 55, 56, 59, 60, 66, 70, 71, 77, 94, 96, 113, 117, 121, 122, 141
Sphenodontidae 141
Spilotes pullatus 175
Spitzkopfkrokodil s. *Crocodylus acutus*
Spitzschwanz-Doppelschleiche s. *Trogonophis wiegmanni*
Spornbrustschildkröte s. *Testudo angulata*
Spornschildkröte s. *Testudo sulcata*
Squamata 43, 132, 144
Stachelhalsige Schlangenhalsschildkröte s. *Platemys spixii*
Stachelkopf s. *Phrynocephalus interscapulans*
Stachelschildkröte s. *Geomyda spinosa*
Stachelskinke s. *Egernia*
Stammbaum der Reptilien 9, 10
Stammesgeschichte 10
Staurotypus triporcatus 133
Stegocephalen 9
Stegosaurus 8
Stegosaurus ungulatus 9
Stenodactylus 145
Stenodactylus petrii 145
Stenodactylus stenodactylus 145
Steppenagame s. *Agama sanguinolenta*
Steppenrenner s. *Eremias arguta*
Sternotherus odoratus 133
Sternschildkröte s. *Testudo elegans*
Stirnlappen-Basilisk s. *Basiliseus plumifrons*
Strahlen-Schlangenhalsschildkröte s. *Platemys radiolata*
Strahlenschildkröte s. *Testudo radiata*
Streifenbasilisk s. *Basiliscus vittatus*
Streifenleguan s. *Leiocephalus vittatus*
Streifenruderschlange s. *Hydrophis cyanocinctus*
Streifen-Wassernatter s. *Natrix septemvittata*
Strumpfbandnattern s. *Thamnophis*
Stülpnasenotter s. *Vipera latasti*
Stummelschwanz-Chamäleons s. *Brookesia*
Stumpfkrokodil s. *Osteolaemus tetraspis*
Stutzechse s. *Trachydosaurus rusorus*
Sudanchamäleon s. *Chamaeleo basiliscus*
Sudanesische Weichschildkröte s. *Cyclanorbis oligotylus*
Südafrikanische Hornviper s. *Bitis caudalis*
Südliche Krokodilschleiche s. *Gerrhonotus multicarinatus*
Südsee-Nacktfingergecko s. *Gymnodactylus pelagicus*
Sumpfkrokodil s. *Crocodylus palustris*
Sumpfschildkröten s. *Emydidae*
Sunda „Gavial“ s. *Tomistoma schlegelii*
Suppenschildkröte s. *Chelonia mydas*
Syrische Agame s. *Agama ruderata*

Tabasco-Schildkröten s. *Dermatemydidae*
Taggeckos s. *Gonatodes* u. *Phelsuma*
Taipan s. *Oxyuranus scutellatus*
Takydromus 60, 157
Takydromus sexlineatus 158

Takydromus tachydromoides 158
Talmane s. *Claudius angustatus*
Tannenzapfenskink s. *Trachydosaurus rusorus*
Tarentola 147
Tarentola annularis 147
Tarentola delalandii 49, 147
Tarentola mauritanica 25, 63, 147
Tastorgane 55
Taubwarane s. *Lanthanotidae*
Taurische Eidechse s. *Lacerta taurica*
Teiidae 116, 162
Teius teyou 163
Tejus s. *Tupinambis*
Telescopus fallax 176
Temperatursinnesorgane 61
Teratoscincus scincus 145
Terrapene 24, 136
Terrapene carolina 61, 136
Terrapene ornata 136
Testudines 41, 132
Testudinidae 136
Testudinoidea 132, 133
Testudo 23
Testudo angulata 137
Testudo denticulata 137
Testudo elegans 137
Testudo elephantopus 73, 137
Testudo gigantea 73, 137
Testudo gigantea daudinii 137
Testudo gigantea elephantina 137
Testudo gigantea gigantea 137
Testudo graeca 73, 93, 106, 137
Testudo hermanni 23, 137
Testudo hermanni hermanni 137
Testudo hermanni robertmertensis 137
Testudo horsfieldii 137
Testudo kleinmanni 137
Testudo marginata 137
Testudo oculifera 137
Testudo pardalis 96, 137
Testudo radiata 137
Testudo sulcata 111, 137
Tetradactylus 162
Tetradactylus africanus 162
Tetradactylus seps 162
Tetradactylus tetradactylus 162
Texanische Krokodilschleiche s. *Gerrhonotus liocephalus*
Texasklapperschlange s. *Crotalus atrox*
Teyu s. *Teius*
Thamnophis 174
Thamnophis radix 174
Thamnophis sirtalis 174
Thelotornis kirtlandii 177
Tigerotter s. *Notechis scutatus*
Tigerpython s. *Python molurus*
Tiligugu s. *Chalcides ocellatus*
Tiliqua 129, 163
Tiliqua gigas 163
Tiliqua nigrolutea 125, 163
Tiliqua scincoides 125, 163
Timor-Python s. *Python timorensis*
Titanosaurus 9
Todesotter s. *Acanthophis antarcticus*
Tokee s. *Gekko gecko*
Tomistoma schlegelii 144
Tracheloptychus madagascariensis 162
Trachydosaurus 129
Trachydosaurus rusorus 163
Treppennatter s. *Elaphe scalaris*
Tribolonotus 164
Triceratops 8, 9
Trimeresurus flavoviridis 184
Trimeresurus wagleri 184
Trionychidae 23, 24, 53, 139
Trionychoidea 132, 138
Trionyx 22, 88
Trionyx cartilagineus 139
Trionyx euphraticus 139
Trionyx ferox 139
Trionyx gangeticus 139
Trionyx muticus 101, 139
Trionyx sinensis 128, 139
Trionyx triunguis 111, 139
Trogonophis wiegmanni 166
Tropfenschildkröte s. *Clemmys guttata*
Tropidurus 156
Tropidurus peruvianus 156
Tropidurus torquatus 156
Trugnattern s. *Colubrinae*
Tschitschak s. *Hemidactylus frenatus*
Tuatera s. *Sphenodon punctatus*
Türkischer Halbfingergecko s. *Hemidactylus turcicus*
Tupinambis 162
Tupinambis nigropunctatus 162
Tupinambis teguixin 162
Typhlacontias ngamiensis 165
Typhlopidae 11, 37, 44, 52, 128, 170
Typhlops braminus 170
Typhlops diardii 170
Typhlops dinga 170
Typhlops vermicularis 170
Typhlosaurus lineatus 165
Tyrrhenische Gebirgseidechse s. *Lacerta bedriagae*

Ularburong s. *Boiga dendrophila*
Uräusschlange s. *Naja haje*
Urocentron 156
Uromastyx 18, 19, 77, 87, 89, 93, 97, 98, 100, 152, 153
Uromastyx acanthinurus 153
Uromastyx aegyptius 152, 153
Uromastyx hardwickii 153
Uropeltidae 52, 172
Uropeltis 51

Uropeltis grandis 172
Uroplatus fimbriatus 56, 58, 146

Varanidae 168
Varanomorpha 132, 168
Varanus 43, 95
Varanus bengalensis 169
Varanus brevicauda 169
Varanus dumerilii 169
Varanus exanthematicus 169
Varanus griseus 74, 169
Varanus indicus 90, 169
Varanus komodensis 12, 169
Varanus niloticus 38, 39, 53, 89, 169
Varanus rudicollis 169
Varanus salvator 41, 169
Varanus varius 169
Veränderlicher Dornschwanz s. *Uromastyx acanthinurus*
Vielgürteliger Gürtelschweif s. *Cordylus polyzonus*
Vierstreifennatter s. *Elaphe quatuorlineata*
Vierzehen-Landschildkröte s. *Testudo horsfieldii*
Vipernatter s. *Natrix maura*
Vipera 182
Vipera ammodytes 53, 94, 182
Vipera ammodytes ammodytes 126
Vipera aspis 64, 182
Vipera aspis aspis 126, 182
Vipera berus 13, 44, 53, 64, 71, 113, 121, 182
Vipera berus berus 126
Vipera berus bosniensis 126
Vipera hindii 182
Vipera latasti 182
Vipera lebetina 182
Vipera palaestinae 182
Vipera russellii 182
Vipera ursinii 182
Vipera xanthina 182
Viperidae 84, 112, 129, 181
Vipern s. *Viperidae*
Vorzugstemperatur 62 ff.

Waldbachschildkröte s. *Clemmys insculpta*
Waldeidechse s. *Lacerta vivipara*
Waldklapperschlange s. *Crotalus horridus*
Waldschildkröte s. *Testudo denticulata*
Walzenechsen s. *Chalcides*
Warane s. *Varanidae*
Warzenschlangen s. *Acrochordinae*
Wasseragame s. *Physignatus lesueurii*
Wasserkobra s. *Boulengerina annulata*
Wassermokassinschlange s. *Agkistrodon piscivorus*
Wassernattern s. *Natrix*
Wasserschuppenkopf s. *Bistia hydroides*
Wasserteju s. *Neusticurus rudis*
Wassertrugnattern s. *Homalopsinae*
Wechselagame s. *Agama pallida*
Weichschildkröten s. *Trionychoidea*
Wiesenotter s. *Vipera ursinii*
Winkelköpfe s. *Gonocephalus*
Wirtelechsen s. *Cordylus*
Wirtelschwanz s. *Cyclura carinata*
Wirtschaftliche Bedeutung 13 ff.
Wolfszahnnatter s. *Lycodon aulicus*
Würfelnatter s. *Natrix tessellata*
Wüstenagame s. *Agama mutabilis*
Wüstenrenner s. *Eremias*
Wüstenwaran s. *Varanus griseus*
Wundergecko s. *Teratoscincus scincus*
Wurmschlange s. *Typhlops vermicularis*
Wurmteju s. *Scolecosaurus*

Xenodermus javanicus 173
Xenopeltidae 173
Xenopeltis unicolor 173
Xenosauridae 167
Xenosaurus grandis 168
Xantusia arizonae 149
Xantusia riversiana 149
Xantusia vigilis 149
Xantusiidae 149

Yucca-Nachtechse s. *Xantusia vigilis*

Zauneidechse s. *Lacerta agilis*
Zaunleguan s. *Sceloporus undulatus*
Zeilenschlange s. *Laticauda laticauda*
Zierlicher Dünnfinger s. *Stenodactylus stenodactylus*
„Zirporgan" 116, 133
Zischnatter s. *Psammophis sibilans*
Zonosaurus madagascariensis 162
Zonosaurus maximus 162
„Zwerchfell" 46, 97
Zwerg-Kielechse s. *Algyroides fitzingeri*
Zwergklapperschlangen s. *Sistrurus*
Zwergnatter s. *Calamaria linnaei*
Zwergpython s. *Nardoana boa*
Zykladeneidechse s. *Lacerta erhardii*
Zyklopennatter s. *Natrix cyclopion*

GESAMTVERZEICHNIS

der

SAMMLUNG GÖSCHEN

Jeder Band DM 3,60 · Doppelband DM 5,80

Stand November 1959

WALTER DE GRUYTER & CO., BERLIN W 35

Inhaltsübersicht

	Seite
Biologie	13
Botanik	13
Chemie	12
Deutsche Sprache und Literatur	6
Elektrotechnik	15
Englisch	7
Erd- und Länderkunde	8
Geologie	14
Germanisch	7
Geschichte	5
Griechisch	8
Hebräisch	8
Hoch- und Tiefbau	18
Indogermanisch	7
Kristallographie	14
Kunst	5
Land- und Forstwirtschaft	14
Lateinisch	8
Maschinenbau	16
Mathematik	9
Mineralogie	14
Musik	4
Pädagogik	3
Philosophie	3
Physik	11
Psychologie	3
Publizistik	9
Religionswissenschaften	4
Romanisch	7
Russisch	8
Sanskrit	8
Soziologie	3
Statistik	9
Technik	15
Technologie	12
Volkswirtschaft	9
Vermessungswesen	18
Wasserbau	17
Zoologie	14

Geisteswissenschaften

Philosophie

Einführung in die Philosophie von *H. Leisegang* †. 3. Auflage. 145 Seiten. 1957. (*281*)

Hauptprobleme der Philosophie von *G. Simmel* †. 7., unveränderte Auflage. 177 Seiten. 1950. (*500*)

Geschichte der Philosophie

I: Die griechische Philosophie von *W. Capelle*. 1. Teil. Von Thales bis Leukippos. 2., erweiterte Auflage. 135 Seiten. 1953. (*857*)

II: Die griechische Philosophie von *W. Capelle*. 2. Teil. Von der Sophistik bis zum Tode Platons. 2., stark erweiterte Auflage. 144 Seiten. 1953. (*858*)

III: Die griechische Philosophie von *W. Capelle*. 3. Teil. Vom Tode Platons bis zur Alten Stoa. 2., stark erweiterte Auflage. 132 Seiten. 1954. (*859*)

IV: Die griechische Philosophie von *W. Capelle*. 4. Teil. Von der Alten Stoa bis zum Eklektizismus im 1. Jahrh. v. Chr. 2., stark erweiterte Auflage. 132 Seiten. 1954. (*863*)

V: Die Philosophie des Mittelalters von *J. Koch*. In Vorbereitung. (*826*)

VI: Von der Renaissance bis Kant von *K. Schilling*. 234 Seiten. 1954. (*394/394a*)

VII: Immanuel Kant von *G. Lehmann*. In Vorbereitung. (*536*)

VIII: Die Philosophie des 19. Jahrhunderts von *G. Lehmann*. 1. Teil. 151 Seiten. 1953. (*571*)

IX: Die Philosophie des 19. Jahrhunderts von *G. Lehmann*. 2. Teil. 168 Seiten. 1953. (*709*)

X: Die Philosophie im ersten Drittel des 20. Jahrhunderts I von *G. Lehmann*. 128 Seiten. 1957. (*845*)

Die geistige Situation der Zeit (1931) von *K. Jaspers*. 4., unveränderter Abdruck der 1932 bearbeiteten 5. Auflage. 211 Seiten. 1955. (*1000*)

Erkenntnistheorie von *G. Kropp*

I. Teil: Allgemeine Grundlegung. 143 Seiten. 1950. (*807*)

Formale Logik von *P. Lorenzen*. 165 Seiten. 1958. (*1176/1176a*)

Philosophisches Wörterbuch von *M. Apel* †. 5., völlig neubearbeitete Auflage von *P. Ludz*. 315 Seiten. 1958. (*1031/1031a*)

Philosophische Anthropologie. Menschliche Selbstdeutung in Geschichte und Gegenwart von *M. Landmann*. 266 Seiten. 1955. (*156/156a*)

Pädagogik, Psychologie, Soziologie

Geschichte der Pädagogik von *Herm. Weimer*. 13., durchgesehene und vermehrte Auflage von *Heinz Weimer*. 178 Seiten. 1958. (*145*)

Therapeutische Psychologie. Ihr Weg durch die Psychoanalyse von *W. M. Kranefeldt*. Mit einer Einführung von *C. G. Jung*. 3. Auflage. 152 Seiten. 1956. (*1034*)

Allgemeine Psychologie von *Th. Erismann.* 3 Bände. 2., neubearbeitete Auflage.
I: Grundprobleme. 146 Seiten. 1958. (*831*)
II: Grundarten des psychischen Geschehens. 272 Seiten. 1959. (*832/832a*)
III: Psychologie der Persönlichkeit. In Vorbereitung. (*833*)

Soziologie. Geschichte und Hauptprobleme von *L. von Wiese.* 5. Auflage. 162 Seiten. 1954. (*101*)

Sozialpsychologie von *P. R. Hofstätter.* 181 Seiten, 15 Abbildungen, 22 Tabellen. 1956. (*104/104a*)

Psychologie des Berufs- und Wirtschaftslebens von *W. Moede* †. 190 Seiten, 48 Abbildungen. 1958. (*851/851a*)

Industrie- und Betriebssoziologie von *R. Dahrendorf.* 120 Seiten. 1956. (*103*)

Religionswissenschaften

Jesus von *M. Dibelius* †. 2. Auflage. Unveränderter Nachdruck. 141 Seiten. 1949. (*1130*)

Paulus von *M. Dibelius* †. Nach dem Tode des Verfassers herausgegeben und zu Ende geführt von *W. G. Kümmel.* 2., durchgesehene Auflage. 155 Seiten. 1956. (*1160*)

Luther von *F. Lau.* 151 Seiten. 1959. (*1187*)

Geschichte Israels. Von den Anfängen bis zur Zerstörung des Tempels (70 n. Chr.) von *E. L. Ehrlich.* 158 Seiten, 1 Tafel. 1958. (*231/231a*)

Römische Religionsgeschichte von *F. Altheim.* 2 Bände. 2., umgearbeitete Auflage.
I: Grundlagen und Grundbegriffe. 116 Seiten. 1956. (*1035*)
II: Der geschichtliche Ablauf. 164 Seiten. 1956. (*1052*)

Musik

Musikästhetik von *H. J. Moser.* 180 Seiten. Mit zahlreichen Notenbeispielen. 1953. (*344*)

Systematische Modulation von *R. Hernried.* 2. Auflage. 136 Seiten. Mit zahlreichen Notenbeispielen. 1950. (*1094*)

Der polyphone Satz von *E. Pepping.* 2 Bände.
I: Der cantus-firmus-Satz. 2. Auflage. 223 Seiten. Mit zahlreichen Notenbeispielen. 1950. (*1148*)
II: Übungen im doppelten Kontrapunkt und im Kanon. 137 Seiten. Mit zahlreichen Notenbeispielen. 1957. (*1164/1164a*)

Allgemeine Musiklehre von *H. J. Moser.* 2., durchgesehene Auflage. 155 Seiten. Mit zahlreichen Notenbeispielen. 1955. (*220/220a*)

Harmonielehre von *H. J. Moser.* 2 Bände.
I: 109 Seiten. Mit 120 Notenbeispielen. 1954. (*809*)

Die Musik des 19. Jahrhunderts von *W. Oehlmann.* 180 Seiten. 1953. (*170*)

Die Musik des 20. Jahrhunderts von *W. Oehlmann.* 1959. In Vorbereitung. (*171/171a*)

Technik der deutschen Gesangskunst von *H. J. Moser.* 3., durchgesehene und verbesserte Auflage. 144 Seiten, 5 Figuren sowie Tabellen und Notenbeispiele. 1954. (*576/576a*)

Die Kunst des Dirigierens von *H. W. von Waltershausen* †. 2., vermehrte Auflage. 138 Seiten. Mit 19 Notenbeispielen. 1954. (*1147*)

Die Technik des Klavierspiels aus dem Geiste des musikalischen Kunstwerkes von *K. Schubert* †. 3. Auflage. 110 Seiten. Mit Notenbeispielen. 1954. (*1045*)

Kunst

Stilkunde von *H. Weigert*. 2 Bände. 3., durchgesehene und ergänzte Auflage.
I: Vorzeit, Antike, Mittelalter. 136 Seiten, 94 Abbildungen. 1958. (*80*)
II: Spätmittelalter und Neuzeit. 150 Seiten, 88 Abbildungen. 1958. (*781*)

Archäologie von *A. Rumpf*. 2 Bände.
I: Einleitung, historischer Überblick. 143 Seiten, 6 Abbildungen, 12 Tafeln 1953. (*538*)
II: Die Archäologensprache. Die antiken Reproduktionen. 136 Seiten, 7 Abbildungen, 12 Tafeln. 1956. (*539*)

Geschichte

Einführung in die Geschichtswissenschaft von *P. Kirn*. 3., durchgesehene Auflage. 128 Seiten. 1959. (*270*)

Zeitrechnung der römischen Kaiserzeit, des Mittelalters und der Neuzeit für die Jahre 1—2000 n. Chr. von *H. Lietzmann* †. 3. Auflage, durchgesehen von *K. Aland*. 130 Seiten. 1956. (*1085*)

Kultur der Urzeit von *F. Behn*. 3 **Bände**. 4. Auflage der Kultur der Urzeit Bd. 1—3 von *M. Hoernes*.
I: Die vormetallischen Kulturen. (Die Steinzeiten Europas. Gleichartige Kulturen in anderen Erdteilen.) 172 Seiten, 48 Abbildungen. 1950. (*564*)
II: Die älteren Metallkulturen. (Der Beginn der Metallbenutzung. Kupfer- und Bronzezeit in Europa, im Orient und in Amerika.) 160 Seiten, 67 Abbildungen. 1950. (*565*)
III: Die jüngeren Metallkulturen. (Das Eisen als Kulturmetall, Hallstatt-Latène-Kultur in Europa. Das erste Auftreten des Eisens in den anderen Weltteilen.) 149 Seiten, 60 Abbildungen. 1950. (*566*)

Vorgeschichte Europas von *F. Behn*. Völlig neue Bearbeitung der 7. Auflage der „Urgeschichte der Menschheit" von *M. Hoernes*. 125 Seiten, 47 Abbildungen. 1949. (*42*)

Der Eintritt der Germanen in die Geschichte von *J. Haller* †. 3. Auflage, durchgesehen von *H. Dannenbauer*. 120 Seiten, 6 Kartenskizzen. 1957. (*1117*)

Von den Karolingern zu den Staufern. Die altdeutsche Kaiserzeit (900—1250) von *J. Haller* †. 4., durchgesehene Auflage von *H. Dannenbauer*. 142 Seiten, 4 Karten. 1958. (*1065*)

Von den Staufern zu den Habsburgern. Auflösung des Reichs und Emporkommen der Landesstaaten (1250-1519) von *J. Haller*. † 2., durchgesehene Auflage von *H. Dannenbauer*. 6 Kartenskizzen. 1960. (*1077*)

Deutsche Geschichte im Zeitalter der Reformation, der Gegenreformation und des dreißigjährigen Krieges von *F. Hartung*. 129 Seiten. 1951. (*1105*)

Deutsche Geschichte von 1648—1740. Politischer und geistiger Wiederaufbau von *W. Treue*. 120 Seiten. 1956. (*35*)

Deutsche Geschichte von 1713—1806 von *W. Treue*. 168 Seiten. 1957. (*39*)

Deutsche Geschichte von 1807—1871 von *W. Treue*. In Vorbereitung. (*893*)

Deutsche Geschichte von 1871 bis zur Gegenwart von *W. Treue.* In Vorbereitung. (*894*)

Quellenkunde der Deutschen Geschichte im Mittelalter (bis zur Mitte des 15. Jahrhunderts) von *K. Jacob* †. 3 Bände.
I: Einleitung. Allgemeiner Teil. Die Zeit der Karolinger. 6., neubearbeitete Auflage von *H. Hohenleutner.* 127 Seiten. 1959. (*279*)
II: Die Kaiserzeit (911—1250). 5., neubearbeitete Auflage von *H. Hohenleutner.* 1959. In Vorbereitung. (*280*)
III. Das Spätmittelalter (vom Interregnum bis 1500). Herausgegeben von *F. Weden.* 152 Seiten. 1952. (*284*)

Geschichte Englands von *H. Preller.* 2 Bände.
I: bis 1815. 3., stark umgearbeitete Auflage. 135 Seiten, 7 Stammtafeln, 2 Karten. 1952. (*375*)
II: Von 1815 bis 1910. 2., völlig umgearbeitete Auflage. 118 Seiten, 1 Stammtafel, 7 Karten. 1954. (*1088*)

Römische Geschichte von *F. Altheim.* 4 Bände. 2., verbesserte Auflage.
I: Bis zur Schlacht bei Pydna (168 v. Chr.). 124 Seiten. 1956. (*19*)
II: Bis zur Schlacht bei Actium (31 v. Chr.). 129 Seiten. 1956. (*677*)
III: Bis zur Schlacht an der Milvischen Brücke (312 n. Chr.). 148 Seiten. 1958. (*679*)
IV: Bis zur Schlacht am Yarmuk (636 n. Chr.). In Vorbereitung. (*684*)

Geschichte der Vereinigten Staaten von Amerika von *O. Graf zu Stolberg-Wernigerode*: 192 Seiten, 10 Karten. 1956. (*1051/1051a*)

Deutsche Sprache und Literatur

Geschichte der Deutschen Sprache von *H. Sperber.* 3. Auflage, besorgt von *W. Fleischhauer.* 128 Seiten. 1958. (*915*)

Deutsches Rechtschreibungswörterbuch von *M. Gottschald* †. 2., verbesserte Auflage. 219 Seiten. 1953. (*200/200a*)

Deutsche Wortkunde. Eine kulturgeschichtliche Betrachtung des deutschen Wortschatzes von *A. Schirmer.* 3., durchgesehene Auflage. 109 Seiten. 1949. (*929*)

Deutsche Sprachlehre von *W. Hofstaetter.* 9., neubearbeitete Auflage von *G. Spree.* 144 Seiten. 1953. (*20*)

Stimmkunde für Beruf, Kunst und Heilzwecke von *H. Biehle.* 111 Seiten. 1955. (*60*)

Redetechnik. Einführung in die Rhetorik von *H. Biehle.* 115 Seiten. 1954. (*61*)

Sprechen und Sprachpflege (Die Kunst des Sprechens) von *H. Feist.* 2., verbesserte Auflage. 99 Seiten, 25 Abbildungen. 1952. (*1122*)

Deutsches Dichten und Denken von der germanischen bis zur staufischen Zeit von *H. Naumann* †. (Deutsche Literatur vom 5.—13. Jahrhundert.) 2., verbesserte Auflage. 166 Seiten. 1952. (*1121*)

Deutsches Dichten und Denken vom Mittelalter zur Neuzeit von *G. Müller* (1270 bis 1700). 2., durchgesehene Auflage. 159 Seiten. 1949. (*1086*)

Deutsches Dichten und Denken von der Aufklärung bis zum Realismus (Deutsche Literaturgeschichte von 1700—1890) von *K. Viëtor* †. 3., durchgesehene Auflage. 159 Seiten. 1958. (*1096*)

Der Nibelunge Nôt in Auswahl mit kurzem Wörterbuch von *K. Langosch*. 10., durchgesehene Auflage. 164 Seiten. 1956. (*1*)

Kudrun- und Dietrich-Epen in Auswahl mit Wörterbuch von *O. L. Jiriczek*. 6. Auflage, bearbeitet von *R. Wisniewski*. 173 Seiten. 1957. (*10*)

Wolfram von Eschenbach. Parzival. Eine Auswahl mit Anmerkungen und Wörterbuch von *H. Jantzen*. 2. Auflage, bearbeitet von *H. Kolb*. 128 Seiten. 1957. (*921*)

Hartmann von Aue. Der arme Heinrich nebst einer Auswahl aus der „Klag.", dem „Gregorius" und den Liedern (mit einem Wörterverzeichnis) herausgegeben von *F. Maurer*. 96 Seiten. 1958. (*18*)

Gottfried von Strassburg in Auswahl herausgegeben von *F. Maurer*. 142 Seiten. 1959. (*22*)

Die deutschen Personennamen von *M. Gottschald* †. 2., verbesserte Auflage. 151 Seiten. 1955. (*422*)

Althochdeutsches Elementarbuch. Grammatik und Texte von *H. Naumann* † und *W. Betz*. 2., verbesserte und vermehrte Auflage. 156 Seiten. 1954. (*1111*)

Mittelhochdeutsche Grammatik von *H. de Boor* und *R. Wisniewski*. 141 Seiten. 1956. (*1108*)

Indogermanisch, Germanisch

Indogermanische Sprachwissenschaft von *H. Krahe*. 2 Bände. 3., neubearbeitete Aufl.
I: Einleitung und Lautlehre. 106 Seiten. 1958. (*59*)
II: Formenlehre. 124 Seiten. 1959. (*64*)

Gotisches Elementarbuch. Grammatik, Texte mit Übersetzung und Erläuterungen mit einer Einleitung von *H. Hempel*. 2., umgearbeitete Aufl. 165 Seiten. 1953. (*79*)

Germanische Sprachwissenschaft von *H. Krahe*. 2 Bände. 3., neubearbeitete Auflage.
I: Einleitung und Lautlehre. 147 Seiten. 1956. (*238*)
II: Formenlehre. 149 Seiten. 1957. (*780*)

Altnordisches Elementarbuch. Schrift, Sprache, Texte mit Übersetzung und Wörterbuch von *F. Ranke*. 2., durchgesehene Auflage. 146 Seiten. 1949. (*1115*)

Englisch, Romanisch

Altenglisches Elementarbuch von *M. Lehnert*. Einführung, Grammatik, Texte mit Übersetzung und Wörterbuch. 4., verbesserte Auflage. 178 Seiten. 1959. (*1125*)

Historische neuenglische Laut- und Formenlehre von *E. Ekwall*. 3., durchgesehene Auflage. 150 Seiten. 1956. (*735*)

Englische Phonetik von *H. Mutschmann* †. 117 Seiten. 1956. (*601*)

Englische Literaturgeschichte von *F. Schubel*. 4 Bände.
I: Die alt- und mittelenglische Periode. 163 Seiten. 1954. (*1114*)
II: Von der Renaissance bis zur Aufklärung. 160 Seiten. 1956. (*1116*)
III: Romantik und Viktorianismus. 160 Seiten. 1960. (*1124*)

Beowulf von *M. Lehnert*. Eine Auswahl mit Einführung, teilweiser Übersetzung, Anmerkungen und etymologischem Wörterbuch. 3., verbesserte Auflage. 135 Seiten. 1959. (*1135*)

Shakespeare von *P. Meißner* †. 2. Auflage, neubearbeitet von *M. Lehnert*. 136 Seiten. 1954. (*1142*)

Italienische Literaturgeschichte von *K. Voßler* †. Unveränderter Nachdruck der 1927 erschienenen 4., durchgesehenen und verbesserten Auflage. 148 Seiten. 1948. (*125*)

Romanische Sprachwissenschaft von *H. Lausberg*. 2 Bände.
I: Einleitung und Vokalismus. 160 Seiten. 1956. (*128/128a*)
II: Konsonantismus. 95 Seiten. 1956. (*250*)

Griechisch, Lateinisch

Griechische Sprachwissenschaft von *W. Brandenstein*. 2 Bände.
I: Einleitung, Lautsystem, Etymologie. 160 Seiten. 1954. (*117*)
II: Wortbildung und Formenlehre. 192 Seiten. 1959. (*118/118a*)

Geschichte der griechischen Sprache. 2 Bände.
I: Bis zum Ausgang der klassischen Zeit von *O. Hoffmann* †. 3. Auflage bearbeitet von *A. Debrunner* †. 156 Seiten. 1953. (*111*)
II: Grundfragen und Grundzüge des nachklassischen Griechisch von *A. Debrunner* †. 144 Seiten. 1954. (*114*)

Grammatik der Neugriechischen Volkssprache von *J. Kalitsunakis*. 3., völlig neu bearbeitete und erweiterte Auflage. 1960. In Vorbereitung. (*756/756a*)

Neugriechisch-deutsches Gesprächsbuch von *J. Kalitsunakis*. 2. Auflage, bearbeitet von *A. Steinmetz*. 1960. In Vorbereitung. (*587*)

Geschichte der lateinischen Sprache von *F. Stolz* †. 3., stark umgearbeitete Auflage von *A. Debrunner* †. 136 Seiten. 1953. (*492*)

Hebräisch, Sanskrit, Russisch

Hebräische Grammatik von *G. Beer* †. 2 Bände. 2., völlig neubearbeitete Auflage von *R. Meyer*.
I: Schrift-, Laut- und Formenlehre I. 157 Seiten. 1952. (*763/763a*)
II: Formenlehre II. Syntax und Flexionstabellen. 195 Seiten. 1955. (*764/764a*)

Hebräisches Textbuch von *R. Meyer*. 169 Seiten. 1960. (*769/769a*)

Sanskrit-Grammatik von *M. Mayrhofer*. 89 Seiten. 1953. (*1158*)

Russische Grammatik von *E. Berneker* †. 6., unveränderte Auflage von *M. Vasmer*. 155 Seiten. 1947. (*66*)

Erd- und Länderkunde

Afrika von *F. Jaeger*. Ein geographischer Überblick. 2 Bände. 2., umgearbeitete Auflage.
I: Der Lebensraum. 179 Seiten, 18 Abbildungen. 1954. (*910*)
II: Mensch und Kultur. 155 Seiten, 6 Abbildungen. 1954. (*911*)

Australien und Ozeanien von *H. J. Krug*. 176 Seiten, 46 Skizzen. 1953. (*319*)

Volkswirtschaft, Statistik, Publizistik

Allgemeine Betriebswirtschaftslehre von *K. Mellerowicz*. 4 Bände. 10., erweiterte und veränderte Auflage.
I: 224 Seiten. 1958. (*1008/1008a*)
II: 188 Seiten. 1959. (*1153/1153a*)
III: 260 Seiten. 1959. (*1154/1154a*)
IV: 209 Seiten. 1959. (*1186/1186a*)
Diese 4 Bände sind auch in Ganzleinen gebunden zum Preise von je DM 6,30 lieferbar.

Allgemeine Volkswirtschaftslehre von *A. Paulsen*. 4 Bände.
I: Grundlegung, Wirtschaftskreislauf. 3., durchgesehene und ergänzte Auflage. 148 Seiten. 1959. (*1169*)
II: Haushalte, Unternehmungen, Marktformen. 2., durchgesehene und ergänzte Auflage. 164 Seiten, 32 Abbildungen. 1958. (*1170*)
III: Produktionsfaktoren. 190 Seiten. 1959. (*1171*)
IV: Gesamtbeschäftigung, Konjunktur, Wachstum. 1960 In Vorbereitung. (*1172*)

Finanzwissenschaft von *H. Kolms*. 4 Bände.
I: Grundlegung. Öffentliche Ausgaben. 160 Seiten. 1959. (*148*)
II: Erwerbseinkünfte, Gebühren und Beiträge; Allgemeine Steuerlehre. 1960. In Vorbereitung. (*391*)
III: Besondere Steuerlehre. In Vorbereitung. (*776*)
IV: Öffentlicher Kredit. Haushaltswesen. Finanzausgleich. In Vorbereitung. (*782*)

Finanzmathematik von *M. Nicolas*. 192 Seiten, 11 Tafeln, 8 Tabellen und 72 Beispiele. 1959. (*1183/1183a*)

Industrie- und Betriebssoziologie von *R. Dahrendorf*. 120 Seiten. 1956. (*103*)

Psychologie des Berufs- und Wirtschaftslebens von *W. Moede* †. 190 Seiten. 48 Abbildungen. 1958. (*851/851a*)

Allgemeine Methodenlehre der Statistik von *J. Pfanzagl*. 2 Bände.
I: Elementare Methoden unter besonderer Berücksichtigung der Anwendungen in den Wirtschafts- und Sozialwissenschaften. 34 Figuren. 1960. (*746/746a*)
II: Höhere Methoden unter besonderer Berücksichtigung der Anwendungen in Naturwissenschaft, Medizin und Technik. In Vorbereitung.

Zeitungslehre von *E. Dovifat*. 2 Bände. 3., neubearbeitete Auflage.
I: Theoretische und rechtliche Grundlagen — Nachricht und Meinung — Sprache und Form. 148 Seiten. 1955. (*1039*)
II: Redaktion — Die Sparten: Verlag und Vertrieb, Wirtschaft und Technik, Sicherung der öffentlichen Aufgabe. 158 Seiten. 1955. (*1040*)

Naturwissenschaften

Mathematik

Geschichte der Mathematik von J. E. Hofmann. 3 Bände.
I: Von den Anfängen bis zum Auftreten von Fermat und Descartes. 200 Seiten. 1953. (*226*)
II: Von Fermat und Descartes bis zur Erfindung des Calculus und bis zum Ausbau der neuen Methoden. 109 Seiten. 1957. (*875*)
III: Von den Auseinandersetzungen um den Calculus bis zur französischen Revolution. 107 Seiten. 1957. (*882*)

Mathematische Formelsammlung von *F. Ringleb*. Vollständig umgearbeitete Neuausgabe des Werkes von *O. Th. Bürklen* †. 6., erweiterte Auflage. 278 Seiten, 37 Fig. 1956. (*51/51a*)

Vierstellige Tafeln und Gegentafeln für logarithmisches und trigonometrisches Rechnen in zwei Farben zusammengestellt von *H. Schubert* und *R. Haussner*. 2. Auflage. 1960. In Vorbereitung (*81*)

Fünfstellige Logarithmen von *A. Adler*. Mit mehreren graphischen Rechentafeln und häufig vorkommenden Zahlenwerten. 3. Auflage. 127 Seiten, 1 Tafel. 1959. (*423*)

Arithmetik von *P. B. Fischer* †. 3. Auflage von *H. Rohrbach*. 152 Seiten, 19 Abbildungen. 1958. (*47*)

Höhere Algebra von *H. Hasse*. 2 Bände. 4., durchgesehene Auflage.
I: Lineare Gleichungen. 152 Seiten. 1957. (*931*)
II: Gleichungen höheren Grades. 158 Seiten, 5 Figuren. 1958. (*932*)

Aufgabensammlung zur höheren Algebra von *H. Hasse* und *W. Klobe*. 2., verbesserte und vermehrte Auflage. 181 Seiten. 1952. (*1082*)

Elementare und klassische Algebra vom modernen Standpunkt von *W. Krull*. 2 Bände.
I: 2., erweiterte Auflage. 136 Seiten. 1952. (*930*)
II: 132 Seiten. 1959. (*933*)

Einführung in die Zahlentheorie von *A. Scholz* †. Überarbeitet und herausgegeben von *B. Schoeneberg*. 2. Auflage. 128 Seiten. 1955. (*1131*)

Formale Logik von *P. Lorenzen*. 165 Seiten. 1958. (*1176/1176a*)

Topologie von *W. Franz*. 2 Bände. 1960. In Vorbereitung. (*1181, 1182*)

Elemente der Funktionentheorie von *K. Knopp* †. 5. Auflage. 144 Seiten, 23 Figuren. 1959. (*1109*)

Funktionentheorie von *K. Knopp* †. 2 Bände.
I: Grundlagen der allgemeinen Theorie der analytischen Funktionen. 9., neubearbeitete Auflage. 144 Seiten, 8 Figuren. 1957. (*668*)
II: Anwendungen und Weiterführung der allgemeinen Theorie. 8./9. Auflage. 130 Seiten, 7 Figuren. 1955. (*703*)

Aufgabensammlung zur Funktionentheorie von *K. Knopp* †. 2 Bände. 5. Auflage.
I: Aufgaben zur elementaren Funktionentheorie. 135 Seiten. 1957. (*877*)
II: Aufgaben zur höheren Funktionentheorie. 144 Seiten. 1959. (*878*)

Gewöhnliche Differentialgleichungen von *G. Hoheisel*. 5., durchgesehene Auflage. 129 Seiten. 1956. (*920*)

Partielle Differentialgleichungen von *G. Hoheisel*. 3., neubearbeitete Auflage. 130 Seiten. 1953. (*1003*)

Aufgabensammlung zu den gewöhnlichen und partiellen Differentialgleichungen von *G. Hoheisel*. 3., durchgesehene und verbesserte Auflage. 124 Seiten. 1958. (*1059*)

Integralgleichungen von *G. Hoheisel*. 2., durchgesehene Auflage. 1960. In Vorbereitg. (*1099*)

Mengenlehre von *E. Kamke*. 3., neubearbeitete Auflage. 194 Seiten, 6 Figuren. 1955. (*999/999a*)

Gruppentheorie von *L. Baumgartner*. 3., neubearbeitete Auflage. 110 Seiten, 3 Tafeln. 1958. (*837*)

Ebene und sphärische Trigonometrie von *G. Hessenberg*†. 5. Auflage, durchgesehen von *H. Kneser*. 172 Seiten, 60 Figuren. 1957. (*99*)

Darstellende Geometrie von *W. Haack*. 3 Bände.

I: Die wichtigsten Darstellungsmethoden. Grund- und Aufriß ebenflächiger Körper. 2., durchgesehene und ergänzte Auflage. 113 Seiten, 120 Abbildungen. 1958. (*142*)

II: Körper mit krummen Begrenzungsflächen. Kotierte Projektionen. 2., durchgesehene und ergänzte Auflage. 129 Seiten, 86 Abbildungen. 1959. (*143*)

III: Axonometrie und Perspektive. 127 Seiten, 100 Abbildungen. 1957. (*144*)

Analytische Geometrie von *K. P. Grotemeyer*. 202 Seiten, 73 Abbildungen. 1958. (*65/65a*)

Nichteuklidische Geometrie. Hyperbolische Geometrie der Ebene von *R. Baldus* †. Durchgesehen und herausgegeben von *F. Löbell*. 3., verbesserte Auflage. 140 Seiten, 70 Figuren. 1953. (*970*)

Differentialgeometrie von *K. Strubecker* (früher *Rothe*). 3 Bände.

I: Kurventheorie der Ebene und des Raumes. 150 Seiten, 18 Figuren. 1955. (*1113/1113a*)

II: Theorie der Flächenmetrik. 195 Seiten, 14 Figuren. 1958. (*1179/1179a*)

III: Theorie der Flächenkrümmung. 254 Seiten, 38 Figuren. 1959. (*1180/1180a*)

Einführung in die konforme Abbildung von *L. Bieberbach*. 5., erweiterte Auflage. 180 Seiten, 42 Figuren. 1956. (*768/768a*)

Vektoren und Matrizen von *S. Valentiner*. 8., erweiterte Auflage der „Vektoranalysis". Mit Anhang: Aufgaben zur Vektorrechnung von *H. König*. 202 Seiten, 35 Figuren. 1958. (*354/354a*)

Versicherungsmathematik von *F. Böhm*. 2 Bände.

I: Elemente der Versicherungsrechnung. 3., vermehrte und verbesserte Auflage. Durchgesehener Neudruck. 151 Seiten. 1953. (*180*)

II: Lebensversicherungsmathematik. Einführung in die technischen Grundlagen der Sozialversicherung. 2., verbesserte und vermehrte Auflage. 205 Seiten. 1953. (*917/917a*)

Finanzmathematik von *M. Nicolas*. 192 Seiten, 11 Tafeln, 8 Tabellen und 72 Beispiele. 1959. (*1183/1183a*)

Physik

Einführung in die theoretische Physik von *W. Döring*. 5 Bände.

I: Mechanik. 119 Seiten, 29 Abbildungen. 1954. (*76*)

II: Das elektromagnetische Feld. 122 Seiten, 15 Abbildungen. 1955. (*77*)

III: Optik. 117 Seiten, 32 Abbildungen. 1956. (*78*)

IV: Thermodynamik. 107 Seiten, 9 Abbildungen. 1956. (*374*)

V: Statistische Mechanik. 114 Seiten, 12 Abbildungen. 1957. (*1017*)

Mechanik deformierbarer Körper von *M. Päsler*. 1960. In Vorbereitung. (*1189/1189a*)

Atomphysik von *K. Bechert* und *Ch. Gerthsen* †. 7 Bände.

I: Allgemeine Grundlagen. 1. Teil. 4., durchgesehene Auflage von *A. Flammersfeld*. 124 Seiten, 35 Abbildungen. 1959. (*1009*)

II: Allgemeine Grundlagen. 2. Teil. 3., umgearbeitete Auflage. 112 Seiten, 48 Abbildungen. 1955. (*1033*)

III: Theorie des Atombaus. 1. Teil. 3., umgearbeitete Auflage. 148 Seiten, 16 Abbildungen. 1954. (*1123/1123a*)

IV: Theorie des Atombaus. 2. Teil. 3., umgearbeitete Auflage. 170 Seiten, 14 Abbildungen. 1954. (*1165/1165a*)

Differentialgleichungen der Physik von *F. Sauter*. 3., durchgesehene und ergänzte Auflage. 148 Seiten, 16 Figuren. 1958. (*1070*)

Physikalische Formelsammlung von *G. Mahler* †. Neubearbeitet von *K. Mahler*. 10., durchgesehene Auflage. 153 Seiten, 69 Figuren. 1959. (*136*)

Physikalische Aufgabensammlung von *G. Mahler* †. Neubearbeitet von *K. Mahler*. Mit den Ergebnissen. 10., durchgesehene Auflage. 127 Seiten. 1959. (*243*)

Chemie

Geschichte der Chemie in kurzgefaßter Darstellung von *G. Lockemann*. 2 Bände.
I: Vom Altertum bis zur Entdeckung des Sauerstoffs. 142 Seiten, 8 Bildnisse. 1950. (*264*)
II: Von der Entdeckung des Sauerstoffs bis zur Gegenwart. 151 Seiten 16 Bildnisse. 1955. (*265/265a*)

Anorganische Chemie von *W. Klemm*. 10., überarbeitete und ergänzte Auflage. 185 Seiten, 18 Abbildungen. 1958. (*37*)

Organische Chemie von *W. Schlenk*. 8., erweiterte Auflage. 272 Seiten, 16 Abbildungen. 1960. (*38/38a*)

Physikalische Methoden der Organischen Chemie von *G. Kresze*. 1960. In Vorbereitung. (*44*)

Allgemeine und physikalische Chemie von *W. Schulze*. 2 Bände. 4., neubearb. Aufl.
I: 139 Seiten, 10 Figuren. 1955. (*71*)
II: 176 Seiten, 37 Figuren. 1956. (*698/698a*)

Molekülbau. Theoretische Grundlagen und Methoden der Strukturermittlung von *W. Schulze*. 123 Seiten, 43 Figuren. 1958. (*786*)

Physikalisch-chemische Rechenaufgaben von *E. Asmus*. 3., verbesserte Auflage. 96 Seiten. 1958. (*445*)

Analytische Chemie von *J. Hoppe*. 2 Bände. 5., verbesserte Auflage.
I: Reaktionen. 135 Seiten. 1950. (*247*)

Maßanalyse. Theorie und Praxis der klassischen und der elektrochemischen Titrierverfahren von *G. Jander* und *K. F. Jahr*. 8., durchgesehene und ergänzte Auflage. 313 Seiten, 49 Figuren. 1959. (*221/221a*)

Thermochemie von *W. A. Roth* †. 2., verbesserte Auflage. 109 Seiten, 16 Figuren. 1952. (*1057*)

Stöchiometrische Aufgabensammlung von *W. Bahrdt* † und *R. Scheer*. Mit den Ergebnissen. 6., durchgesehene Auflage. 118 Seiten. 1957. (*452*)

Technologie

Die Chemie der Kunststoffe von *K. Hamann*. 1960. In Vorbereitung. (*1173*)

Warenkunde von *K. Hassak* † und *E. Beutel* †. 2 Bände.
I: Anorganische Waren sowie Kohle und Erdöl. 8. Auflage. Neubearbeitet von *A. Kutzelnigg*. 119 Seiten, 18 Figuren. 1958. (*222*)
II: Organische Waren. 8. Auflage. Vollständig neubearbeitet von *A. Kutzelnigg*. 157 Seiten, 32 Figuren. 1959. (*223*)

Die Fette und Öle von *K. Braun* †. 5., völlig neubearbeitete und verbesserte Auflage von *Th. Klug.* 145 Seiten. 1950. *(335)*

Die Seifenfabrikation von *K. Braun* †. 3., neubearbeitete und verbesserte Auflage von *Th. Klug.* 116 Seiten, 18 Abbildungen. 1953. *(336)*

Textilindustrie von *A. Blümcke.*

I: Spinnerei und Zwirnerei. 111 Seiten, 43 Abbildungen. 1954. *(184)*

Biologie

Einführung in die allgemeine Biologie und ihre philosophischen Grund- und Grenzfragen von *M. Hartmann.* 132 Seiten, 2 Abbildungen. 1956. *(96)*

Hormone von *G. Koller.* 2., neubearbeitete und erweiterte Auflage. 187 Seiten, 60 Abbildungen, 19 Tabellen. 1949. *(1141)*

Fortpflanzung im Tier- und Pflanzenreich von *J. Hämmerling.* 2., ergänzte Auflage. 135 Seiten, 101 Abbildungen. 1951. *(1138)*

Geschlecht und Geschlechtsbestimmung im Tier- und Pflanzenreich von *M. Hartmann.* 2., verbesserte Auflage. 116 Seiten, 61 Abbildungen, 7 Tabellen. 1951. *(1127)*

Symbiose der Tiere mit pflanzlichen Mikroorganismen von *P. Buchner.* 2., verbesserte und vermehrte Auflage. 130 Seiten, 121 Abbildungen. 1949. *(1128)*

Grundriß der Allgemeinen Mikrobiologie von *W. Schwartz* und *A. Müller* 2 Bände. 2., verbesserte und ergänzte Auflage.

I: 1960. In Vorbereitung. *(1155)*

II. 1960. In Vorbereitung. *(1157)*

Botanik

Entwicklungsgeschichte des Pflanzenreiches von *H. Heil.* 2. Auflage. 138 Seiten, 94 Abbildungen, 1 Tabelle. 1950. *(1137)*

Morphologie der Pflanzen von *L. Geitler.* 3., umgearbeitete Auflage. 126 Seiten, 114 Abbildungen. 1953. *(141)*

Pflanzengeographie von *L. Diels* †. 5., völlig neubearbeitete Auflage von *F. Mattick* 195 Seiten, 2 Karten. 1958. *(389/389a)*

Die Laubhölzer. Kurzgefaßte Beschreibung der in Mitteleuropa gedeihenden Laubbäume und Sträucher von *F. W. Neger* † und *E. Münch* †. 3., durchgesehene Auflage, herausgegeben von *B. Huber.* 143 Seiten, 63 Figuren, 7 Tabellen. 1950. *(718)*

Die Nadelhölzer (Koniferen) und übrigen Gymnospermen von *F. W. Neger* † und *E. Münch* †. 4. Auflage, durchgesehen und ergänzt von *B. Huber.* 140 Seiten, 75 Figuren, 4 Tabellen, 3 Karten. 1952. *(355)*

Pflanzenzüchtung von *H. Kuckuck.* 2 Bände.

I: Grundzüge der Pflanzenzüchtung. 3., völlig umgearbeitete und erweiterte Auflage. 132 Seiten, 22 Abbildungen. 1952. *(1134)*

II: Spezielle gartenbauliche Pflanzenzüchtung (Züchtung von Gemüse, Obst und Blumen). 178 Seiten, 27 Abbildungen. 1957. *(1178/1178a)*

Zoologie

Entwicklungsphysiologie der Tiere von *F. Seidel.* 2 Bände.
I: Ei und Furchung. 126 Seiten, 29 Abbildungen. 1953. (*1162*)
II: Körpergrundgestalt und Organbildung. 159 Seiten, 42 Abbildungen. 1953. (*1163*)

Das Tierreich
I: Einzeller, Protozoen von *E. Reichenow.* 115 Seiten, 59 Abbildungen. 1956. (*444*)
II: Schwämme und Hohltiere von *H. J. Hannemann.* 95 Seiten, 80 Abbildungen. 1956. (*442*)
III: Würmer. Platt-, Hohl-, Schnurwürmer, Kamptozoen, Ringelwürmer, Protracheaten, Bärtierchen, Zungenwürmer von *S. Jaeckel.* 114 Seiten, 36 Abbildungen. 1955. (*439*)
IV,1: Krebse von *H. E. Gruner* und *K. Deckert.* 114 Seiten, 43 Abbildungen. 1956. (*443*)
IV,2: Spinnentiere (Trilobitomorphen, Fühlerlose) und Tausendfüßler von *A. Kaestner.* 96 Seiten, 55 Abbildungen. 1955. (*1161*)
IV,3: Insekten von *H. von Lengerken.* 128 Seiten. 58 Abbildungen. 1953. (*594*)
V: Weichtiere. Urmollusken, Schnecken, Muscheln und Kopffüßer von *S. Jaeckel.* 92 Seiten, 34 Abbildungen. 1954. (*440*)
VI: Stachelhäuter. Tentakulaten, Binnenatmer und Pfeilwürmer von *S. Jaeckel.* 100 Seiten, 46 Abbildungen. 1955. (*441*)
VII,2: Fische von *D. Lüdemann.* 130 Seiten, 65 Abbildungen. 1955. (*356*)
VII,3: Lurche (Chordatiere) von *K. Herter.* 143 Seiten, 129 Abbildungen. 1955. (*847*)
VII,4: Kriechtiere (Chordatiere) von *K. Herter.* 142 Abbildungen. 1960. (*447/447a*)
VII,5: Vögel (Chordatiere) von *H.-A. Freye.* In Vorbereitung. (*869*)
VII,6: Säugetiere (Chordatiere) von *Th. Haltenorth.* In Vorbereitung. (*282*)

Land- und Forstwirtschaft

Landwirtschaftliche Tierzucht. Die Züchtung und Haltung der landwirtschaftlichen Nutztiere von *H. Vogel.* 139 Seiten, 11 Abbildungen. 1952. (*228*)

Kulturtechnische Bodenverbesserungen von *O. Fauser.* 2 Bände.
I: Allgemeines, Entwässerung. 5., verbesserte und vermehrte Auflage. 127 Seiten, 49 Abbildungen. 1959. (*691*)
II: Bewässerung, Ödlandkultur, Umlegung. 4., neubearbeitete Auflage. 150 Seiten, 67 Abbildungen. 1948. (*692*)

Agrikulturchemie von *K. Scharrer.* 2 Bände.
I: Pflanzenernährung. 143 Seiten. 1953. (*329*)
II: Futtermittelkunde. 192 Seiten. 1956. (*330/330a*)

Geologie, Mineralogie, Kristallographie

Geologie von *F. Lotze.* 176 Seiten, 80 Abbildungen. 1955. (*13*)

Mineral- und Erzlagerstättenkunde von *H. Huttenlocher* †. 2 Bände.
I: 128 Seiten, 34 Abbildungen. 1954. (*1014*)
II: 156 Seiten, 48 Abbildungen. 1954. (*1015/1015a*)

Allgemeine Mineralogie. 10., erweiterte Auflage der „Mineralogie" von *R. Brauns* †, bearbeitet von *K. F. Chudoba*. 120 Seiten, 120 Figuren, 1 Tafel, 3 Tabellen. 1958. (*29*)

Spezielle Mineralogie. 10., erweiterte Auflage der „Mineralogie" von *R. Brauns* †, bearbeitet von *K. F. Chudoba*. 170 Seiten, 125 Figuren, 4 Tabellen. 1959. (*31/31a*)

Petrographie (Gesteinskunde) von *W. Bruhns* †. Neubearbeitet von *P. Ramdohr*. 4., durchgesehene Auflage. 104 Seiten, 10 Figuren. 1955. (*173*)

Kristallographie von *W. Bruhns* †. 5. Auflage, neubearbeitet von *P. Ramdohr*. 109 Seiten, 164 Abbildungen. 1958. (*210*)

Einführung in die Kristalloptik von *E. Buchwald*. 4., verbesserte Auflage. 138 Seiten, 121 Figuren. 1952. (*619*)

Lötrohrprobierkunde. Mineraldiagnose mit Lötrohr- und Tüpfelreaktion. Von *M. Henglein*. 3., verbesserte Auflage. 91 Seiten, 11 Figuren. 1949. (*483*)

Technik

Graphische Darstellung in Wissenschaft und Technik von *M. Pirani*. 3., erweiterte Auflage bearbeitet von *J. Fischer* unter Benutzung der von *I. Runge* besorgten 2. Auflage. 216 Seiten, 104 Abbildungen. 1957. (*728/728a*)

Technische Tabellen und Formeln von *W. Müller*. 4., verbesserte und erweiterte Auflage von *E. Schulze*. 152 Seiten, 105 Figuren. 1951. (*579*)

Elektrotechnik

Grundlagen der allgemeinen Elektrotechnik von *O. Mohr*. 3 Bände.
I: Die drei Feldformen. 96 Seiten, 41 Abbildungen, 6 Tafeln. 1956. (*196*)
II: Die wichtigsten elektrischen und physikalischen Grunderscheinungen. 95 Seiten, 36 Abbildungen, 7 Tafeln. 1956. (*197*)
III: Schaltvorgänge, Widerstandsformen, Meßtechnik. 91 Seiten, 59 Abbildungen, 1 Tafel. 1956. (*198*)

Die Gleichstrommaschine von *K. Humburg*. 2 Bände. 2., durchgesehene Auflage.
I: 102 Seiten, 59 Abbildungen. 1956. (*257*)
II: 101 Seiten, 38 Abbildungen. 1956. (*881*)

Die synchrone Maschine von *K. Humburg*. Neudruck. 109 Seiten, 78 Abbildungen. 1951. (*1146*)

Induktionsmaschinen von *F. Unger*. 2., erweiterte Auflage. 142 Seiten, 49 Abbildungen. 1954. (*1140*)

Die komplexe Berechnung von Wechselstromschaltungen von *H. H. Meinke*. 2. Auflage. 180 Seiten, 120 Abbildungen. 1957. (*1156/1156a*)

Theoretische Grundlagen zur Berechnung der Schaltgeräte von *F. Kesselring*. 3. Auflage. 144 Seiten, 92 Abbildungen. 1950. (*711*)

Einführung in die Technik selbsttätiger Regelungen von *W. zur Megede*. 176 Seiten, 86 Abbildungen. 1956. (*714/714a*)

Elektromotorische Antriebe (Grundlagen für die Berechnung) von *A. Schwaiger*. 3., neubearbeitete Auflage. 96 Seiten, 34 Abbildungen. 1952. (*827*)

Überspannungen und Überspannungsschutz von *G. Frühauf*. Durchgesehener Neudruck. 122 Seiten, 98 Abbildungen. 1950. (*1132*)

Maschinenbau

Metallkunde von *H. Borchers*. 2 Bände.
I: Aufbau der Metalle und Legierungen. 4. Auflage. 120 Seiten, 90 Abbildungen, 2 Tabellen. 1959. (*432*)
II: Eigenschaften, Grundzüge der Form- und Zustandsgebung. 3. und 4. Auflage. 107 Abbildungen, 10 Tabellen. 1959. (*433/433a*)

Die Werkstoffe des Maschinenbaues von *A. Thum* † und *C. M. v. Meysenbug*. 2 Bände.
I: Einführung in die Werkstoffprüfung. 2., neubearbeitete Auflage. 100 Seiten, 7 Tabellen, 56 Abbildungen. 1956. (*476*)
II: Die Konstruktionswerkstoffe. 132 Seiten, 40 Abbildungen. 1959. (*936*)

Dynamik von *W. Müller*. 2 Bände. 2., verbesserte Auflage.
I: Dynamik des Einzelkörpers. 128 Seiten, 48 Figuren. 1952. (*902*)
II: Systeme von starren Körpern. 102 Seiten, 41 Figuren. 1952. (*903*)

Technische Schwingungslehre von *L. Zipperer*. 2 Bände. 2., neubearbeitete Auflage.
I: Allgemeine Schwingungsgleichungen, einfache Schwinger. 120 Seiten, 101 Abbildungen. 1953. (*953*)
II: Torsionsschwingungen in Maschinenanlagen. 102 Seiten, 59 Abbildungen. 1955. (*961/961a*)

Werkzeugmaschinen für Metallbearbeitung von *K. P. Matthes*. 2 Bände.
I: 100 Seiten, 27 Abbildungen, 11 Zahlentafeln, 1 Tafelanhang. 1954. (*561*)
II: Fertigungstechnische Grundlagen der neuzeitlichen Metallbearbeitung. 101 Seiten, 30 Abbildungen, 5 Tafeln. 1955. (*562*)

Transformatoren von *W. Schäfer*. 3., überarbeitete und ergänzte Auflage. 130 Seiten, 73 Abbildungen. 1957. (*952*)

Das Maschinenzeichnen mit Einführung in das Konstruieren von *W. Tochtermann* 2 Bände. 4. Auflage.
I: Das Maschinenzeichnen. 156 Seiten, 75 Tafeln. 1950. (*589*)
II: Ausgeführte Konstruktionsbeispiele. 130 Seiten, 58 Tafeln. 1950. (*590*)

Die Maschinenelemente von *E. A. vom Ende*. 3., verbesserte Auflage. 166 Seiten, 175 Figuren, 9 Tafeln. 1956. (*3/3a*)

Die Maschinen der Eisenhüttenwerke von *L. Engel*. 156 Seiten, 95 Abbildungen. 1957. (*583/583a*)

Walzwerke von *H. Sedlaczek* † unter Mitarbeit von *F. Fischer* und *M. Buch*. 232 Seiten, 157 Abbildungen. 1958. (*580/580a*)

Getriebelehre von *P. Grodzinski* †. 2 Bände. 2., neubearbeitete Auflage.
I: Geometrische Grundlagen. 159 Seiten, 142 Figuren. 1953. (*1061*)

Gießereitechnik von *H. Jungbluth*. 2 Bände.
I: Eisengießerei. 126 Seiten, 44 Abbildungen. 1951. (*1159*)

Die Dampfkessel und Feuerungen einschließlich Hilfseinrichtungen in Theorie, Konstruktion und Berechnung von *W. Marcard* †. 2 Bände. 2. Auflage, neubearbeitet von *K. Beck*.
I: Die theoretischen Grundlagen, Wärme, Verbrennung, Wärmeübertragung. 150 Seiten, 42 Abbildungen, 16 Tabellen. 1951. (*9*)
II: Dampfkessel. 147 Seiten, 43 Abbildungen. 1952. (*521*)

Die Dampfturbinen. Ihre Wirkungsweise, Berechnung und Konstruktion von *C. Zietemann*. 3 Bände. 3., verbesserte Auflage.
I: Theorie der Dampfturbinen. 139 Seiten, 48 Abbildungen. 1955. (*274*)
II: Die Berechnung der Dampfturbinen und die Konstruktion der Einzelteile. 132 Seiten, 111 Abbildungen. 1956. (*715*)
III: Die Regelung der Dampfturbinen, die Bauarten, Turbinen für Sonderzwecke, Kondensationsanlagen. 126 Seiten, 90 Abbildungen. 1956. (*716*)

Verbrennungsmotoren von *W. Endres*. 3 Bände.
I: Überblick. Motor-Brennstoffe. Verbrennung im Motor allgemein, im Otto- und Diesel-Motor. 153 Seiten, 57 Abbildungen. 1958. (*1076/1076a*)
II: Die heutigen Typen der Verbrennungskraftmaschinen. In Vorbereitung. (*1184*)
III: Die Einzelteile des Verbrennungsmotors. In Vorbereitung. (*1185*)

Technische Thermodynamik von *W. Nußelt* †. 2 Bände.
I: Grundlagen. 4., verbesserte Auflage. 144 Seiten, 71 Abbildungen. 1956. (*1084*)
II: Theorie der Wärmekraftmaschinen. 5. Auflage. 1959. In Vorbereitung. (*1151*)

Autogenes Schweißen und Schneiden von *H. Niese*. 5. Auflage, neubearbeitet von *A. Küchler*. 136 Seiten, 71 Figuren. 1953. (*499*)

Die elektrischen Schweißverfahren von *H. Niese*. 2. Auflage, neubearbeitet von *H. Dienst*. 136 Seiten, 58 Abbildungen. 1955. (*1020*)

Die Hebezeuge. Entwurf von Winden und Kranen von *G. Tafel*. 2., verbesserte Auflage. 176 Seiten, 230 Figuren. 1954. (*414/414a*)

Wasserbau

Wasserkraftanlagen von *A. Ludin* unter Mitarbeit von *W. Borkenstein*. 2 Bände.
I: Planung, Grundlagen und Grundzüge. 124 Seiten, 60 Abb. 1955. (*665*)
II: Anordnung und Ausbildung der Hauptbauwerke. 184 Seiten, 91 Abbildungen. 1958. (*666/666a*)

Verkehrswasserbau von *H. Dehnert*. 3 Bände.
I: Entwurfsgrundlagen, Flußregelungen. 103 Seiten, 52 Abbildungen. 1950. (*585*)
II: Flußkanalisierung und Schiffahrtskanäle. 94 Seiten, 60 Abbildungen. 1950. (*597*)
III: Schleusen und Hebewerke. 98 Seiten, 70 Abbildungen. 1950. (*1152*)

Wehr- und Stauanlagen von *H. Dehnert*. 134 Seiten, 90 Abbildungen. 1952. (*965*)

Talsperren von *F. Tölke*. 122 Seiten, 70 Abbildungen. 1953. (*1044*)

Hoch- und Tiefbau

Die wichtigsten Baustoffe des Hoch- und Tiefbaus von *O. Graf* †. 4., verbesserte Auflage. 131 Seiten, 63 Abbildungen. 1953. (*984*)

Baustoffverarbeitung und Baustellenprüfung des Betons von *A. Kleinlogel*. 2., neubearbeitete und erweiterte Auflage. 126 Seiten, 35 Abbildungen. 1951. (*978*)

Festigkeitslehre. 2 Bände.
I: Elastizität, Plastizität und Festigkeit der Baustoffe und Bauteile von *W. Gebler* † und *W. Herberg*. Durchgesehener und erweiterter Neudruck. 159 Seiten, 118 Abbildungen. 1952. (*1144*)
II: Formänderung, Platten, Stabilität und Bruchhypothesen von *W. Herberg* und *N. Dimitrov*. 187 Seiten, 94 Abbildungen. 1955. (*1145/1145a*)

Grundlagen des Stahlbetonbaus von *A. Troche*. 2., neubearbeitete und erweiterte Auflage. 208 Seiten, 75 Abbildungen, 17 Bemessungstafeln, 20 Rechenbeispiele. 1953. (*1078*)

Statik der Baukonstruktionen von *A. Teichmann*. 3 Bände.
I: Grundlagen. 101 Seiten, 51 Abbildungen, 8 Formeltafeln. 1956. (*119*)
II: Statisch bestimmte Stabwerke. 107 Seiten, 52 Abbildungen, 7 Tafeln. 1957. (*120*)
III: Statisch unbestimmte Systeme. 112 Seiten, 34 Abbildungen, 7 Formeltafeln. 1958. (*122*)

Fenster, Türen, Tore aus Holz und Metall. Eine Anleitung zu ihrer guten Gestaltung, wirtschaftlichen Bemessung und handwerksgerechten Konstruktion von *W. Wickop* †. 4., überarbeitete und ergänzte Auflage. 155 Seiten, 95 Abbildungen. 1955. (*1092*)

Heizung und Lüftung von *J. Körting* † und *W. Körting*. 2 Bände. 9., durchgesehene Auflage.
I: Das Wesen und die Berechnung der Heizungs- und Lüftungsanlagen. 1959. In Vorbereitung. (*342*)
II: Die Ausführung der Heizungs- und Lüftungsanlagen. 1959. In Vorbereitung. (*343*)

Industrielle Kraft- und Wärmewirtschaft von *F. A. F. Schmidt* und *A. Beckers*. 167 Seiten, 73 Abbildungen. 1957. (*318/318a*)

Vermessungswesen

Vermessungskunde von *P. Werkmeister*. 3 Bände.
I: Stückvermessung und Nivellieren. 10., völlig neubearbeitete Auflage von *W. Grossmann*. 143 Seiten, 117 Figuren. 1958. (*468*)
II: Horizontalaufnahmen und ebene Rechnungen. 8., völlig neubearbeitete Auflage von *W. Grossmann*. 133 Seiten, 97 Figuren. 1959. (*469*)
III: Trigonometrische und barometrische Höhenmessung. Tachymetrie und Absteckungen. 7., völlig neubearbeitete Auflage von *W. Grossmann*. 136 Seiten, 97 Figuren. 1960. (*862*)

Photogrammetrie von *G. Lehmann*. 189 Seiten, 132 Abbildungen. 1959. (*1188/1188a*)

Sammlung Göschen / Bandnummernfolge

1 Langosch, Der Nibelunge Nôt
3/3a v. Ende, Die Maschinenelemente
9 Marcard-Beck, Dampfkessel I
10 Jiriczek-Wisniewski, Kudrun- und Dietrich-Epen
13 Lotze, Geologie
18 Maurer, Hartmann von Aue. Der arme Heinrich
19 Altheim, Römische Geschichte I
20 Hofstaetter-Spree, Dt. Sprachlehre
22 Maurer, Gottfried von Strassburg
29 Brauns-Chudoba, Allg. Mineralogie
31/31a Brauns-Chudoba, Spez. Mineralg.
35 Treue, Dt. Geschichte von 1648 bis 1740
37 Klemm, Anorganische Chemie
38/38a Schlenk, Organische Chemie
39 Treue, Dt. Geschichte von 1713 bis 1806
42 Behn, Vorgeschichte Europas
44 Kresze, Physikalische Methoden der organischen Chemie
47 Fischer-Rohrbach, Arithmetik
51/51a Ringleb-Bürklen, Mathematische Formelsammlung
59 Krahe, Indogerm. Sprachwissensch. I
60 Biehle, Stimmkunde
61 Biehle, Redetechnik
64 Krahe, Indogerm. Sprachwissensch. II
65/65a Grotemeyer, Analyt. Geometrie
66 Berneker-Vasmer, Russische Grammatik
71 Schulze, Allgemeine und physikalische Chemie I
76 Döring, Einführung in die theoret. Physik I
77 Döring, Einführung in die theoret. Physik II
78 Döring, Einführung in die theoret. Physik III
79 Hempel, Gotisches Elementarbuch
80 Weigert, Stilkunde I
81 Schubert-Haussner, Vierstell. Logarithmentafeln
96 Hartmann, Einf. i. d. allgem. Biologie
99 Hessenberg-Kneser, Ebene und sphär. Trigonometrie
101 v. Wiese, Soziologie
103 Dahrendorf, Industrie- und Betriebssoziologie
104/104a Hofstätter, Sozialpsychologie
111 Hoffmann-Debrunner, Gesch. der griechischen Sprache I
114 Debrunner, Gesch. der griechischen Sprache II
117 Brandenstein, Griechische Sprachwissenschaft I
118/118a Brandenstein, Griechische Sprachwissenschaft II
119 Teichmann, Statik der Baukonstruktionen I
120 Teichmann, Statik der Baukonstruktionen II
122 Teichmann, Statik der Baukonstruktionen III
125 Vossler, Ital. Literaturgeschichte
128/128a Lausberg, Romanische Sprachwissenschaft I
136 Mahler, Physikalische Formelsammlung
141 Geitler, Morphologie der Pflanzen
142 Haack, Darstellende Geometrie I
143 Haack, Darstellende Geometrie II
144 Haack, Darstellende Geometrie III
145 Weimer, Geschichte der Pädagogik
148 Kolms, Finanzwissenschaft I
156/156a Landmann, Philosophische Anthropologie
170 Oehlmann, Musik des 19. Jahrh.
171/171a Oehlmann, Musik des 20. Jahrh.
173 Bruhns-Ramdohr, Petrographie
180 Böhm, Versicherungsmathematik I
184 Blümcke, Textilindustrie I
196 Mohr, Grundlagen der Elektrotechnik I
197 Mohr, Grundlagen der Elektrotechnik II
198 Mohr, Grundlagen der Elektrotechnik III
200/200a Gottschald, Dt. Rechtschreibungswörterbuch
210 Bruhns-Ramdohr, Kristallographie
220/220a Moser, Allgemeine Musiklehre
221/221a Jander-Jahr, Maßanalyse
222 Hassak-Beutel, Warenkunde I
223 Hassak-Beutel, Warenkunde II
226 Hofmann, Geschichte d. Mathematik I
228 Vogel, Landw. Tierzucht
231/231a Ehrlich, Geschichte Israels
238 Krahe, German. Sprachwiss. I

243 Mahler, Physikal. Aufgabensammlung
247 Hoppe, Analytische Chemie I
250 Lausberg, Romanische Sprachwissenschaft II
257 Humburg, Gleichstrommaschine I
264 Lockemann, Geschichte der Chemie I
265/265a Lockemann, Geschichte der Chemie II
270 Kirn, Einführung in die Geschichtswissenschaft
274 Zietemann, Dampfturbinen I
279 Jacob-Hohenleutner, Quellenkunde der deutschen Geschichte I
280 Jacob-Hohenleutner, Quellenkunde der deutschen Geschichte II
281 Leisegang, Einführung in die Philosophie
282 Haltenorth, Säugetiere
284 Jacob-Weden, Quellenkunde der deutschen Geschichte III
318/318a Schmidt-Beckers, Industrielle Kraft- und Wärmewirtschaft
319 Krug, Australien und Ozeanien
329 Scharrer, Agrikulturchemie I
330/330a Scharrer, Agrikulturchemie II
335 Braun-Klug, Fette und Öle
336 Braun-Klug, Seifenfabrikation
342 Körting, Heizung und Lüftung I
343 Körting, Heizung und Lüftung II
344 Moser, Musikästhetik
354/354a Valentiner-König, Vektoren und Matrizen
355 Neger-Münch, Nadelhölzer
356 Lüdemann, Fische
374 Döring, Einführung in die theoret. Physik IV
375 Preller, Geschichte Englands I
389/389a Diels-Mattick, Pflanzengeographie
391 Kolms, Finanzwissenschaft II
394/394a Schilling, Von der Renaissance bis Kant
414/414a Tafel, Hebezeuge
422 Gottschald, Deutsche Personennamen
423 Adler, Fünfstellige Logarithmen
432 Borchers, Metallkunde I
433/433a Borchers, Metallkunde II
439 Jaeckel, Würmer
440 Jaeckel, Weichtiere
441 Jaeckel, Stachelhäuter
442 Hannemann, Schwämme und Hohltiere
443 Gruner-Deckert, Krebse
444 Reichenow, Einzeller
445 Asmus, Physikal.-chem. Rechenaufgaben
447/447a Herter, Kriechtiere
452 Bahrdt-Scheer, Stöchiometrische Aufgabensammlung
468 Werkmeister-Grossmann, Vermessungskunde I
469 Werkmeister-Grossmann, Vermessungskunde II
476 Thum-Meysenbug, Die Werkstoffe des Maschinenbaues I
483 Henglein, Lötrohrprobierkunde
492 Stolz-Debrunner, Geschichte der lateinischen Sprache
499 Niese-Küchler, Autogenes Schweißen
500 Simmel, Hauptprobleme der Philosophie
521 Marcard-Beck, Dampfkessel II
536 Lehmann, Kant
538 Rumpf, Archäologie I
539 Rumpf, Archäologie II
561 Matthes, Werkzeugmaschinen I
562 Matthes, Werkzeugmaschinen II
564 Behn, Kultur der Urzeit I
565 Behn, Kultur der Urzeit II
566 Behn, Kultur der Urzeit III
571 Lehmann, Philosophie des 19. Jahrhunderts I
576/576a Moser, Gesangskunst
579 Müller-Schulze, Techn. Tabellen
580/580a Sedlaczek-Fischer-Buch, Walzwerke
583/583a Engel, Maschinen der Eisenhüttenwerke
585 Dehnert, Verkehrswasserbau I
587 Kalitsunakis-Steinmetz, Neugriech.-dt. Gesprächsbuch
589 Tochtermann, Maschinenzeichnen I
590 Tochtermann, Maschinenzeichnen II
594 v. Lengerken, Insekten
597 Dehnert, Verkehrswasserbau II
601 Mutschmann, Engl. Phonetik
619 Buchwald, Kristalloptik
665 Ludin-Borkenstein, Wasserkraftanlagen I
666/666a Ludin-Borkenstein, Wasserkraftanlagen II
668 Knopp, Funktionentheorie I

677 Altheim, Römische Geschichte II
679 Altheim, Römische Geschichte III
684 Altheim, Römische Geschichte IV
691 Fauser, Kulturtechn. Bodenverbesserungen I
692 Fauser, Kulturtechn. Bodenverbesserungen II
698/698a Schulze, Allgemeine und physikalische Chemie II
703 Knopp, Funktionentheorie II
709 Lehmann, Philosophie des 19. Jahrhunderts II
711 Kesselring, Berechnung der Schaltgeräte
714/714a zur Megede, Technik selbsttätiger Regelungen
715 Zietemann, Dampfturbinen II
716 Zietemann, Dampfturbinen III
718 Neger-Münch, Laubhölzer
728/728a Pirani-Fischer, Graph. Darstellung in Wissenschaft und Technik
735 Ekwall, Historische neuengl. Laut- und Formenlehre
746/746a Pfanzagl, Allg. Methodenlehre der Statistik I
756/756a Kalitsunakis, Grammatik der Neugriechischen Volkssprache
763/763a Beer-Meyer, Hebräische Grammatik I
764/764a Beer-Meyer, Hebräische Grammatik II
768/768a Bieberbach, Einführung in die konforme Abbildung
769/769a Meyer, Hebräisches Textbuch
776 Kolms, Finanzwissenschaft III
780 Krahe, Germanische Sprachwissenschaft II
781 Weigert, Stilkunde II
782 Kolms, Finanzwissenschaft IV
786 Schulze, Molekülbau
807 Kropp, Erkenntnistheorie I
809 Moser, Harmonielehre I
826 Koch, Philosophie des Mittelalters
827 Schwaiger Elektromotorische Antriebe
831 Erismann, Allgemeine Psychologie I
832/832a Erismann, Allgemeine Psychologie II
833 Erismann, Allgemeine Psychologie III
837 Baumgartner, Gruppentheorie
845 Lehmann, Philosophie im ersten Drittel des 20. Jahrhunderts I
847 Herter, Lurche
851/851a Moede, Psychologie des Berufs- und Wirtschaftslebens
857 Capelle, Griech. Philosophie I
858 Capelle, Griech. Philosophie II
859 Capelle, Griech. Philosophie III
862 Werkmeister-Grossmann, Vermessungskunde III
863 Capelle, Griech. Philosophie IV
869 Freye, Vögel
875 Hofmann, Geschichte der Mathematik II
877 Knopp, Aufgabensammlung zur Funktionentheorie I
878 Knopp, Aufgabensammlung zur Funktionentheorie II
881 Humburg, Gleichstrommaschine II
882 Hofmann, Gesch. d. Mathematik III
893 Treue, Dt. Geschichte von 1807 bis 1871
894 Treue, Dt. Geschichte von 1871 bis zur Gegenwart
902 Müller, Dynamik I
903 Müller, Dynamik II
910 Jaeger, Afrika I
911 Jaeger, Afrika II
915 Sperber-Fleischhauer, Geschichte der Deutschen Sprache
917/917a Böhm, Versicherungsmathematik II
920 Hoheisel, Gewöhnliche Differentialgleichungen
921 Jantzen-Kolb, W. v. Eschenbach. Parzival
929 Schirmer, Deutsche Wortkunde
930 Krull, Elementare und klassische Algebra I
931 Hasse, Höhere Algebra I
932 Hasse, Höhere Algebra II
933 Krull, Elementare und klassische Algebra II
936 Thum-Meysenbug, Werkstoffe des Maschinenbaues II
952 Schäfer, Transformatoren
953 Zipperer, Techn. Schwingungslehre I
961/961a Zipperer, Techn. Schwingungslehre II
965 Dehnert, Wehr- und Stauanlagen
970 Baldus-Löbell, Nichteuklidische Geometrie
978 Kleinlogel, Baustoffverarbeitung und Baustellenprüfung des Betons

984 Graf, Baustoffe des Hoch- und Tiefbaues
999/999a Kamke, Mengenlehre
1000 Jaspers, Geistige Situation der Zeit
1003 Hoheisel, Partielle Differentialgleichungen
1008/1008a Mellerowicz, Allgemeine Betriebswirtschaftslehre I
1009 Bechert-Gerthsen, Atomphysik I
1014 Huttenlocher, Mineral- und Erzlagerstättenkunde I
1015/1015a Huttenlocher, Mineral- und Erzlagerstättenkunde II
1017 Döring, Einführung in die theoret. Physik V
1020 Niese-Dienst, Elektrische Schweißverfahren
1031/1031a Apel-Ludz, Philosophisches Wörterbuch
1033 Bechert-Gerthsen, Atomphysik II
1034 Kranefeldt-Jung, Therapeutische Psychologie
1035 Altheim, Römische Religionsgeschichte I
1039 Dovifat, Zeitungslehre I
1040 Dovifat, Zeitungslehre II
1044 Tölke, Talsperren
1045 Schubert, Technik des Klavierspiels
1051/1051a Stolberg-Wernigerode, Gesch. der Verein. Staaten von Amerika
1052 Altheim, Römische Religionsgeschichte II
1057 Roth, Thermochemie
1059 Hoheisel, Aufgabensammlung zu den gewöhnlichen und partiellen Differentialgleichungen
1061 Grodzinski, Getriebelehre I
1065 Haller-Dannenbauer, Von den Karolingern zu den Staufern
1070 Sauter, Differentialgleichungen der Physik
1076/1076a Endres, Verbrennungsmotoren I
1077 Haller-Dannenbauer, Von den Staufern zu den Habsburgern
1078 Troche, Stahlbetonbau
1082 Hasse-Klobe, Aufgabensammlung zur höheren Algebra
1084 Nußelt, Technische Thermodynamik I
1085 Lietzmann-Aland, Zeitrechnung
1086 Müller, Dt. Dichten und Denken
1088 Preller, Geschichte Englands II
1092 Wickop, Fenster, Türen, Tore
1094 Hernried, System. Modulation
1096 Viëtor, Deutsches Dichten und Denken
1099 Hoheisel, Integralgleichungen
1105 Hartung, Dt. Geschichte im Zeitalter der Reformation
1108 de Boor-Wisniewski, Mittelhochdeutsche Grammatik
1109 Knopp, Elemente der Funktionentheorie
1111 Naumann-Betz, Althochdeutsches Elementarbuch
1113/1113a Strubecker, Differentialgeometrie I
1114 Schubel, Englische Literaturgeschichte I
1115 Ranke, Altnordisches Elementarbuch
1116 Schubel, Englische Literaturgeschichte II
1117 Haller-Dannenbauer, Eintritt der Germanen in die Geschichte
1121 Naumann, Dt. Dichten und Denken
1122 Feist, Sprechen und Sprachpflege
1123/1123a Bechert-Gerthsen, Atomphysik III
1124 Schubel, Englische Literaturgeschichte III
1125 Lehnert, Altengl. Elementarbuch
1127 Hartmann, Geschlecht und Geschlechtsbestimmung im Tier- und Pflanzenreich
1128 Buchner, Symbiose der Tiere mit pflanzl. Mikroorganismen
1130 Dibelius, Jesus
1131 Scholz-Schoeneberg, Einführung in die Zahlentheorie
1132 Frühauf, Überspannungen und Überspannungsschutz
1134 Kuckuck, Pflanzenzüchtung I
1135 Lehnert, Beowulf
1137 Heil, Entwicklungsgeschichte des Pflanzenreiches
1138 Hämmerling, Fortpflanzung im Tier- und Pflanzenreich
1140 Unger, Induktionsmaschinen
1141 Koller, Hormone
1142 Meissner-Lehnert, Shakespeare
1144 Gehler-Herberg, Festigkeitslehre I

1145/1145a Herberg-Dimitrov, Festigkeitslehre II
1146 Humburg, Synchrone Maschine
1147 v. Waltershausen, Kunst des Dirigierens
1148 Pepping, Der polyphone Satz I
1151 Nußelt, Technische Thermodynamik II
1152 Dehnert, Verkehrswasserbau III
1153/1153a Mellerowicz, Allgemeine Betriebswirtschaftslehre II
1154/1154a Mellerowicz, Allgemeine Betriebswirtschaftslehre III
1155 Schwartz-Müller, Mikrobiologie I
1156/1156a Meinke, Komplexe Berechn. von Wechselstromschaltungen
1157 Schwartz-Müller, Mikrobiologie II
1158 Mayrhofer, Sanskrit-Grammatik
1159 Jungbluth, Gießereitechnik I
1160 Dibelius-Kümmel, Paulus
1161 Kaestner, Spinnentiere
1162 Seidel, Entwicklungsphysiologie der Tiere I
1163 Seidel, Entwicklungsphysiologie der Tiere II
1164/1164a Pepping, Der polyphone Satz II
1165/1165a Bechert-Gerthsen, Atomphysik IV
1169 Paulsen, Allgemeine Volkswirtschaftslehre I
1170 Paulsen, Allgemeine Volkswirtschaftslehre II
1171 Paulsen, Allgemeine Volkswirtschaftslehre III
1172 Paulsen, Allgemeine Volkswirtschaftslehre IV
1173 Hamann, Chemie der Kunststoffe
1176/1176a Lorenzen, Formale Logik
1178/1178a Kuckuck, Pflanzenzüchtung II
1179/1179a Strubecker, Differentialgeometrie II
1180/1180a Strubecker, Differentialgeometrie III
1181 Franz, Topologie I
1182 Franz, Topologie II
1183/1183a Nicolas, Finanzmathematik
1184 Endres, Verbrennungsmotoren II
1185 Endres, Verbrennungsmotoren III
1186/1186a Mellerowicz, Allgemeine Betriebswirtschaftslehre IV
1187 Lau, Luther
1188/1188a Lehmann, Photogrammetrie
1189/1189a Päsler, Mechanik deformierb. Körper

Autorenregister

Adler 10
Aland 5
Altheim 4, 6
Apel 3
Asmus 12
Bahrdt 12
Baldus 11
Baumgartner 10
Bechert 11
Beck 17
Beckers 18
Beer 8
Behn 5
Bernecker 8
Betz 7
Beutel 12
Bieberbach 11
Biehle 6
Blümcke 13
Böhm 11
de Boor 7
Borchers 16
Borkenstein 17
Brandenstein 8
Braun 13
Brauns 15
Bruhns 15
Buch 16
Buchner 13
Buchwald 15
Bürklen 10
Capelle 3
Chudoba 15
Dahrendorf 4,9
Dannenbauer 5
Debrunner 8
Deckert 14
Dehnert 17
Dibelius 4
Diels 13
Dienst 17
Dimitrov 18
Döring 11
Dovifat 9
Ehrlich 4
Ekwall 7
Ende, vom 16
Endres 17
Engel 16
Erismann 4
Fauser 14
Feist 6
Fischer, F. 16
Fischer, J. 15
Fischer, P. B. 10
Flammersfeld 11
Fleischhauer 6
Franz 10
Freye 14
Frühauf 16
Gehler 18
Geitler 13
Gerthsen 11
Gottschald 6, 7
Graf 18
Grodzinski 16
Grossmann 18
Grotemeyer 11
Gruner 14
Haack 11
Hämmerling 13
Haller 5
Haltenorth 14
Hamann 12
Hannemann 14
Hartmann 13
Hartung 5
Hassak 12
Hasse 10
Haussner 10

AUTORENREGISTER

Heil 13
Hempel 7
Henglein 15
Herberg 18
Hernried 4
Herter 14
Hessenberg 11
Hoernes 5
Hoffmann 8
Hofmann 9
Hofstätter 4
Hofstaetter 6
Hoheisel 10
Hohenleutner 6
Hoppe 12
Huber 13
Humburg 15
Huttenlocher 14
Jacob 6
Jaeckel 14
Jaeger 8
Jahr 12
Jander 12
Jantzen 7
Jaspers 3
Jiriczek 7
Jung 3
Jungbluth 17
Kaestner 14
Kalitsunakis 8
Kamke 10
Kesselring 15
Kirn 5
Kleinlogel 18
Klemm 12
Klobe 10
Klug 13
Kneser 11
Knopp 10
Koch 3
König 11
Körting 13
Kolb 7
Koller 13
Kolms 9
Krahe 7
Kranefeldt 3
Kresze 12
Kropp 3
Krug 8
Krull 10
Kuckuck 13
Küchler 17
Kümmel 4
Kutzelnigg 12
Landmann 3
Langosch 7
Lau 4
Lausberg 8
Lehmann, G. 3
Lehmann, G. 18
Lehnert 7, 8
Leisegang 3
Lengerken, von 14
Lietzmann 5
Lockemann 12
Löbell 11
Lorenzen 3, 10
Lotze 14
Ludin 17
Ludz 3
Lüdemann 14
Mahler 12
Marcard 17
Matthes 16
Mattick 13
Maurer 7
Mayrhofer 8
Megede, zur 15
Meinke 15
Meissner 8
Mellerowicz 9
Meyer 8
Meysenbug 16
Moede 4, 9
Mohr 15
Moser 4
Müller, A. 13
Müller, G. 6
Müller, W. 15, 16
Münch 13
Mutschmann 7
Naumann 6, 7
Neger 13
Nicolas 9, 11
Niese 17
Nußelt 17
Oehlmann 4
Päsler 11
Paulsen 9
Pepping 4
Pfanzagl 9
Pirani 15
Preller 6
Ramdohr 15
Ranke 7
Reichenow 14
Ringleb 10
Rohrbach 10
Roth 12
Rumpf 5
Runge 15
Sauter 12
Schäfer 16
Scharrer 14
Scheer 12
Schilling 3
Schirmer 6
Schlenk 12
Schmidt 18
Schoeneberg 10
Scholz 10
Schubel 7
Schubert, H. 10
Schubert, K. 5
Schulze, E. 15
Schulze, W. 12
Schwartz 13
Schwaiger 16
Sedlaczek 16
Seidel 14
Simmel 3
Sperber 6
Spree 6
Steinmetz 8
Stolberg-Wernigerode zu 6
Stolz 8
Strubecker 11
Tafel 17
Teichmann 18
Thum 16
Tochtermann 16
Tölke 17
Treue 5, 6
Troche 18
Unger 15
Valentiner 11
Vasmer 8
Viëtor 6
Vogel 14
Vossler 8
Waltershausen, von 5
Weden 6
Weigert 5
Weimer 3
Werkmeister 18
Wickop 18
Wiese, von 4
Wisniewski 7
Zietemann 17
Zipperer 16

200 000 149/59 Printed in Germany

FSC
www.fsc.org
MIX
Papier | Fördert
gute Waldnutzung
FSC® C083411

Kolibri 360 GmbH
Ferdinand-Jühlke-Straße 7
99095 Erfurt, Deutschland
produktsicherheit@kolibri360.de